民航空中交通管理系列丛书

飞行程序设计

（第 2 版）

主　编　齐雁楠
副主编　戴福青

清 华 大 学 出 版 社
北京交通大学出版社
·北京·

内 容 简 介

本书全面介绍了飞行程序设计的方法与规范。全书分为传统飞行程序设计和 PBN 程序设计两部分。第 1 章至第 9 章为传统飞行程序设计部分，第 10 章至第 16 章为 PBN 程序设计部分。通过本书的学习，读者将熟悉和了解飞行程序设计的原理和准则，初步掌握程序设计的基本方法。本书适合作为交通运输相关专业的教学用书，也可以作为空域规划、飞行程序设计人员的参考书。

图书在版编目（CIP）数据

飞行程序设计/齐雁楠主编；戴福青副主编 . —2 版 . —北京：北京交通大学出版社：清华大学出版社，2022.10（2025.4 重印）

ISBN 978-7-5121-4765-2

Ⅰ. ①飞… Ⅱ. ①齐… ②戴… Ⅲ. ①飞行-程序设计 Ⅳ. ①V323

中国版本图书馆 CIP 数据核字（2022）第 130739 号

飞行程序设计
FEIXING CHENGXU SHEJI

责任编辑：谭文芳

出版发行：清 华 大 学 出 版 社　　邮编：100084　　电话：010-62776969　　http://www.tup.com.cn
　　　　　北京交通大学出版社　　邮编：100044　　电话：010-51686414　　http://www.bjtup.com.cn
印 刷 者：北京鑫海金澳胶印有限公司
经　　销：全国新华书店
开　　本：185 mm×260 mm　　印张：16　　字数：409 千字
版 印 次：2017 年 5 月第 1 版　　2022 年 10 月第 2 版　　2025 年 4 月第 3 次印刷
定　　价：49.00 元

本书如有质量问题，请向北京交通大学出版社质监组反映。对您的意见和批评，我们表示欢迎和感谢。
投诉电话：010-51686043，51686008；传真：010-62225406；E-mail：press@bjtu.edu.cn。

前　　言

飞行程序设计是空域规划的一个重要组成部分。它不仅直接关系到航空器的飞行安全，还与航空公司及机场的运行效益有着密切的关系。国际民航组织早在1961年就收集、整理了各国使用的航空器运行程序设计规范，并印制成单行本，取名为《空中航行服务程序：航空器运行（PANS-OPS）》。之后，随着民航机载设备和导航技术的不断发展，国际民航组织对该文件进行了多次改版。我国也在2007年制定了《目视和仪表飞行程序设计规范》。

本书依据我国《目视和仪表飞行程序设计规范》和中国民用航空局有关咨询通告，以及国际民航组织8168文件《航空器运行》和9613文件《基于性能的导航（PBN）手册》的相关标准，并结合多年教学和机场飞行程序设计的经验编写而成。

全书分为传统飞行程序设计和PBN程序设计两部分。第1章至第9章为传统飞行程序设计部分，其中第1章主要介绍飞行程序设计所必需的基本知识；第2章介绍离场程序的设计规范；第3章介绍航路设计的规范；第4章、第5章、第6章、第7章介绍各种条件下非精密进近程序的设计准则；第8章介绍使用仪表着陆系统时进近程序的设计准则；第9章介绍推测航迹程序的设计准则。第10章至第16章为PBN程序设计部分，其中，第10章介绍PBN的基本概念；第11章介绍PBN程序中航迹设计的特殊要求；第12章介绍GNSS离场程序设计准则；第13章介绍GNSS非精密进近程序设计准则；第14章介绍气压垂直导航程序设计准则；第15章介绍DME/DME程序设计准则；第16章介绍RNAV等待程序设计准则。本书在讲述飞行程序设计准则的同时，安排了一定数量的例题，以加深读者对设计准则的理解。通过本书的学习，读者将熟悉和了解飞行程序设计的原理和准则，初步掌握程序设计的基本方法。

随着空中导航技术的发展和航空器性能的提高，航空器的运行环境发生了改变，飞行程序设计方法和规范也进行了更新。本书依据最新版的国际民航组织文件，以及中国民用航空局有关咨询通告，对第1版进行了修订与优化。对照新的国际、国内设计规范，更正了过时的内容，尤其在PBN部分进行了大量的修改。第2版更加注重读者理解和掌握，在难点和重点章节增加了设计原理的内容，内容编写力求通俗易懂，不仅适合作为交通运输相关专业的教学用书，也可以作为空域规划、飞行程序设计人员的参考书。

本书由齐雁楠担任主编，戴福青担任副主编，共同确定了本书的总体框架。本书第1章至第5章由李昂执笔，第6章至第9章由任杰执笔，第10章至第16章由齐雁楠执笔。戴福青对本书进行了认真的审阅，最后由齐雁楠统稿。在编写过程中，得到了民航局飞标司及各个程序设计单位的大力支持，提出了许多宝贵的意见，对提高本书的质量和实用性起到了关键的作用。

限于编者的水平，本书难免存在不足之处，欢迎各位专家和广大读者批评指正。

编者

2022年7月

目　　录

第1篇　传统飞行程序设计

第 2 篇　PBN 程序设计

第 1 篇
传统飞行程序设计

第1章 绪 论

航空器在离场、进场、进近及终端区的其他飞行活动中，为确保飞行安全及运行效率，须遵循一定的飞行路线、高度和机动区域等相关约束，这种约束就是飞行程序。飞行程序是机场建设和运行的基本条件之一，是组织和实施飞行、提供空中交通服务、建设导航设施的基本依据。同时，飞行程序的设计与管理是空域规划与管理的基础，是保障航空器飞行安全和提高运行效率的重要工作。

1.1 飞行程序设计的概念

飞行程序设计就是为航空器设定其在终端区内起飞或下降着陆时使用的飞行路线。在设计过程中，首先要保证航空器与地形、地物之间有足够的安全余度；其次，所设定的飞行路线应符合航空器的飞行性能；最后，该飞行路线还应满足空域规划的限制。因此，飞行程序设计是在分析终端区净空条件和空域布局的基础上，根据航空器的飞行性能，确定航空器的飞行路线及有关限制的一门学科。

1.1.1 飞行程序设计的准则

国际民航组织超障小组在取得数以十万计的试飞和飞行数据的基础上，按照危险概率（航空器偏离我们所考虑的空间范围与障碍物或其他航线上飞行的航空器相碰撞的概率）小于1×10^{-7}的安全要求，经数学模拟和方法优化，制定出飞行程序设计的规范，并编写成国际民航组织（International Civil Aviation Organization，ICAO）8168 文件：《航空器运行》（*Aircraft operation*），它是国际民航组织所有缔约国进行飞行程序设计的指导性文件。2007 年中国民用航空局参照该文件制定了我国民航标准：《目视和仪表飞行程序设计规范》（MH/T 4023—2007）。我国为民用航空器设计飞行程序时，必须按照《目视和仪表飞行程序设计规范》及相关标准和规范，以及有关咨询通告，参考 ICAO 8168 文件等建议的准则进行设计。

飞行程序设计的飞行路线（航线）除保证航空器与障碍物之间有足够的安全余度外，还应遵守以下原则：

① 与当地的航空器流向相一致；

② 不同飞行阶段尽量使用不同的飞行航线；

③ 当不同飞行阶段的航空器必须使用同一飞行航线时，应尽可能使起飞离场的航空器在进场、进近的航空器之上飞行；

④ 尽量减少对起飞航空器爬升的限制；

⑤ 进场的航空器尽可能连续下降；

⑥ 尽量减少迂回航线。

以便使所设计的飞行程序达到安全、方便、经济的基本要求。

根据使用程序所要求的气象条件，可以将飞行程序分为仪表飞行程序和目视飞行程序两大类。本书主要介绍仪表飞行程序设计的准则和方法，飞行程序设计的结果以航图的形式公布。

1.1.2 飞行程序的类型及结构

1. 飞行程序的类型

根据应用环境和使用要求，飞行程序有多种分类方法。目前，主要的分类方法有以下五种。

（1）根据使用的飞行规则划分

按目视飞行规则设计的飞行程序称为目视飞行程序，如图 1-1 所示；按仪表飞行规则设计的飞行程序称为仪表飞行程序，如图 1-2 所示。

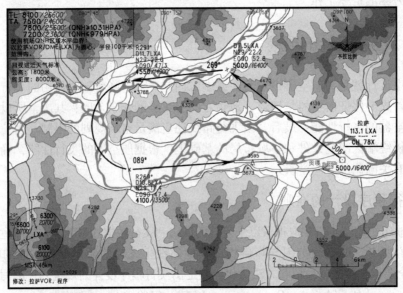

图 1-1　目视飞行程序

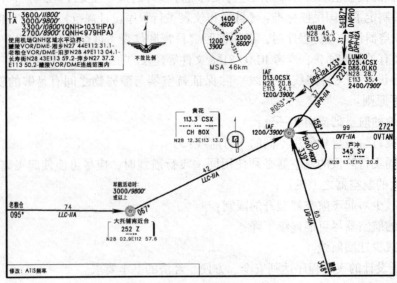

图 1-2　标准仪表飞行程序

（2）根据导航设施所提供的引导信息划分

使用较高精度的水平引导和垂直引导，并满足运行条件要求的仪表飞行程序称为精密飞行程序，如图 1-3 所示；仅使用方位引导的仪表飞行程序则称为非精密飞行程序，如图 1-4 所示；使用方位引导和垂直引导，但不满足精密进近和着陆运行要求的仪表飞行程序，称为有垂直引导的进近（approach procedure with vertical guidance，APV），如图 1-5 所示。

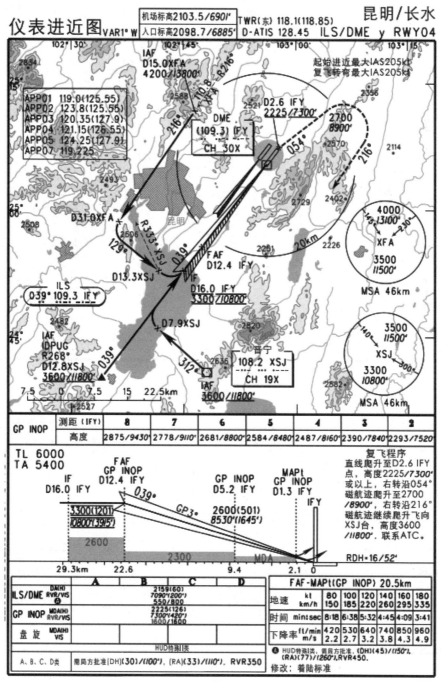

图 1-3　精密飞行程序

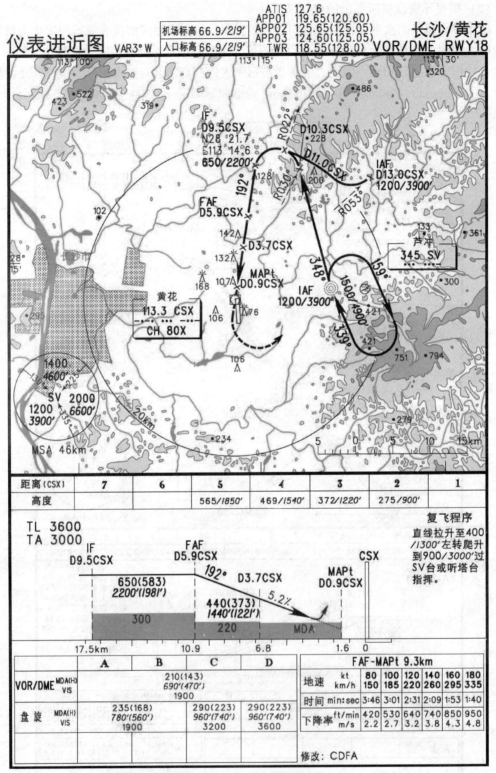

图 1-4 非精密飞行程序

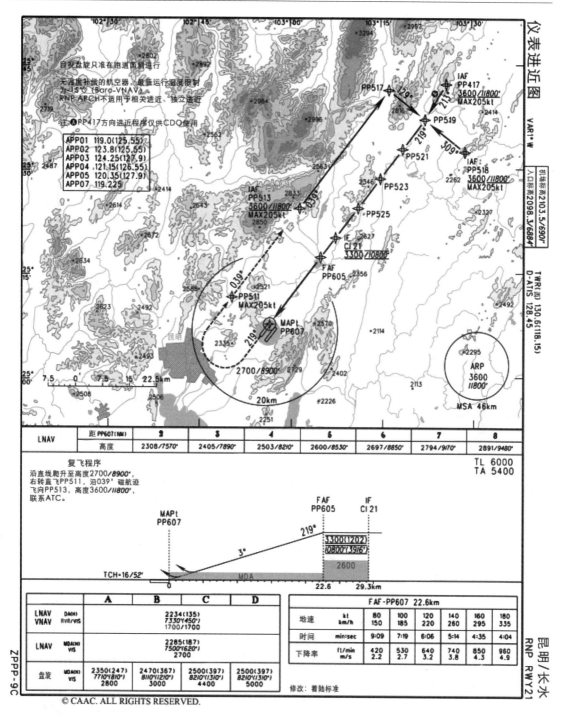

图 1-5　APV 飞行程序

（3）根据采用的导航和定位方式划分

使用传统导航、定位方式的飞行程序称为传统飞行程序，如图 1-6 所示；使用区域导航方法进行导航、定位的飞行程序称为基于性能导航（performance based navigation，PBN）飞行程序，如图 1-7 所示。

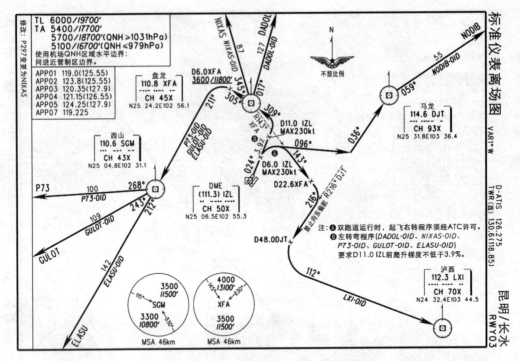

图1-6　标准仪表离场图（传统飞行程序）

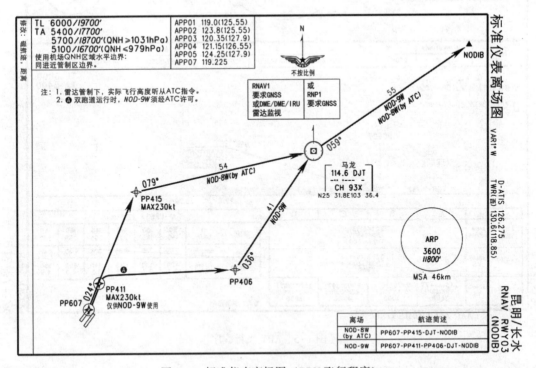

图1-7　标准仪表离场图（PBN飞行程序）

（4）根据发动机工作状态划分

按照 ICAO 和我国民航的相关规定，民航局只发布航空器发动机全部正常工作情况下的飞行程序；对于部分发动机失效的情况，则由营运人根据航空器性能和具体的飞行环境设计应急飞行程序。

（5）根据航空器类型划分

可分为固定翼航空器飞行程序和直升机飞行程序，本书主要介绍固定翼航空器飞行程序设计方法与准则。

2. 飞行程序的结构

一次航班飞行包括起飞离场、航路飞行、进场下降和进近着陆等飞行阶段。通常，飞行程序设计的内容包括起飞离场（离场程序）、进场下降（进场程序）和进近着陆（进近程序）三个部分。航路的规划和设计一般属于空域规划范畴。但为了保证设计规范的完整性，本书也对航路设计准则进行了介绍。

（1）离场程序

从航空器跑道起飞末端（departure end of runway，DER）直至加入航路飞行，主要完成起飞后至加入航路前的高度爬升和航向调整。

（2）进场程序

航空器从航线飞行（巡航阶段）的结束点开始，至起始进近定位点结束。航空器在进场阶段要理顺航路与进近之间的关系，实现从航路到进近的过渡，保证机场终端区内空中交通的流畅。在空中交通流量较大的机场，由于该航段较为复杂，应单独编制和公布标准仪表进场程序。

（3）进近程序

航空器根据一定的飞行规则，与障碍物保持规定的安全余度所进行的一系列预定的机动飞行。始于起始进近定位点或规定的进场航线，直至航空器安全着陆，如航空器不能完成着陆，则进行复飞，以确保飞行安全。在飞行程序设计中，进近程序（如图 1-8 所示）一般由进场、起始进近、中间进近、最后进近、复飞五个航段，以及相应的等待程序组成。

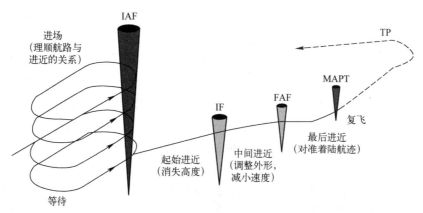

图 1-8　进近程序的结构

1.1.3　飞行程序设计的基本原则及影响因素

1. 基本原则

为了保证航空器在终端区内安全、有序飞行，避免在飞行过程中发生航空器与航空器之间、航空器与地面障碍物之间相撞，所有具备仪表飞行条件的民用航空机场必须设计适于本场地形和气象特点、空域限制、流量分布等因素的飞行程序和机场最低运行标准。

保障飞行安全、提高运行效率、节约运行成本是飞行程序设计的基本原则，也是每一个飞行程序的设计目标。保障飞行安全是设计工作的重中之重，是设计工作中最重要的指标，只有在满足基本飞行安全要求的前提下，才能考虑和兼顾经济和简便的要求。

（1）安全

存在安全隐患的飞行程序将会导致严重后果。为使飞行程序安全可靠，一方面需要达到预期的超障安全目标等级，避免航空器与地形、人工建筑物碰撞（碰撞风险小于千万分之一）；另一方面要尽可能地减少飞行程序运行时的交通冲突，降低与其他航空器碰撞的风险。

（2）经济

为使飞行程序设计得经济合理，要从实际出发，选择最适宜的进近模式和航迹，尽可能地降低机场运行最低标准，并节省空域和飞行时间，为保证航空器正常飞行、增大空中交通流量和机场吞吐量及减少飞行冲突创造有利条件。

（3）简便

简便易行的飞行程序可以降低驾驶员执行飞行难度，减少操作动作，从而增加安全系数。在保证安全和经济的前提下，尽量减少飞行程序中转弯的次数和角度，增加直飞的航段。

（4）环保

飞行程序涉及的空域范围较低，通常对周围环境会产生直接的影响，例如噪声、尾气污染等。在进行飞行程序设计时，应尽量避开噪声敏感区域，采取高度控制或者设计降噪程序等方法减少噪声的影响。同时采用连续下降或连续上升航迹来减少航空器的排放，减少对环境的污染。

2. 影响因素

（1）导航方式及导航设施布局

导航设施的类型和布局是影响飞行程序设计的重要因素。飞行程序所规定的飞行路线必须保证飞行的可操作性，即应满足便于识别、引导可靠、操作稳定的特点。传统飞行程序依靠陆基导航设施发射的无线电信号取得飞行航迹引导，常用的陆基导航设施有无方向性信标台（non-directional beacon，NDB）、甚高频全向信标台（very high frequency omnidirectional radio range，VOR）、测距机（distance measuring equipment，DME）、航向台（localizer，LOC）、下滑台（glide path，GP）、指点标、进近灯光系统、精密进近雷达（precision approach radar，PAR）等。PBN飞行程序的相关导航设施和飞行航迹引导方法将在本书第二部分加以介绍。

导航设施的工作原理和导航精度决定其在飞行程序中的应用方式和航迹分布。传统飞行程序要求提供引导的导航台必须位于航迹或航迹延长线上，且应保证飞行航迹位于导航台信号覆盖范围内。导航设施的覆盖范围应通过通信导航部门评估，确保满足飞行程序的要求。由此可见，导航台的位置会影响飞行程序中航迹的设置。

机场导航设施布局应按照保证安全、经济实用的原则，根据机场周围地形、机场等级、航空运输量设置，满足不同层次机场运行的基本需求。最基本的机场导航设施布局应配备航线归航引导设施和最后进近航迹引导设施。

在我国，常规的导航设施布局有以下几种形式。

① 支线机场：通常会在跑道延长线上、跑道入口近端安装一套 VOR/DME 设备，用于进、离场及进近航迹引导；至少在主降方向安装仪表着陆系统。

② 区域枢纽机场：通常会在跑道延长线上、跑道入口近端安装一套 VOR/DME 设备，用于进近航迹引导；在跑道侧方起落航线三边上安装一套 VOR/DME 设备，用于进、离场航迹引导；在跑道双向均安装仪表着陆系统。

③ 国际枢纽机场：通常会在跑道延长线上、跑道入口近端安装一套 VOR/DME 设备，用于进近航迹引导；在跑道两侧安装多套 VOR/DME 设备，兼顾各方向进、离场使用；在跑道双向均安装仪表着陆系统，有条件的机场还会装备二类精密进近系统，用于低能见度程序。

由于国内各机场终端区的空域限制和运行环境不同，需求也有差异，导航设施布局形式会有所调整。

（2）环境因素

影响飞行程序的环境因素主要包括自然环境因素和人文环境因素。

① 自然环境因素主要指地理条件、气象条件等。地理条件主要考虑地形特征和障碍物的分布，应严格控制机场附近障碍物的高度，充分考虑障碍物对离场初始阶段、最后进近阶段和最低天气运行标准的影响。在机场终端区内，评估周围山地、丘陵对航空器进近下降和起飞爬升的影响，并根据航空器性能要求调整航迹避开高大障碍物。气象条件最主要的就是风、能见度和云底高，在选址阶段的程序设计工作中，应采集至少 5 年以上的气象资料，进行分析和比选，以确定跑道方向是否合适，机场利用率是否满足需求等。

② 人文环境因素一般是指机场周边的噪声、电磁场环境等。在环保要求日益提高的趋势下，航空器执行飞行程序所产生的噪声也成为影响飞行程序航迹设置的因素和评价飞行程序质量的重要指标。飞行航迹应避开噪声敏感区，并尽量避免飞越居民区。机场周边其他设施的电磁信号可能会对通信导航设施的信号造成影响，在导航台选址和航迹设置过程中应充分考虑周边电磁场环境，避免受到干扰。例如，在机场选址阶段的程序设计工作中应充分考虑周边高压输变电线路的走向，以及与进、离场航线的相对位置关系等。此外，机场周边的光污染和烟尘等都会对机场选址和飞行程序设计造成一定程度的影响。

（3）空域结构

空域结构一般是指机场周围的航路航线、限制空域布局和邻近机场布局等。离场航线以加入航路航线为终止，进场航线以脱离航路航线为起始，因此所设计的进、离场航线应适应航路航线走向。飞行程序应避开限制性空域，相邻机场在空域利用方面常常存在矛盾和冲突，因此在程序设计过程中应充分考虑各个机场的空域使用需求，合理布局飞行航迹，保证飞行安全，实现终端区交通的有序运行。

飞行程序设计的过程中，应综合考虑以上要素，结合机场跑道布局及所运行的航空器性能确定设计方案，为机场安全、高效运行奠定基础。

1.1.4　飞行程序设计的基本步骤

飞行程序设计包含以下四个基本步骤。

（1）规划航迹

根据机场的净空条件、导航设施的布局和与该机场进、出港有关的航路情况及其他影响因素初步规划航迹。

（2）绘制保护区

按离场、进场和进近及复飞程序设计准则，确定在正常情况下，航空器沿标称航迹飞行时，可能产生的最大位置偏移范围，称为保护区。

（3）评估障碍物

航空器沿标称航迹飞行时，其飞行高度与保护区内障碍物应保持一定的垂直间隔，满足安全要求的最小垂直间隔称为超障余度。不同飞行阶段要求的超障余度不同，同一飞行阶段，障碍物所在位置不同，超障余度也会有所变化。障碍物高度与超障余度之和即为该障碍物所要求的超障高度。

在进场、进近阶段，评估障碍物是计算保护区内所有障碍物要求的超障高度，取其中最大者为该航段的最低超障高度；在离场、复飞阶段，评估障碍物是计算保护区内所有障碍物要求的超障高度和对应的爬升梯度，取这些爬升梯度中最大者为该航段的最低爬升梯度。

（4）检查和调整

检查各航段的梯度是否符合要求，如果有不符合要求的航段，必须进行调整。在调整过程中，如果改变了飞行航迹，应重复步骤（2）（3）（4），直至符合要求。

1.1.5　飞行程序设计的工作任务

根据中国民用航空局的相关规定，针对机场建设项目的不同阶段，新建机场飞行程序设计的主要工作任务也不同。

（1）选址阶段

该阶段的主要作用是通过相关条件比选确定最优场址，主要工作有：收集相关基础数据，如地形资料、重要障碍物分布、气象资料等；综合分析各场址的环境因素对飞行程序的影响；协助完成初步的军民航空域使用协调，取得相关机构的意见；对场址进行空侧条件比选，选择最优场址。

（2）预可行性研究阶段

该阶段的主要作用是技术论证推荐场址飞行程序的可行性，主要工作有：参与军民航协调，初步达成意见；考虑相应的跑道布局、导航设施布局，确定进、离场飞行程序的基本方案；提出飞行程序超高障碍物初步处理要求，及时向相关政府主管部门提出净空保护要求。

（3）可行性研究阶段

该阶段的主要作用是细化机场建设中飞行程序各阶段工作，主要工作有：确定跑道构型；参与通信导航设施选址工作；参与航路航线设置方面的军民航协调，提出空域调整方案；提交设计报告。

（4）初步设计阶段

该阶段的主要作用是与机场建设其他各专业进行有效配合，对空域结构、导航设施建设和障碍物处理等方面提出具体方案，主要工作有：根据空域用户要求进行空域调整；确定导航设施类型及布局；确定与周边航路航线结构的连接；确定终端区内高度表拨正程序和过渡高度/过渡高度层的具体方案；提交飞行程序各阶段航行要素、保护区、障碍物评估、最低安全高度等详细设计及论证方案；确定机场运行最低标准等飞行程序的具体设计方案；对影响飞行程序的障碍物进行净空处理。

（5）竣工设计阶段

该阶段的主要作用是在机场建设竣工以后，根据施工过程中的一些数据变化对初步设计方案进行相应调整和更新，主要工作有：收集机场实际施工方案相关资料，根据障碍物净空处理情况进行飞行程序最后修改和上报；参与净空控制与航行资料的准备；对相关人员进行培训；进行飞行模拟机验证、导航设施的校飞及飞行程序的试飞工作。

（6）飞行程序的日常维护和优化

由于机场改扩建、导航设施变更、空域和管制协议改变、净空环境改变等相关运行条件的改变，要及时进行飞行程序的修改和更新。

1.2　飞行程序设计的参数

1.2.1　航空器的速度

1. 航空器的分类

航空器的速度直接影响实施飞行程序机动飞行所需的空域和机场运行标准，飞行程序设计可以根据航空器的跑道入口速度的不同对航空器进行分类。

根据 ICAO 规定，航空器在跑道入口的指示空速（V_{at}）定义为：在最大允许的着陆重量和着陆外形条件下，航空器失速速度 V_{so} 的 1.3 倍，或失速速度 V_{s1g} 的 1.23 倍。如果 V_{so} 和 V_{s1g} 的数值都能得到，则应选择其中较大的值。

在飞行程序设计中，航空器主要考虑固定翼飞机和直升机，固定翼飞机按照 V_{at} 的不同分为 A、B、C、D、E 五类，直升机用 H 类表示〔H 类（PinS）为具备 GNSS 导航能力的直升机〕。各类航空器 V_{at} 的速度范围如表 1-1 所示。

表 1-1　设计飞行程序时所用的速度（IAS）　　　　　单位：km/h

航空器分类	V_{at}	起始进近速度范围	最后进近速度范围	目视机动（盘旋）最大速度	复飞最大速度	
					中间	最后
A	<169	165~280（205[①]）	130~185	185	185	205
B	169~223	220~335（260[①]）	155~240	250	240	280
C	224~260	295~445	215~295	335	295	445
D	261~306	345~465	240~345	380	345	490
E	307~390	345~465	285~425	445	425	510
H	—	130~220[②]	110~165[③]	—	165	165
H 类（PinS）[③]	—	130~220	110~165	—	130 或 165	130 或 165

① 反向和直角程序的最大速度；

② 6 000 ft 及以下的反向和直角程序的最大速度为 185 km/h，6 000 ft 以上为 205 km/h；

③ 基于基本 GNSS 的直升机区域内参考点程序及运行需要，起始进近和中间进近航段使用最大速度 220 km/h 进行设计，最后进近和复飞航段使用 165 km/h，或起始和中间进近航段使用 130 km/h，最后进近和复飞航段使用 130 km/h。

2. 程序设计使用的速度

在设计飞行程序时，应使用 ICAO 提供的各类航空器在不同的飞行航段的速度，见表 1-1。如果表中对应某一速度范围，应选取影响最大者作为设计速度，表中速度为指示空速（IAS），程序设计时必须换算为真空速（TAS）。

飞机相对于空气运动的速度称为空速。飞行过程中，空速通过空速表来测定。空速表所测出的空速，经过仪表误差和空气动力误差的修正后，得到指示空速，指示空速再修正空气压缩性修正量误差和空气密度误差，就得到真空速，即 $TAS = K \times IAS$，其中 K 为换算因子，如表 1-2 所示。

表 1-2 指示空速换算为真空速的换算因子

高度/ m	温度							
	ISA-30℃	ISA-20℃	ISA-10℃	ISA	ISA+10℃	ISA+15℃	ISA+20℃	ISA+30℃
0	0.946 5	0.964 7	0.982 5	1.000 0	1.017 2	1.025 7	1.034 1	1.050 8
500.0	0.969 0	0.987 8	1.006 3	1.024 4	1.042 3	1.051 1	1.059 8	1.077 0
1 000.0	0.992 2	1.011 8	1.030 9	1.049 7	1.068 2	1.077 4	1.086 4	1.104 3
1 500.0	1.016 3	1.036 6	1.056 5	1.076 0	1.095 2	1.104 6	1.114 0	1.132 5
2 000.0	1.041 3	1.062 3	1.083 0	1.103 2	1.123 1	1.132 9	1.142 6	1.161 8
2 500.0	1.067 2	1.089 0	1.110 5	1.131 5	1.152 1	1.162 3	1.172 4	1.192 3
3 000.0	1.094 0	1.116 7	1.139 0	1.160 8	1.182 2	1.192 8	1.203 2	1.223 9
3 500.0	1.121 9	1.145 5	1.168 6	1.191 2	1.231 5	1.224 5	1.235 3	1.256 8
4 000.0	1.150 7	1.175 3	1.199 3	1.222 9	1.246 0	1.257 4	1.268 7	1.291 0
4 500.0	1.180 7	1.206 3	1.231 3	1.255 8	1.279 8	1.291 7	1.303 4	1.326 6
5 000.0	1.211 9	1.238 5	1.264 5	1.290 0	1.315 0	1.327 3	1.339 5	1.363 6
5 500.0	1.244 3	1.272 0	1.299 1	1.325 6	1.351 6	1.364 4	1.337 1	1.402 2
6 000.0	1.277 9	1.306 8	1.335 0	1.362 7	1.389 7	1.403 1	1.416 3	1.442 4
6 500.0	1.313 0	1.343 0	1.372 5	1.401 3	1.429 5	1.443 4	1.457 2	1.484 3
7 000.0	1.349 4	1.380 8	1.441 5	1.441 5	1.470 9	1.485 4	1.499 8	1.528 1
7 500.0	1.387 3	1.420 1	1.452 1	1.483 5	1.514 1	1.529 2	1.544 2	1.573 7

表 1-2 给出了高度从 0 到 7 500 m，温度从 ISA-30℃到 ISA+30℃，将指示空速转换成真空速的换算因子。对于表中没有给出的高度和温度（高度大于 7 500 m，温度超出 ISA±30℃ 的范围），可以用下式计算：

$$TAS = IAS \times 171\ 233 \times [(288+VAR) - 0.006\ 496H]^{0.5} / (288 - 0.006\ 496H)^{2.628}$$

式中：VAR——程序设计所用值相对于国际标准大气（ISA）温度的差，单位为℃；

　　　H——高度，单位为 m。

例 1-1 假设高度为 4 500 m，指示空速为 400 km/h，温度为 ISA+20℃，则：

$$TAS = 400 \times 1.303\ 4 \approx 521 (km/h)$$

例 1-2 假设高度为 6 600 m，指示空速为 380 km/h，温度为 ISA+15℃，则：

取 7 000 m 对应的换算因子 K 值，可以算出

$$TAS = 380 \times 1.485\ 4 \approx 564 (km/h)$$

3. 转弯参数

转弯参数包括转弯真空速、转弯坡度、转弯率和转弯半径等。航空器转弯时的速度决定

了转弯半径和转弯率。转弯半径和转弯率直接影响到机动飞行所占的空间和时间。为了保证航空器在仪表进近的机动飞行中具有足够的安全区域，设计飞行程序时，除按航空器分类规定各航段的速度范围外，还规定了转弯坡度和转弯率。

航空器转弯时的倾斜角度，即航空器横轴与地平线或航空器竖轴与地垂线的夹角，称为转弯坡度，单位时间内所转过的角度称为转弯率，以 (°)/s 为单位。

转弯率的计算公式为：

$$R = \frac{562\tan\alpha}{V}$$

式中：R——转弯率，单位为 (°)/s，且 $R \leqslant 3$ (°)/s；

　　　α——转弯坡度，单位为 (°)；

　　　V——真空速，单位为 m/s。

设计飞行程序时，规定等待和进近使用的平均转弯坡度为 25°，目视盘旋的为 20°，离场和复飞的为 15°。转弯率不得超过 3(°)/s，如果超过 3(°)/s，则应使用 3(°)/s 转弯率所对应的转弯坡度。

无风条件下转弯半径为：

$$r = \frac{180V}{\pi R}$$

式中：r——无风条件下的转弯半径，单位为 m；

　　　V——真空速，单位为 m/s；

　　　R——转弯率，单位为 (°)/s。

1.2.2　与风相关的参数

1. 风向和风速

在转弯过程中，由于航空器的航向是不断变化的，并且，同一空域随着时间的变化，风向也是变化的，所以无法用某一固定的风向来分析整个转弯阶段，在风的影响下，航空器可能产生航迹偏移。因此，为了保证飞行安全，采用全向风来代替某一特定风向。所谓全向风是指风速一定，风向为任意方向，即考虑风向为 360° 中的任何一个方向。如图 1-9 所示，航空器在无任何导航设备引导的情况下从 A 点飞至 B 点，受全向风的影响，其可能产生的最大位置偏移范围为一个以 r（r=风速×A 点到 B 点所用飞行时间）为半径，B 点为圆心的圆。

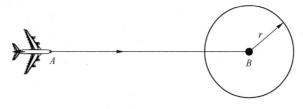

图 1-9　全向风的影响范围

设计飞行程序时，不同飞行阶段，所使用的全向风的风速各不相同，具体各阶段风速的规定如表 1-3 所示。

表 1-3 转弯设计参数

航段或转弯位置的定位点	速度（IAS）①	高度/高	风	坡度②	C/s 建立坡度时间	C/s 飞行员反应时间	出航计时容差/s	航向容差
离场	最后复飞用 IAS+10%，如表 1-1 所示③	指定的高度/高；（指定高度+从 DER 开始 10%爬升率的高（指定点转弯）	风螺旋线用 95%全向风或 56 km/h（30 kt）	划设转弯区：15° 建立平均飞行航径：15° 15°——<305 m（1 000 ft）； 20°——305 m（1 000 ft）； 25°——<915 m（3 000 ft）； ~<915 m（3 000 ft）； ≥915 m（3 000 ft）	3	3	—	—
航路	585 km/h（315 kt）	指定的高度/高	95%概率的风或 ICAO 标准风④	15°	5	10	—	—
等待	参见表 7-4②	指定的高度/高	ICAO 标准风④	传统程序和 RNAV（RNP 除外）：25° RNP 程序：当 FL<245 时 23°；当 FL>245 时 15°	5	6	10	5°
起始进近—反向程序和直角航线	参见表 1-1 所示	指定的高度/高	ICAO 标准风④或统计风	25°	5	6	10	5°
起始进近—DR 航迹程序	A、B 类：165~335 km/h（90~180 kt）；C、D、E 类：335~465 km/h（180~250 kt）	A、B 类：1 500 m（5 000 ft）；C、D、E 类：3 000 m（10 000 ft）	ICAO 标准风④ DR 段：56 km/h（30 kt）	25°	5	6	—	5°
IAF、IF、FAF	如表 1-1 所示 在 IAF 或 IF 转弯用起始进近速度 在 FAF 转弯用最后进近最大速度	指定的高度/高	95%概率的全向风或 56 km/h（30 kt）	25°	5	6	—	—
复飞	参见表 1-1①	机场标高+300 m（1 000 ft）	56 km/h（30 kt）	15°	3	3	—	—
使用预定航迹的目视机动飞行	参见表 1-1	机场标高+300 m（1 000 ft）	46 km/h（25 kt）	25°	—	—	—	—
盘旋	参见表 1-1	机场标高+300 m（1 000 ft）	46 km/h（25 kt）	20°	—	—	—	—

① 当航空器运行需要避开障碍物时，速度可减小至中间复飞指示空速，但程序应注明"限制复飞最大指示空速为×××km/h（kt）"。

② IAS 换算为 TAS 时，使用与高度相对应的国际标准温度加 15℃。等待程序基本保护区的真空速计算已包括压缩性修正。

③ 当航空器运行需要避开障碍物时，速度可减小为表 1-1 中所列的中间复飞指示空速加 10%，但程序应注明"限制离场转弯最大指示空速为×××km/h（kt）"。为了检验所规定的速度限制风对运行的影响，应将该速度与平均飞行航径给出的统计速度进行比较。

④ ICAO 标准风的计算公式为：12h+87 km/h，其中 h 的单位为千米；或 2h+47 kt，其中 h 的单位为千英尺。

2. 风螺旋线

无风情况转弯时，航空器的飞行航迹应为一个圆。考虑有全向风的影响，航空器转过一定角度时所形成的轨迹为风螺旋线，其极坐标方程为 $\rho = r + E_\theta$，如图 1-10 所示，r 为静风条件下的转弯半径，单位为 km，E_θ 为转过 θ 角度所用时间内风的影响范围 $\left(E_\theta = \dfrac{\theta}{3\,600R} W \right)$，风速 W 的单位为 km/h。绘制风螺旋线的模板如图 1-11 所示。

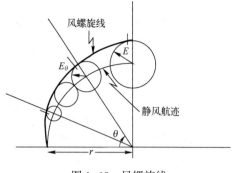

图 1-10　风螺旋线

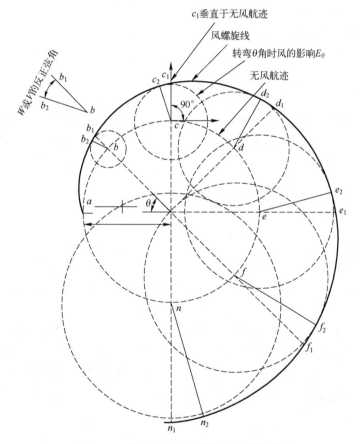

图 1-11　绘制全向风的模板（风螺旋线）

在计算各个飞行阶段转弯半径及转弯时使用的相关参数如表 1-3 所示，表中参数的特定用法见相应章节。除使用预定航线的目视机动飞行以外，表中所列转弯坡度值相应的转弯率不得超过 3(°)/s。

1.2.3　计量单位

在飞行程序设计中，相关的航行参数的计量单位如表 1-4 所示。

表 1-4　计量单位[①]

参　数	单　位	参　数	单　位
水平距离	千米（km），海里（NM）	时间	秒（s），分（min）
垂直距离	米（m），英尺（ft）	速度	千米/时（km/h），节（kt）
下降率	米/秒（m/s），英尺/分（ft/min）	角度	度（°），弧度（rad）
下降梯度	%		

① 所用单位依据《国际民用航空公约》中的附件 5。

各单位之间的转换如下：

① 由海里（NM）转换为米（m），1 NM = 1 852 m；

② 由米（m）转换为英尺（ft），1 m = 3.280 8 ft；

③ 由海里（NM）转换为英尺（ft），1 NM = 6 076 ft；

④ 由节（kt）转换为米/秒（m/s），1 kt =（1 852/3 600）m/s = 0.514 4 m/s；

⑤ 由度（°）转换为弧度（rad），$1° = \dfrac{\pi}{180} \, \text{rad}$。

参数值通常以整数表示，为了保证各参数所需的精度，应当只对计算的最后结果向上或向下取整，具体取整方法在本书各章节有具体要求，在中间计算过程中，应当保留尽可能多的小数位数值以确保精度。

1.3　终端区定位点及定位容差

航空器在空中是根据一条预定的飞行路线飞行。这条飞行路线由一系列的空间位置点和位置点之间的航段组成。这些位置点需要利用一个或一个以上导航设备确定其地理位置，这些位置点称其为定位点。终端区定位点是指构成仪表飞行程序的各个定位点，按照其位置和作用，分为起始进近定位点（IAF）、中间进近定位点（IF）、最后进近定位点（FAF）、等待点、转弯点（TP）、复飞点（MAPt）、梯级下降定位点（SDF）等。实施飞行程序过程中，定位点帮助驾驶员判定航空器位置。进近程序定位点的名称与其后的航段相一致，例如，中间进近航段以中间进近定位点开始。因此，定位点附带着相关航段的操作信息，其定位精度对飞行程序的安全性和可靠性有着直接的影响。

1.3.1　导航容差

终端区内定位点可以采用飞越导航台、双台交叉定位和雷达定位三种方法进行定位。不论采用哪种定位方法，都会产生误差，航空器实际位置可能分布在标称定位点周围的一个区域内，这个区域叫作定位容差区。其定义为：由于地面和机载设备的精度限制，以及驾驶员的飞行技术误差，航空器在定位时可能产生的偏差范围，如图 1-12 所示。定位容差区沿标称航迹的长度称为定位容差。从进入定位容差区的最早点到标称点量取的长度为 d_1；从标称点到飞出定位容差区的最晚点量取的长度为 d_2，如图 1-13 所示。

定位容差区的大小与定位方法、所使用的导航设备及导航台与定位点的位置关系有关。下面将介绍程序设计时使用的各种导航设备定位容差参数。

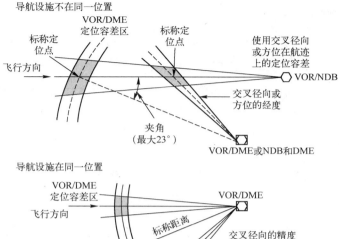

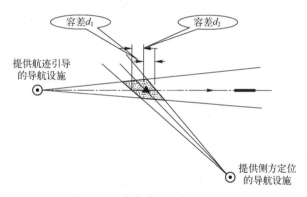

图 1-12　交叉定位点的定位容差区

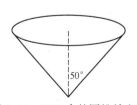

图 1-13　定位容差区与定位容差

1. 飞越导航台的定位容差区

（1）飞越 VOR 台的定位容差区

飞越导航台的定位容差区应使用圆锥效应区确定，如图 1-14 所示。这个区以 VOR 台的直线与垂直线成 50°角为轴，扩散角为 50°的倒圆锥为基础。进入圆锥效应区时，由于设备误差和驾驶误差，在标称航迹两侧有±5°的进入误差，如图 1-15 所示。进入圆锥效应区后，驾驶员在保持原航向飞行的过程中，将产生最大±5°的航向保持误差，直至飞出圆锥效应区。对于某一指定高度 h，利用公式 $r_V = h \times \tan 50°$ 即可求得该高度圆锥效应区的半径，再根据进入误差和航向保持误差就可确定该高度飞越 VOR 台的定位容差区。

（2）飞越 NDB 台的定位容差区

飞越 NDB 台的圆锥效应区的倒圆锥扩散角为 40°。进入误差为±15°。进入圆锥效应区后的航向保持误差为±5°

图 1-14　VOR 台的圆锥效应区

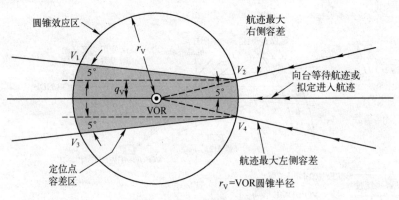

图 1-15　飞越 VOR 台的定位容差区

以内。对于某一指定高度 h，使用 $r_N = h \times \tan 40°$ 即可得到该高度圆锥效应区的半径，再根据进入误差和航向保持误差就可确定该高度飞越 NDB 台的定位容差区，如图 1-16 所示。

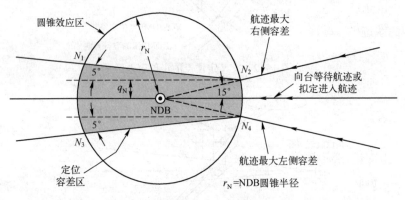

图 1-16　飞越 NDB 台的定位容差区

（3）飞越 75 MHz 指点标的定位容差区

飞越 75 MHz 指点标的信号效应区是一个抛物面，即将图 1-17 中所示的抛物线以过水平标尺中零刻度的垂线为旋转轴旋转而得。该抛物面与某一高度水平面相交而得的圆即为该高度飞越指点标的定位容差区。

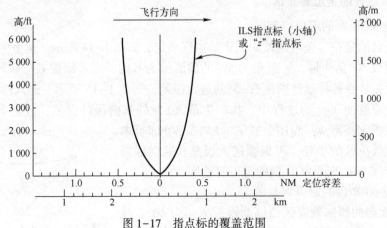

图 1-17　指点标的覆盖范围

2. 交叉定位点的定位容差区

终端区内飞行程序所需的定位点很多，但能安装导航台的定位点很少，多数定位点需要采用交叉定位的方法来确定其位置。交叉定位就是通过测定航空器与两个或两个以上导航设备的相对方位或距离来确定航空器的位置。交叉定位点的定位容差大小取决于提供定位信息的导航系统使用的精度高低。决定系统精度的参数为：地面设备容差、机载接收系统容差、飞行技术容差，如表 1-5 所示。

表 1-5　系统使用精度的影响因素

导航设备系统使用精度影响因素	VOR	ILS	NDB
地面系统容差	±3.6°	±1°	±3°
机载接收系统容差	±2.7°	±1°	±5.4°
飞行技术容差	±2.5°	±2°	±3°

（1）提供航迹引导的导航台的精度

VOR 台的航迹引导精度由以下三个参数组成：

① ±3.6°，地面系统容差，或由飞行测试而定；

② ±2.7°，接收机容差；

③ ±2.5°，飞行技术容差。

取以上三个数值的平方和根，即得 VOR 台的航迹引导容差为 ±5.2°。

NDB 台的航迹引导精度由以下三个参数组成：

① ±3°，地面设备容差；

② ±5.4°，机载设备容差；

③ ±3°，飞行技术容差。

取以上三个数值的平方和根，即得 NDB 台的航迹引导容差为 ±6.9°。

ILS 航向台的航迹引导精度由以下三个参数组成：

① ±1.0°，地面监测设备容差（包括波束弯曲）；

② ±1.0°，机载设备容差；

③ ±2.0°，飞行技术容差。

取以上三个数值的平方和根，即得 ILS 航向台的航迹引导容差为 ±2.4°。

（2）提供侧方定位的导航台的精度

提供侧方定位的导航台的总容差与提供航迹引导的导航台的总容差的差别在于侧方台总容差中不考虑飞行技术容差，根据前面所给的数据，可以得到各种导航设备的侧方定位容差。

① VOR：±4.5°。

② NDB：±6.2°。

③ ILS 航向台：±1.4°。

（3）DME 台的测距精度

DME 台的测距精度为：$\pm[0.46\,\text{km}(0.25\,\text{NM})+1.25\%D]$。其中，$D$ 为地面设备至机载 DME 设备天线的距离。这个精度数值是总的最小精度、监视容差和飞行技术容差的平方和根（RSS）。

在确定了定位点所使用的定位方法和导航台之后，就可以根据以上定位容差参数，确定定位点的定位容差区和定位容差 d_1、d_2 的数值。例如，某定位点所在的航线以 VOR 台作为航迹引导台，同时用侧方 VOR 台定位，其定位容差区和定位容差如图 1-18 所示。

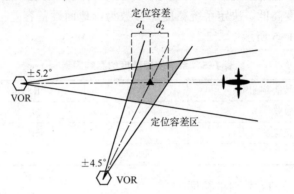

图 1-18　交叉定位点定位容差区的确定（以 VOR 台为例）

（4）使用交叉定位时，对导航台的限制

当使用两个 VOR 台交叉定位时，对两个导航台与定位点的连线所构成夹角的大小也有一定的限制，如图 1-19 所示，该夹角应在 30°～150° 之间，如不能满足夹角限制，则不能采用这种定位方式。

当使用两个 NDB 台交叉定位时，对两个导航台与定位点的连线所构成夹角的大小也有一定的限制，如图 1-20 所示，该夹角应在 45°～135° 之间，如不能满足夹角限制，则不能采用这种定位方式。

图 1-19　VOR/VOR 交叉定位时的限制　　　　　图 1-20　NDB/NDB 交叉定位时的限制

VOR/DME 定位点通常使用位于同一位置的 VOR 和 DME 提供的径向和距离信息，但在有必要使用不同位置的 VOR 和 DME 定位时，则定位点至航迹引导的电台的连线与至 DME 台连线的交角不得大于 23°。

1.3.2　终端区定位点的实际应用

1. VOR/DME 定位点的最短可用地面距离

如图 1-21 所示，VOR/DME 定位点的最短可用地面距离可以通过下列公式确定。

$$d_m = h_1 \times \tan 55°$$

式中：d_m——最短可用 DME 地面距离，单位为 km；

h_1——相对设备天线的高，单位为 km。

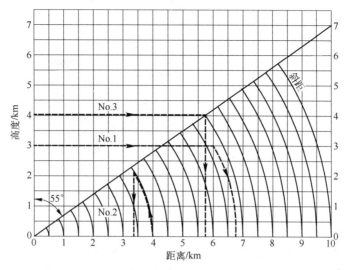

图 1-21　VOR/DME 定位点的最短可用地面距离与 DME 斜距的关系

① 为确定斜距，延长高度线至地面距离正上方，沿弧线向下至基线得到斜距（例如：No. 1）。
② 为确定地面距离，找到斜距并沿弧线向上至指定高度线，然后垂直向下至地面距离线（例如：No. 2）。
③ 为确定至 VOR/DME 定位点的最短地面可用距离，从该程序最高高度与对角线交点垂直向下可以得到地面距离（例如：No. 3）。

2. 起始/中间进近定位点

符合要求的起始或中间进近定位点，其定位容差（RNAV 为沿航迹容差 ATT）必须不大于±3.7 km(±2.0 NM)。但是，当 FAF 是一个 VOR、NDB 或 VOR/DME 定位点时，则中间进近航段内定位点的定位容差可以增加至不大于定位以后相应的中间或起始航段长度的±25%，如图 1-22 所示。

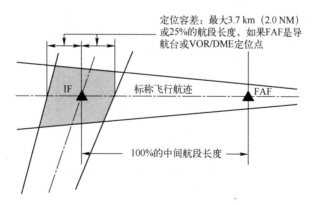

图 1-22　中间进近航段内定位点的定位容差

3. 非精密进近最后进近定位点

适于用作 FAF 的定位点，距着陆道面的距离不大于 19 km(10 NM)，并且在飞越 FAF 的高度上的定位容差不超过 1.9 km(1.0 NM)，如图 1-23 所示。

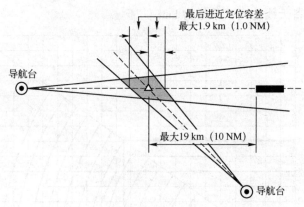

图 1-23　最后进近定位点（FAF）容差

4. 复飞定位点

复飞定位点可用于非精密进近。如果用导航台确定 MAPt 或复飞转弯点，则定位容差使用一个固定数值。如果 MAPt 以距 FAF 的一段距离来确定，则定位容差不得超过 MAPt 的纵向容差。使用 ILS 75 MHz 指点标作为 MAPt，只限于 ILS 进近下滑道不工作的情况。

5. 限制径向线/DME 距离

在离场或复飞没有航迹引导时，可用标称航迹与一条 VOR 径向线、NDB 方位线或 DME 距离弧相交来确定转弯点。虽然这不是一个定位点，但是可以按图 1-24 所示画出的定位容差区进行复飞计算。

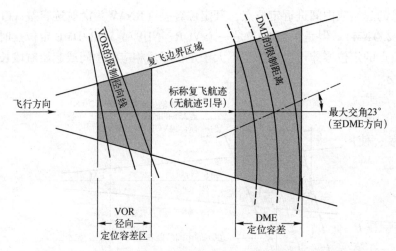

图 1-24　对限制的径向线/方位线或 DME 距离采用的定位容差区

1.4　超障保护区和超障余度

1.4.1　超障保护区

由于气流运动、驾驶技术、导航系统误差等因素的影响，航空器沿航迹飞行时，不能严格保持预定航迹，总会或多或少产生偏移。为保证在飞行全程中不与障碍物碰撞，航空器沿预定航迹飞行可能达到的位置与预定航迹之间的区域应得到保护，这些位置的最大范围称为超障保护区，简称超障区或保护区。保护区是一个空间概念，一般用水平范围和超障安全高度进行描述。

保护区对航空器飞行安全的保障不是绝对的，根据 ICAO 规定的 1×10^{-7} 碰撞风险目标水平，通常用概率可容度来确定保护区的范围。概率可容度是指提供的保护空域可以容纳沿航路飞行的总飞行时间（累积所有航空器）的百分比。

每个航段均有相应的保护区，通常保护区相对于该航段预定航迹是对称的，一般分为主区和副区，以标称飞行航迹或者标称区域为中心，按照导航容差 99.7% 概率可容度确定的超障保护区中，按照导航容差 95% 概率可容度确定的区域为主区，除主区之外的区域为副区。有时保护区中只有主区。如果有副区，则保护区每一边外侧的一半宽度即为副区（通常为总宽度的 25%），如图 1-25 所示。

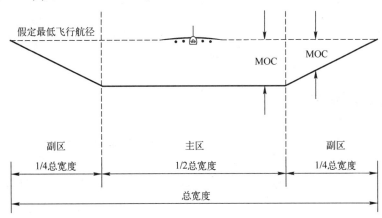

图 1-25　主区和副区的直线段保护区横切剖面

如图 1-26 所示，在两个定位点之间，任意一点（P）的副区宽度可以根据这两个定位点位置保护区宽度，使用下列公式进行线性插值的方法求得：

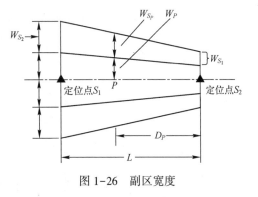

图 1-26　副区宽度

$$W_{S_P} = W_{S_1} + \frac{D_P (W_{S_2} - W_{S_1})}{L}$$

式中：W_{S_P}——在 P 点的副区宽度；

　　　W_{S_1}——在第一个定位点 S_1 的副区宽度；

　　　W_{S_2}——在第二个定位点 S_2 的副区宽度；

　　　D_P——从第一个定位点 S_2 沿标称航迹到 P 点的距离；

　　　L——两个定位点之间沿标称航迹的距离。

1.4.2　最小超障余度

最小超障余度（minimum obstacle clearance，MOC）是指航空器在保护区内飞越障碍物上空时，保证航空器不至于与障碍物相撞的最小垂直间隔，是受天气、设备、航空器性能及驾驶员能力的影响而制定的保证航空器安全越障的最低要求，简称超障余度（见图1-25）。对于飞行程序的每一个航段都有相应的最小超障余度的规定，在本书各章节中会有介绍。

1.4.3　程序设计所采用的坐标系统

程序设计所采用的坐标系统为直角坐标系，但其原点的位置和轴线的方向在程序设计过程中是变化的。在设计进场程序和进近程序时，以跑道入口中心点作为坐标原点，X轴与跑道中线延长线一致，跑道入口以前为X轴的正方向；Y轴与X轴在同一水平面，且垂直于X轴，进近航迹的右侧为Y轴的正方向；Z轴垂直于X轴和Y轴，高于X轴和Y轴所在的平面为Z轴的正方向，如图1-27所示。

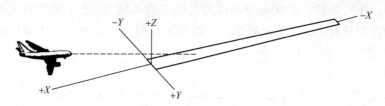

图1-27　程序设计采用的坐标系统

1.5　最低扇区高度

最低扇区高度（MSA）也称为扇区最低安全高度，是紧急情况下所在扇区可以使用的最低高度。它也是确定仪表进近程序起始高度的一个依据。每个已建立仪表进近程序的机场都应规定最低扇区高度，并应在标准仪表进场图、标准仪表离场图及仪表进近图中公布最低扇区高度。

1.5.1　扇区的范围及划分方法

扇区必须在以用于仪表进近所依据的归航台为中心、46 km为半径所确定的区域内。扇区的划分可以与罗盘（磁）象限一致，即依据0°、90°、180°和270°向台磁航向分为四个扇区，如图1-28（a）所示。

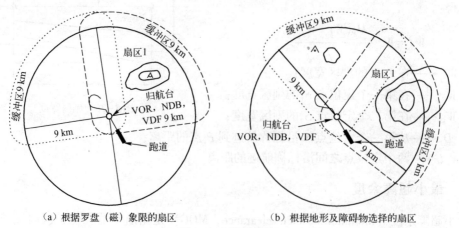

（a）根据罗盘（磁）象限的扇区　　　　　（b）根据地形及障碍物选择的扇区

图1-28　扇区方位

如果由于地形或其他条件，扇区边界也可选择其他方位使之取得最适应机场运行需要的最低扇区高度。如图 1-28（b）所示，根据地形及障碍物的情况，将整个区域划分为三个扇区，从而使最高障碍物对扇区高度的影响限制在最小范围内（扇区 1）。在每个扇区的边界外有一个 9 km 的缓冲区。

以 VOR/DME 或 NDB/DME 为中心的扇区，可在扇区内另外规定一个圆形边界（DME 弧），将扇区划分为分扇区，在里面的区域使用较低的 MSA，如图 1-29 所示。使用的 DME 弧选择在 19 km 和 28 km 之间，以避免使用的分扇区太小。分扇区之间的缓冲区宽度仍使用 9 km。需要注意的是，在扇区划设过程中尽量不要在航路航线上设置扇区边界。

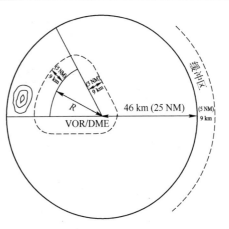

图 1-29　用 DME 弧确定 VOR/DME 分扇区的情况

1.5.2　最低扇区高度的确定

各扇区的最低扇区高度等于该扇区及其相应缓冲区内最高障碍物的标高加上一个超障余度，然后以 50 m 向上取整。平原机场的 MOC 为 300 m；山区机场的 MOC 应予以增加，最大增加至 600 m（在计算山区机场最低扇区高度时，MOC 通常取 600 m）。

1.5.3　相邻电台使用联合扇区

如果一个机场使用一个以上导航台作为归航台进行仪表进近程序设计，则应分别以这些导航台为中心，画出扇区图并计算最低扇区高度。如果不同扇区中心的导航台相距在 9 km 以内，则以这两个导航台为中心的扇区可以合并，如图 1-30 所示。合并后的最低扇区高度应该取每个导航台相应扇区的最低扇区高度中的最大值。对于以同一导航台为中心建立的两个相邻扇区，如果其最低扇区高度相差小于或等于 100 m，这两个扇区可以合并，取较高的最低扇区高度作为合并后的最低扇区高度。

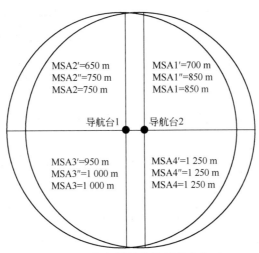

图 1-30　相邻导航台使用联合扇区

第 2 章　离场程序设计

2.1　概述

允许航空器使用仪表飞行方式离场的每一条跑道必须建立和公布仪表离场程序。在可能的情况下，所设计的离场程序应适用于全部航空器类型，若离场限于特定的航空器类型使用，离场图应明确标明使用的类型。空中交通管制、空域管理或其他因素（如减少噪声等）都可能对离场程序提出要求。离场程序不仅是根据超障要求来确定的，还应考虑航空公司、空中交通管制和其他有关单位的需求。

离场程序以跑道起飞末端（DER）为起点，即公布适用于起飞区域的末端（跑道端或相应的净空道端）；当航空器按照设计的离场爬升梯度（PDG）达到下一个飞行阶段（航路、等待或进近）规定的最低高度/高的位置，离场程序结束。标准程序设计的离场爬升梯度（PDG）为 3.3%。PDG 起始于跑道起飞末端（DER）之上 5 m（16 ft）的一点。

离场程序有三种形式：直线离场、转弯离场和全向离场。其中，在地形开阔和空域允许的环境下，转弯离场可以设计为全向离场。具体的离场形式随机场区域的地形和空中交通管制需要而定。

2.2　直线离场

2.2.1　航迹设置要求

起始离场航径与跑道中线方向相差在 15° 以内的为直线离场。一般情况下，直线离场的航径应与跑道中线延长线一致。直线离场允许不超过 15° 的航迹调整，但航迹调整应在航空器达到 DER 标高之上 120 m，且距跑道起飞滑跑端 600 m 之后，或在一个指定的航迹调整点进行。当起始航迹不经过跑道起飞末端时，在正切跑道起飞末端处的横向距离不得超过 300 m，直线离场在距离离场跑道末端 20 km（10.8 NM）之内应获得航迹引导。监视雷达可用于提供离场航迹引导。

根据起始航径得到引导的可能性，直线离场主要分为以下两种情况。

1. 无航迹引导的直线离场

无航迹引导、无航迹调整的直线离场如图 2-1 所示；无航迹引导、有航迹调整的直线离场（无航迹调整点/指定航迹调整点），如图 2-2 和图 2-3 所示。

图 2-1　无航迹引导、无航迹调整的直线离场

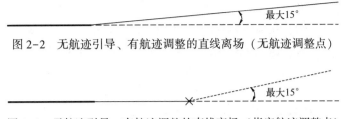

图 2-2 无航迹引导、有航迹调整的直线离场（无航迹调整点）

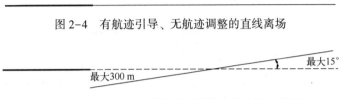

图 2-3 无航迹引导、有航迹调整的直线离场（指定航迹调整点）

2. 有航迹引导的直线离场

导航台在跑道中线延长线上（向台/背台），如图 2-4 所示；偏置（航迹平行/航迹偏置/航迹交叉），如图 2-5 所示。

图 2-4 有航迹引导、无航迹调整的直线离场

图 2-5 有航迹引导、有航迹调整的直线离场（偏置）

2.2.2 保护区绘制方法

1. 无航迹引导、无航迹调整的直线离场保护区

保护区起始于 DER，起始宽度为 300 m（H 类为 90 m）。保护区以跑道中线为中心，在跑道中线延长线两侧，分别按 15° 的角度向外扩展，如图 2-6 所示。

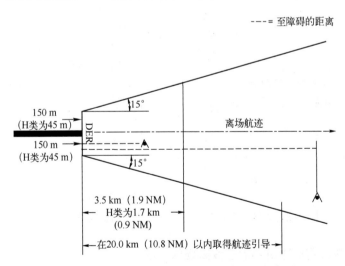

图 2-6 无航迹引导、无航迹调整的直线离场保护区

2. 无航迹引导、有航迹调整的直线离场保护区

起始离场航迹调整不得超过 15°。调整时，从 DER 开始，航迹调整一侧保护区边界的扩

展要增加航迹调整的角度。

在航迹调整的另一侧，从航空器最晚达到 120 m（394 ft）的点开始，保护区边界调整一个相同的角度。通常，在 PDG 为 3.3% 时，到 DER 的距离为 3.5 km（1.9 NM），如图 2-7 所示。

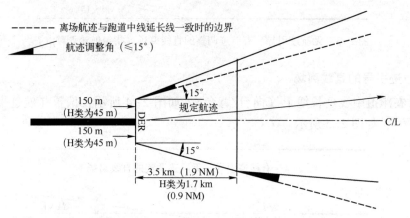

图 2-7　无航迹引导、有航迹调整的直线离场保护区（不规定航迹调整点）

3. 无航迹引导并指定航迹调整点的直线离场保护区

如果航迹调整点为一个指定点，如图 2-8 所示，从航迹调整点的定位容差最早点开始，在航迹调整一侧的保护区边界扩展应增加一个航迹调整角度；从航迹调整点的定位容差最晚点开始，在航迹调整另一侧的保护区边界扩展应减小一个航迹调整角度。

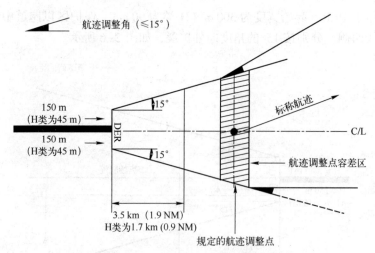

图 2-8　无航迹引导并指定航迹调整点的直线离场保护区

4. 无航迹调整、有航迹引导的直线离场保护区

有航迹引导时，将无航迹引导的直线离场保护区延伸至与根据提供航迹引导的导航台确定的保护区相交，所确定的区域作为最后的保护区，如图 2-9 至图 2-12 所示。

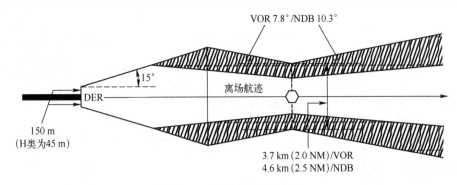

图 2-9 直线离场（向台）

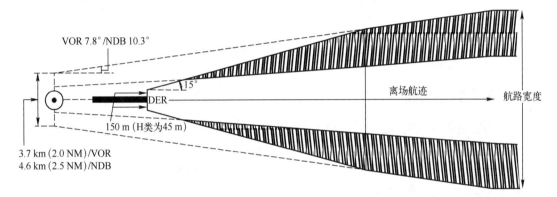

图 2-10 直线离场（背台）

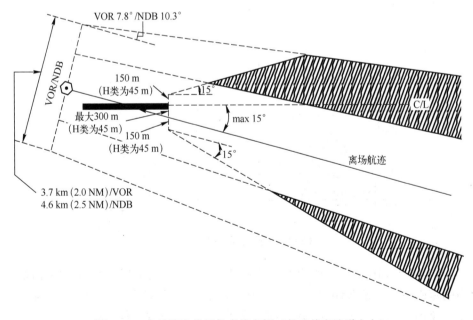

图 2-11 离场航迹偏置的直线离场（航迹偏离跑道方向）

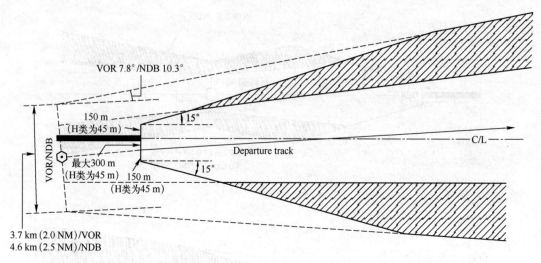

图 2-12 离场航迹偏置的直线离场（航迹与跑道方向相交）

2.2.3 障碍物鉴别面

障碍物鉴别面（OIS）是离场保护区内用于鉴别障碍物的一个斜面。对于直线离场，其平面范围与保护区相同，OIS 的梯度为 2.5%，高度起点为 DER 之上 5 m（16 ft），如图 2-13 所示。鉴于到达 DER 之上 120 m 之前不得转弯，OIS 分为直线航迹范围，分界线即为标称航迹达到 120 m 的位置，距 DER 3.5 km。

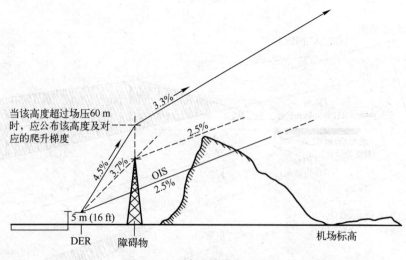

图 2-13 程序设计梯度（PDG）

OIS 的作用是鉴别保护区内的障碍物对采用仪表离场的航空器是否存在碰撞风险。如果保护区内的障碍物没有穿透 OIS，则对仪表离场的航空器没有影响；如果有障碍物穿透 OIS，则需要调整离场航线避开有影响的障碍物，或调整离场爬升梯度保证航空器能够有足够的垂直安全余度飞越障碍物。

2.2.4　最小超障余度和程序设计梯度

在主区 DER 处的最小超障余度（MOC）等于零（航空器的最低高度可以等于 OIS 的起始高度——5m），此后 MOC 按照在飞行方向水平距离的 0.8% 增加。在陡峭地形的机场，应考虑增加 MOC。MOC 最大可增加一倍。

$$MOC = D \times 0.8\%$$

式中：D——DER 至航空器所在位置的水平距离。副区内边界 MOC 等于主区 MOC，按线性减小至外边界时为 0。

程序设计梯度（PDG）是公布的航空器所使用的程序最小应达到的起飞爬升梯度。PDG 从 OIS 起点开始量算。如果没有障碍物穿透 OIS，PDG 为 OIS 的梯度加上 0.8%，即 PDG 为 3.3%。当有障碍物穿透 OIS 时，应调整离场航线以避免 OIS 被穿透。如果障碍物无法避开，则必须增大 PDG，如图 2-13 所示。为避开穿透障碍物而提高 PDG 时，飞越控制障碍物位置点之后的 PDG 应减小至 3.3%。在障碍物上空应按从 DER 到障碍物距离的 0.8% 提供超障余度。超过 3.3% 的 PDG 及其适用的上限高度应予以公布。

OIS 必须定期评估（每年一次即可），以证实障碍物是否发生变化，从而保证 MOC 和这些程序的整体性。无论何时，如果有新增障碍物穿透 OIS 时，应立即通知相关主管部门。

当近距离的低高度障碍物要求增加 PDG，但控制的超障高不超过 60m 时，其要求的 PDG 可不予公布，但应公布该障碍物的位置和标高/高。

例 2-1　如图 2-14 所示，有 2 个障碍物位于直线离场航径下方。

（1）O_1 高 40 m，在跑道中线上，离跑道起飞末端（DER）2 km；

（2）O_2 高 250 m，位于跑道中线右侧 1 325 m，在标称航迹上的投影距离 DER 5 500 m；

求该直线离场的程序设计梯度（PDG）。

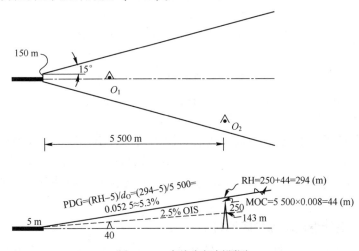

图 2-14　直线离场例题图

分析：已知条件只给出了障碍物的位置数据，因此先要绘制保护区，确定障碍物是否在保护区内，若在，则进行超障评估，若不在，则不予考虑。

解：（1）第 1 步，确定障碍物是否在离场保护区内。

① O_1 在中线上并在保护区内；

② O_2 在保护区内。

在 O_2 处离场保护区的半宽 = 150+5 500×tan 15° ≈ 1 623.7(m)。

（2）第 2 步，确定在每个障碍物处的 OIS 高。

① O_1 在 OIS 下；OIS 高 = 5+2 000×0.025 = 55(m)；

② O_2 穿透 OIS；OIS 高 = 5+5 500×0.025 ≈ 143(m)。

（3）第 3 步，确定用 MOC 飞越 O_2 所需的程序设计梯度。

① 在 O_2 位置的 MOC = 5 500×0.008 = 44(m)；

② 在 O_2 的 RH(要求高) = O_2 高+MOC = 250+44 = 294(m)。

$$PDG = \frac{294-5}{5\ 500} = 0.052\ 5 \approx 5.3\%。$$

2.3　转弯离场

当离场航迹转弯角度大于 15°时，称为转弯离场。航空器起飞离场直至到达 DER 标高之上 120 m 和距跑道起飞滑跑端 600 m 之前不允许转弯。根据转弯时机的不同，转弯离场分为指定高度/高转弯和指定点转弯。指定点转弯离场的转弯点可以是导航台或定位点，也可以在直线离场航迹上用限制径向线或 DME 弧作为转弯提示。当采用转弯离场时，航空器必须在转弯之后 10 km（5.4 NM）之内取得航迹引导。

2.3.1　指定高度/高转弯离场

1. 离场转弯高度/高的确定

指定高度/高转弯离场的转弯高度/高要保证航空器能够避开前方的高大障碍物或限制空域，同时有足够的余度飞越位于转弯保护区内的所有障碍物。指定高度/高转弯离场程序设计的基本任务就是选择适当的离场航线，确定转弯高度/高。转弯高度/高（TA/H）[①] 按下式计算：

$$TA/H = d_r \times PDG + 5\ m(16\ ft) + A$$

式中：d_r——DER 至转弯点（TP）的水平距离；

　　　A——DER 标高。

指定高度/高转弯离场以高度/高作为转弯限制条件，由于航空器爬升性能不同达到转弯高度所需的距离也不同，但为了适应所有机型，以最晚达到所规定的高度/高作为标称程序转弯点（TP）最为保守，因此后续进行保护区绘制和障碍物评估时都以此 TP 作为基准。

2. 指定高度/高转弯离场保护区绘制

转弯离场的保护区分为两个部分：转弯点之前和转弯点之后。转弯点之前的保护区（称为转弯起始区）的画法与直线离场一致，额外增加跑道入口 600 m 处两侧各 150 m 的宽

---

① 高度（altitude）是以平均海平面为基准的，高（height）是以一个规定的基准面为基准的，这个基准面可以是入口标高或机场标高等。为了方便起见，如果两种表示方式都用，则可写为"×××高度/高"，简写为"×××A/H"。例如，"转弯高度/高"可简写为"TA/H"。

度直至 DER。转弯点之后的保护区，称为转弯区。转弯离场时，随着转弯角度的增加，保护区的画法也有所变化。

（1）转弯角度小于等于 90°（见图 2-15）

转弯区从 TP 位置开始。航空器最晚开始转弯的位置（TP$_{晚}$）到 TP 的距离为航空器顺风飞行 6 s 的距离，这个距离考虑了 3 s 的驾驶员反应延迟和 3 s 的压坡延迟，称为 C 容差（飞行技术容差），不同的飞行阶段将会考虑不同的 C 容差：

$$C = (TAS + W) \times 6$$

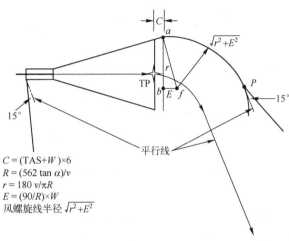

$$C = (TAS + W) \times 6$$
$$R = (562 \tan \alpha)/v$$
$$r = 180 \, v/\pi R$$
$$E = (90/R) \times W$$
风螺旋线半径 $\sqrt{r^2 + E^2}$

图 2-15　转弯角度 ≤ 90° 时，指定高度/高转弯离场保护区

航空器最晚在 TP$_{晚}$ 进入转弯状态，由于受到风的影响，需要用风螺旋线来确定转弯外侧的保护区边界线。为了加快程序设计的速度，可以采用一种简易的方法：从 TP$_{晚}$ 与转弯外侧直线离场保护区边线延长线的交点（a）在 TP$_{晚}$ 上量一转弯半径（r），得到点（b）。从该点作一条长度为 E（转弯 90° 的时间内，受风影响的最大位置偏移，$E = \dfrac{90}{R}W$）的垂线。以该垂线的顶端（f）为圆心，$\sqrt{r^2 + E^2}$ 为半径画一个略大于 90° 的圆弧。然后，作一条平行于转弯后航迹的直线与圆弧相切于 P 点，过 P 点，作一条与转弯后航迹成 15° 夹角且向外扩展的直线，该直线和圆弧即为转弯外侧保护区的边界线。

转弯内侧保护区的边界从距起飞跑道起始端 600 m 处的转弯起始区作一条与转弯后航迹成 15° 夹角且向外扩展的直线（转弯角度小于等于 75° 与转弯角度大于 75°，直线的起点有所不同），该直线即为转弯内侧保护区的边界线。转弯外侧保护区的边界线和转弯内侧保护区的边界线与转弯后航迹引导导航台的保护区（航迹引导导航台的保护区的确定方法与直线离场相同）相连接，即为整个离场保护区。

（2）转弯角度大于 90°（见图 2-16）

转弯角度大于 90° 时，转弯外侧保护区与转弯角度小于等于 90° 中的规定有所不同。

首先，考虑航空器在 TP$_{晚}$ 与转弯外侧直线离场保护区边线延长线的交点 a 转弯，需要画出从 a 点转弯的风螺旋线。画法如（1）中所述。

然后，考虑航空器在 TP$_{晚}$ 与转弯内侧直线离场保护区边线延长线的交点（h）转弯，需

要画出从 h 点转弯的风螺旋线。其简易画法为：从 h 点在 $TP_{晚}$ 的延长线上量一转弯半径（r），得到一点（i）。以该点为圆心，E 为半径画一个圆。在此圆上，以 h 点为起点，每隔 90° 圆弧确定一点，得到 j、k、l 三点。以 j 点为圆心，$\sqrt{r^2+E^2}$ 为半径画一个略大于 90° 的圆弧；作一条该圆弧和以 f 点为圆心的圆弧的共切线，连接两圆弧。以 k 点为圆心，（$r+E$）为半径画一个略大于 90° 的圆弧；以 l 点为圆心，（$r+2E$）为半径画一个略大于 90° 的圆弧。将以 j、k、l 为圆心的三圆弧用光滑曲线连接，作一条平行于转弯后航迹的直线与曲线相切 P 点。过 P 点作一与转弯后航迹成 15° 夹角，向外扩展的直线，即得转弯外侧保护区边界。转弯内侧保护区边界线与（1）中所述方法相同。

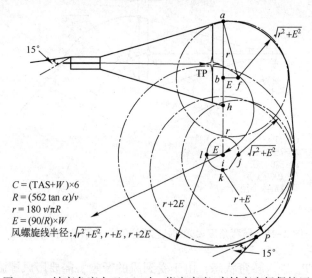

$$C = (TAS+W) \times 6$$
$$R = (562 \tan \alpha)/v$$
$$r = 180\, v/\pi R$$
$$E = (90/R) \times W$$
风螺旋线半径：$\sqrt{r^2+E^2}, r+E, r+2E$

图 2-16　转弯角度大于 90° 时，指定高度/高转弯离场保护区

（3）转弯后回至跑道中线延长线上导航台

当转弯后回至跑道中线延长线上导航台时，保护区的画法与（2）中所述保护区的画法基本相同，只是在转弯后航迹引导导航台的保护区中，主、副区的确定方法有差异，如图 2-17 所示。

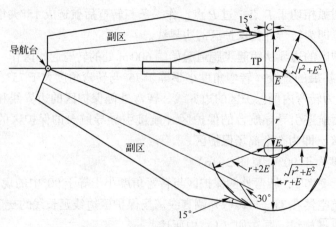

图 2-17　指定高度/高转弯离场保护区，转弯后回至跑道中线延长线上导航台

（4）其他情况下的转弯保护区绘制准则

由于每一个转弯离场程序所使用的导航设施位置及转弯位置都会有差异，因此转弯保护区也会呈现出不同的外形，为保守考虑，绘制的原则是尽量使转弯保护区的区域最大，能够覆盖到所有可能的航迹，如图 2-18 所示。

3. 障碍物的评估方法

（1）转弯起始区

转弯起始区内的障碍物评估使用直线离场准则。按正常的性能，在转弯起始区结束时，航空器能够达到转弯高度/高（TA/H）。因此，在转弯起始区内所有障碍物之上也必须满足

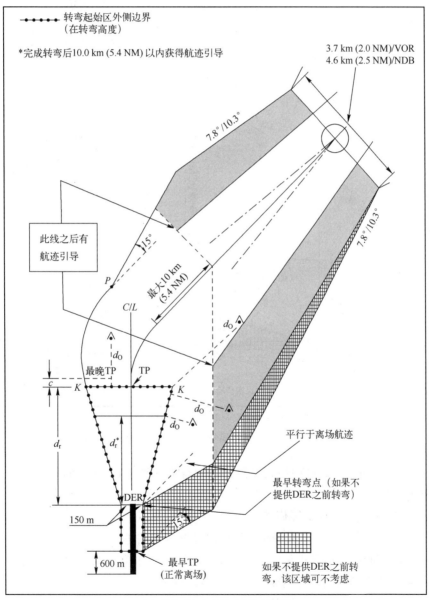

（a）转弯后向台飞行（无航迹调整）

图 2-18　指定高度/高转弯离场保护区（有推测航迹）

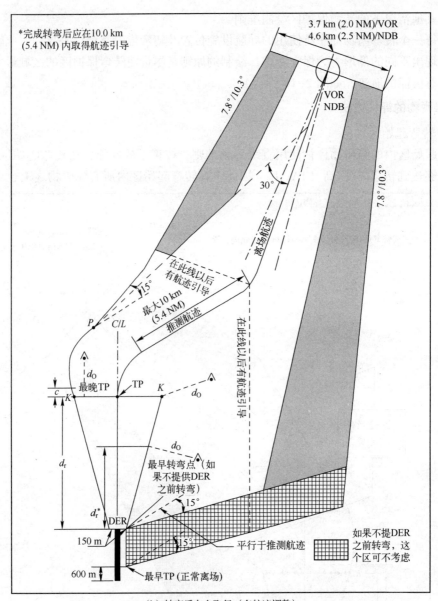

图 2-18　指定高度/高转弯离场保护区（有推测航迹）（续）

转弯 MOC 的要求。转弯起始区内最高障碍物的标高应不超过 TA/H-75 m。

（2）转弯区

位于 TP（*K-K* 线）之前的障碍物，其 MOC 为

$$MOC = \max\{75\,m, 0.008(d_r^* + d_0)\}$$

式中：d_r^*——转弯起始区边界上量算 d_0 距离的位置所对应的沿离场航径的距离；

d_0——从转弯起始区边界到障碍物的最短距离。

位于 TP（*K-K* 线）之后的障碍物，其 MOC 为

$$MOC = \max\{75\,m, 0.008(d_r + d_0)\}$$

式中：d_r——从 DER 到 K-K 线的水平距离；

　　d_0——从转弯起始区边界到障碍物的最短距离，如图 2-18 所示。

转弯区内允许的障碍物的最大标高/高（A/H_{max}）可通过下式计算：

$$A/H_{max} = TA/H + d_0 \times PDG - MOC$$

（3）调整方法

如果不能满足（2）中规定的超障准则，就必须对所设计的程序进行调整，使之满足上述要求。调整的方法有：

① 提高爬升梯度（PDG），以增加转弯高度/高（TA/H）；

② 移动 TP，以增加转弯高度/高（TA/H）或避开某些高大障碍物。

以上两种方法可以单独使用，也可以同时使用。

2.3.2　指定点转弯离场

有条件的机场，为了避开直线离场方向上的高大障碍物，或受空域等条件限制，在设计转弯离场时，可以采用在一个指定的位置点（TP）开始转弯的方法，称为指定点转弯离场。在设计此类转弯离场程序时应选取位置适当的导航台和定位点。

在指定点转弯离场时，直线离场准则使用至最早 TP（K-K 线位置）。

1. 转弯点容差区

转弯点容差区的最早限制为转弯起始区的终点（K-K 线），最晚限制自 K-K 线沿转弯前标称航迹量取 TP 定位容差与飞行技术容差得到。

（1）转弯点为一个定位点时，转弯点的容差区

一般用一个导航台或交叉定位点作为转弯点。这时，转弯点容差区的纵向限制取决于 TP 的定位容差和 6 s 飞行技术误差 C 值（驾驶员反应误差 3 s 和建立坡度时间 3 s），如图 2-19 所示。如果 TP 为一个导航台，则定位容差取决于飞越导航台的高度，这个高度是从 DER 标高按 10% 梯度上升的计算高度。

（2）转弯点不是一个定位点时，转弯点的定位容差区

① 转弯点由侧方径向线确定。当机场周边的导航设备不足或有导航遮蔽的情况下，可以采用由侧方的一条径向线与标称航迹相结合的方法来确定转弯点的位置，通过直线部分的保护区与侧方径向线的定位容差相结合的方法确定转弯点的定位容差区，如图 2-20 所示。最晚转弯点的位置是在定位容差的基础上增加 6 s 的飞行技术容差 C 值确定的。

② 转弯点由 DME 弧确定。转弯点容差区的纵向限制由 DME 弧的定位容差和 6 s 飞行技术容差 C 值所确定，如图 2-21 所示，但必须满足一个条件，即跑道中线延长线与规定转弯点至 DME 台的连线的最大交角必须不大于 23°。

2. 保护区的画法

在指定点（TP）转弯离场，转弯点容差区之前的保护区与直线离场保护区的画法相同。转弯区边界线的画法有以下几种。

（1）转弯点是一个导航台

当转弯点为 NDB 或 VOR 台时，转弯以后通常背台飞行。为适应在导航台上空转弯过量的需要，转弯外侧的区域必须加宽，转弯的外侧边界应从 TP 容差的最晚点开始，而后画边

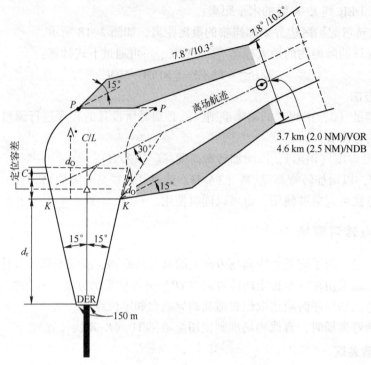

图 2-19　在一个定位点转弯离场

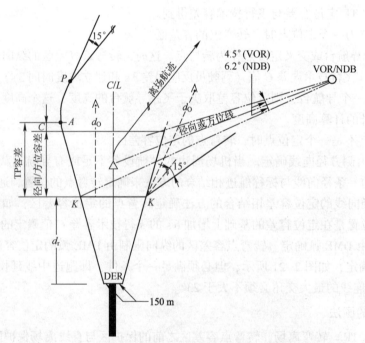

图 2-20　转弯点由侧方径向线确定的指定点转弯离场

界圆（与指定点转弯离场方法相同）至其切线平行于转弯后的规定航迹，再由此点保持边界平行于规定航迹直至与航迹引导导航台的保护区相连，如图 2-22 所示。

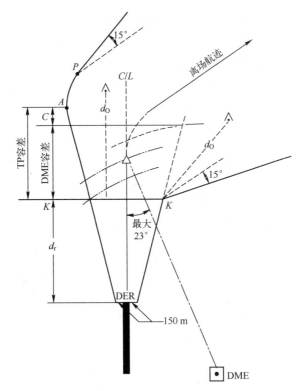

图 2-21　转弯点由 DME 弧确定的指定点转弯离场

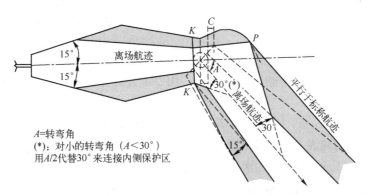

图 2-22　指定在一个导航台转弯离场

（2）转弯点由 DME 弧或交叉定位确定

① 外边界：

由第 1 区外边界转弯外侧的 TP 容差的最晚点开始，而后继续沿边界圆（按照转弯度数画出的一个圆或两个圆，具体画法参照指定高度/高转弯离场保护区的确定方法）直至圆的切线平行于转弯后的航迹，由此切点开始保护区向外侧扩大 15°。

② 内边界：

从转弯内侧离场区边界上 TP 容差的最早点开始，向转弯后规定航迹的外侧扩大 15°。

（3）转弯后回至跑道中线延长线上导航台

在这种情况下，转弯外侧保护区边界线除需要画出从 a 点开始转弯和从 h 点开始转弯的风螺旋线外，考虑到航空器可能在转弯内侧的 TP 最早点（n）开始转弯，因此还需画出从 n 点开始转弯的风螺旋线。h 点开始转弯的风螺旋线和 n 点开始转弯的风螺旋线用共切线相连。保护区其他部分及主、副区的确定方法如图 2-23 所示。

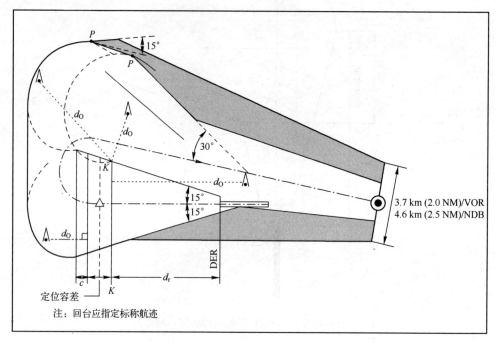

图 2-23　转弯大于 90°转弯离场（回至导航台必须有规定的航迹）

3. 转弯区内 MOC 的计算方法

为了保证在转弯保护区内能够提供 MOC，用以下公式检查转弯保护区内高于 DER 标高障碍物的最大高（H_{max}）：

$$H_{max} = (d_r + d_0) \times PDG + H - MOC$$

式中：d_0——障碍物到 K-K 线的最短距离；

      d_r——从 DER 到 K-K 线的水平距离（最早 TP）；

    PDG——公布的程序设计梯度；

      H——OIS 在 DER 的高（5 m）；

MOC——max$\{75\,m, 0.008(d_r + d_0)\}$。

如果障碍物不能满足超障要求，就必须进行调整，使其满足超障要求。调整的方法与指定高度/高转弯离场的相同。

例 2-2　已知有下列三个障碍物位于离场区域内。

（1）障碍物 O_1：高 800 m，在中心线上，距 DER10.7 km；

（2）障碍物 O_2：高 500 m，沿中心线方向 7 km，中心线左边 2 km；

（3）障碍物 O_3：高 256 m，沿中心线方向 9 km，中心线右边 3.5 km。

在 DER 处的跑道标高 300 m，确定 C、D 类航空器所需离场限制。

解：如图 2-24 所示，障碍物 O_1 在中心线上。

$$OIS = 10\ 700 \times 0.025 + 5 = 272.5(\text{m})$$

O_1 穿透 OIS 527.5 m。

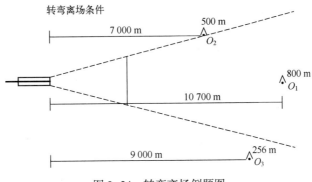

图 2-24 转弯离场例题图

计算飞越 O_1 所需 PDG：
$$MOC = 10\ 700 \times 0.008 = 85.6(\text{m}) \approx 86(\text{m})$$
程序在 O_1 处的要求高 = 800 + 86 = 886(m)
$$PDG = (886 - 5)/10\ 700 \approx 0.082\ 3 \approx 8.3\%$$

所以 PDG 较大。

假定右转 90° 避开障碍物 O_1 和 O_2。

绘制转弯离场参数表。该表使用相应航空器类型复飞速度加 10%，如表 2-1 所示。

表 2-1 转弯离场参数表

航空器类型	IAS/(km/h)	TAS/(km/h) (500 m 高度)	C/(km/h) [(TAS+56)×6/3 600]	R/km	r/km	E/km
C 类	490	515.04	0.952	1.05	7.81	1.34
D 类	539	566.54	1.04	0.95	9.49	1.48

用最后复飞速度加 10% 画转弯区。如图 2-25 所示，很明显，D 类必须考虑 O_1 和 O_3，C 类只需考虑 O_3。若限制指示空速 IAS 为 490 km/h，所有航空器都能避开 O_1。

O_3 必须考虑转弯区所需 MOC。
$$0.008 \times (3\ 500 + 6\ 006) \approx 76(\text{m})$$
因此，$MOC_{O_3} = 76$ m。
$$H_{\max} = (3\ 500 + 6\ 006) \times 0.033 + 5 - 76 \approx 243(\text{m})$$
因为 256 m > 243 m 所以不能接受。

O_3 仍高出 13 m，还需增加 13 m。

增加爬升梯度，到第 1 区末端时达到特定转弯高度（+13 m），假定转弯后可以用 3.3% 正常爬升梯度。

若希望在第 1 区末端达到正常场压高 120 m 加 13 m，

PDG：$(133 - 5)/3\ 500 \approx 0.036\ 57 \approx 3.7\%$

离场："按 3.7% 梯度爬升至 150 m（场压），右转……"

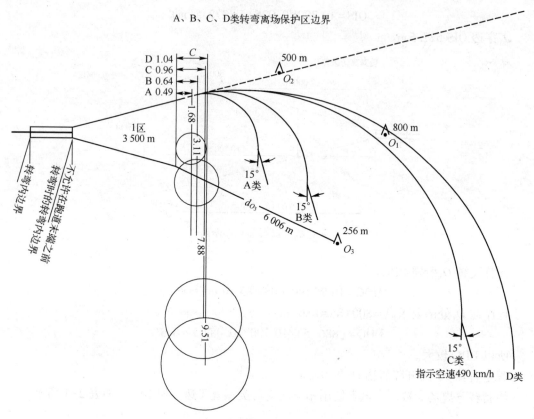

图 2-25　转弯离场例题方案分析

2.4　全向离场

　　在一些交通量较小的机场，没有规定离场航线。但是机场附近仍会有障碍物影响离场。在这种情况下，为了保护离场飞机的安全，可以设计一个全向离场。在某些中等规模机场，由于空域限制，SID 的标称梯度过大，为保证安全会导致远程航班的航空器减载，此时也可通过设计全向离场程序在合适的位置盘旋上升高度。全向离场程序以航空器在开始转弯前保持跑道方向爬升到 DER 标高之上最低 120 m（394 ft）为基础设计，当为满足超障要求需要在一个更高高度转弯时，直线离场阶段需要延长，直至达到要求的转弯高度/高。在直线离场阶段延长的部分最大允许 15°的航迹调整。达到指定的转弯高度/高时，航空器可以向任意方向转弯加入航路段。

　　全向离场程序可以理解为一种不规定转弯之后标称航迹的指定高度/高转弯离场程序，其保护区绘制与指定高度/高转弯离场有相似之处。全向离场的保护区规定航空器在开始转弯之前（如需要转弯），要直线上升至 DER 标高之上至少 120 m，此后保护区包括整个机场周围 360°范围内。通常情况下，保护区的大小为围绕机场的圆形范围，以跑道中线上距跑道起端 600 m 的一点为圆心，半径取决于按 PDG 爬升至下一个航路段高度或 MSA 所需距离。在保护区外还有 9 km 的缓冲区。整个保护区分为第 1 区、第 2 区和第 3 区（见图 2-26）。

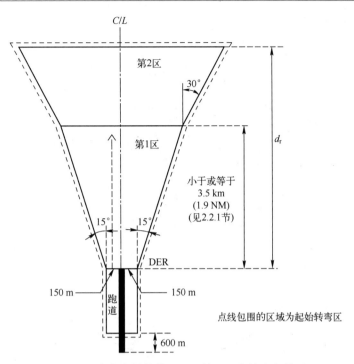

图 2-26 全向离场的第 1 区、第 2 区和转弯起始区

2.4.1 转弯起始区

转弯起始区分为两部分：第 1 区和第 2 区。

转弯起始区的第 1 区与直线离场保护区画法相同，直至使用 PDG 达到最低转弯高（120 m）的点。过该点后，转弯起始区按与离场航迹成 30° 的角度向外扩展，直至达到规定的转弯高度/高，这就是第 2 区，如图 2-27 所示，此区内可以有不大于 15° 的航迹调整。

2.4.2 转弯区

转弯区（第 3 区）为覆盖转弯大于 15° 的离场而设计，如图 2-27 所示。第 3 区包括以跑道中线上距跑道起端 600 m 的一点为圆心的圆内其余部分。圆的半径取决于按 PDG 爬升至下一个航路段高度或 MSA 所需距离。

2.4.3 障碍物鉴别

1. 转弯起始区的 OIS

OIS 以 DER 标高以上 5 m（16 ft）为起点，按照 2.5% 梯度，延伸至转弯起始区末端。

2. 转弯区内的障碍物鉴别

在转弯区内的障碍物，用该障碍物至转弯起始区边界最短距离，从 DER 标高之上 75 m 开始，按照 2.5% 爬升梯度计算，得到的高度值如果低于该障碍物标高，则该障碍物影响离场转弯飞行安全，必须根据该障碍物调整程序参数。如果程序不禁止在 DER 之前转弯，则转弯起始区应包括从距起飞跑道的起始端 600 m 处开始，跑道中线两侧各 150 m 的区域，如

图 2-27 中的点线边界所示。

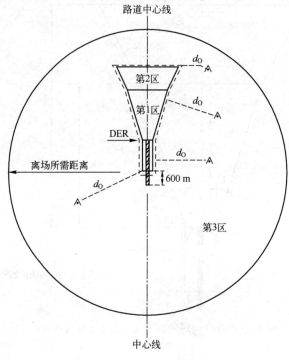

图 2-27　全向离场的第 3 区

3. 超障计算

全向离场属于没有指定航径的指定高度/高转弯，所以超障计算按照指定高度/高转弯处理。全向离场可以划分不同扇区，并对各个扇区规定高度和 PDG 限制，或规定应避开的扇区。

（1）转弯起始区

转弯起始区内障碍物需满足直线离场的要求，同时应不超过 TA/H-75 m。

（2）转弯区

转弯区内 MOC 为

$$MOC = \max\{75\,m, 0.008(d_r^* + d_O)\}$$

式中：d_r^*——转弯起始区边界上测算 d_O 距离的位置所对应的沿离场航径的距离；

d_O——从转弯起始区边界到障碍物的最短距离。

转弯区内允许的障碍物的最大标高/高（A/H_{max}）可通过下式计算。

$$A/H_{max} = TA/H + d_O \times PDG - MOC$$

第 3 章　航 路 设 计

航路设计本不属于飞行程序设计范畴，但是，为了让读者了解整个飞行过程对空域的要求，特增加航路设计的有关内容。本章仅介绍采用传统的导航方法（VOR 航路和 NDB 航路），在仪表飞行条件下，航路保护区的规定及航路的超障准则。

3.1　航路设置的基本原则

航路可以说是连接各机场和终端区的空中路网干线和支线，规划时要首先保证航空器的安全，充分考虑所经地区的地形、气象特征及附近的机场和空域，充分利用地面导航设施，方便航空器飞行和提供空中交通服务。在此基础上，为提高航路和航线网的整体运行效率，航路规划应当符合下列基本准则：

① 航路应当根据运行的主要航空器的最佳导航性能划设；

② 中高密度的航路应当划设分流航线，或建立支持终端或进近管制区空中交通分流需要的进离场航线；

③ 航路应当与等待航线区域侧向分离开；

④ 最多可以允许两条空中交通密度较高的航路汇聚于一点，但是其交叉航迹不得大于 90°；

⑤ 最多可以允许三条空中交通密度较低的航路汇聚于一点；

⑥ 航路的交叉点应当保持最少，并避免在空中交通密度较大的区域出现多个交叉点；交叉点不可避免的，应当通过飞行高度层配置减少交叉飞行冲突。

一条航路通常由若干航段构成。每个航段均起始和终止于指定的定位点。根据导航方式，航路分为 VOR 航路、NDB 航路和区域导航航路。

3.2　VOR 航路

VOR 航路是指利用 VOR 导航台作为航迹引导导航台的航路，目前，我国航路基本上都采用这种类型。

3.2.1　确定保护区的基本原则

保护区划设的主要目的是评估仪表飞行航路或者航线时确定其最低飞行高度。将 99.7% 概率可容度所确定的区域再向外扩展固定的宽度确定为航路或者航线的保护区，包括中间的主区和两侧的副区。将 95% 概率可容度所确定的导航容差区域，与导航设施上空的多值性倒圆锥容差区域相连接形成的区域确定为航路或者航线的主区。

航路导航设施的精度优于标准信号或者有雷达监视时，航路的主区可以适当缩小。如果具有有关实际运行经验的资料及对导航设施的定期校验资料，可以保证导航信号优于标准信号，或者有雷达引导时，航路副区的宽度也可以适当缩小。

3.2.2　导航系统使用精度

1. 影响系统使用精度的因素

评估航空器沿航路飞行超障安全所使用的导航系统精度基于最小系统性能因素。影响 VOR 系统使用精度的因素包括：地面系统容差、机载接收系统容差、飞行技术容差和监控容差，如表 3-1 所示。各种精度值，如果认为在统计上是独立的，可以在平方和根（RSS）的基础上进行结合而得到相应于约 95% 概率可容度（2SD）和 99.7% 的概率可容度（3SD）的界限。

表 3-1　航路导航系统使用精度的影响因素

导航设备系统使用精度影响因素	VOR
地面系统容差	3.5°
机载接收系统容差	2.7°
飞行技术容差	3.5°
监控容差	1.0°

2. 航路交叉定位精度

航路交叉定位精度不考虑飞行技术容差，计算结果如表 3-2 所示。

如果可行，可以用 DME 进行转弯定位点定位，精度值见表 3-2，其中 D 为航空器至 DME 天线的斜距。

表 3-2　航路交叉定位精度

VOR	DME
4.5°（7.9%）	$\pm[0.46\,\mathrm{km}(0.25\,\mathrm{NM})+1.25\%D]$

3. 航路引导航迹保持精度

根据表 3-1 计算 RSS 值，得出以扩张角形式表示的航路引导航迹保持精度，如表 3-3 所示。

表 3-3　航路引导航迹保持精度

扩张角	VOR
主区（95% 概率可容度）	5.7°（10%）
副区（99.7% 的概率可容度）	9.1°（15.86%）

按照 95% 概率可容度，表 3-1 中各项值的 RSS 结果为主区扩张角。

按照 99.7% 的概率可容度，计算副区扩张角时，表 3-1 中各项乘以系数 1.5，求得的结果加 1（缓冲值）后取整得到表中结果。由于监控容差的存在，在 VOR 航路副区扩张角的计算中用最大值 $1.0°+3.5°=4.5°$ 代替 $1.5×3.5°$。

4. 航路宽度

根据《国际民用航空公约》的附件 11，VOR 航路宽度相应于 95% 和 99.7% 概率可容度的切台宽度分别是 7.4 km（4.0 NM）和 11.1 km（6.0 NM），前者作为保护区主区宽度，后者加上固定值 3.7 km（2.0 NM）作为副区宽度。VOR 航路距离 VOR 导航台 70 km（38 NM）以内，航路保护区宽度保持不变，超出时，航迹保持精度容差会引起保护区宽度增加。

3.2.3 保护区的确定

1. 直线航段

直线航段保护区可以分为位于中间的一个主区和在两侧的副区，主、副区保持固定宽度，主区的宽度相当于 95% 概率可容度（2SD），区域的总宽度为 99.7% 概率可容度（3SD）加上额外的角度允许误差和附加的固定宽度余量。离开导航台一定距离后，航迹引导扩张角使保护区宽度增加。VOR 导航设施的扩张角度、扩张率和固定宽度、宽度余量等具体数值如表 3-4 所示。VOR 航路直线航段保护区画法如图 3-1 所示。

表 3-4 用于确定航路和航线的超障保护区所需的有关数值

导航设施	保持定宽离台距离/km	固定宽度（2SD）/km	固定宽度（3SD）/km	宽度余量/km	扩张角度（2SD）		扩张角度（3SD）	
					角度	扩张率	角度	扩张率
VOR	70	7.4	11.1	3.7	5.7°	10%	9.1°	16%

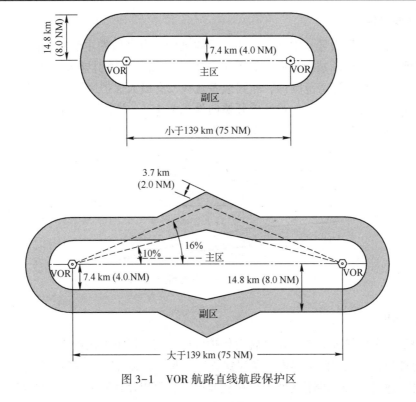

图 3-1 VOR 航路直线航段保护区

2. 转换点偏置

在用全向信标台标定的空中交通服务航路，如果航段距离达到 200 km 及以上，为帮助沿航路飞行的航空器精确飞行，应当设置转换点（COP），自该转换点起，航空器由利用后方的导航设施导航转换为利用前方的下一导航设施导航。当导航设施之间的航段改变方向时，转换点应当设置为导航设施径向线的交点。由于航路的复杂性、导航设施的密度及其他技术或者运行上的原因，也有可能在较短的航段上设置转换点。直线航段上的转换点一般位于导航设施之间的中点，但如果两台之间的转换点由于导航台性能原因发生偏置，则从距离较远的导航台作扩张角限制至正切 COP 的一点，再由此点直接连线到较近的导航台，这条直线没有规定具体的角度，如图 3-2 所示，COP 位置要进行公布。

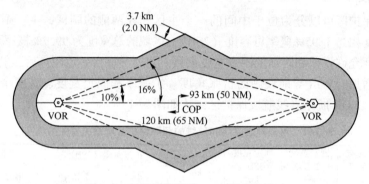

图 3-2　转换点偏置的 VOR 航路保护区

3. 无航迹引导

如果没有提供航迹引导，则从有航迹引导的最后一点之后的主区宽度向外扩大 15°，从该点起，副区的宽度逐渐减少至零，如图 3-3 所示。在无航迹引导区域使用全额 MOC。在航路或者航线导航设施覆盖范围内，航路或者航线没有最大保护区域宽度的限制。在航路或者航线导航设施覆盖范围外，保护区域开始向外扩大 15°，并应当使用下一个导航设施的超障准则。推测领航的最大保护区域宽度为标称航迹两侧各 93 km。

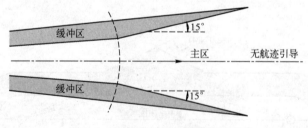

图 3-3　无航迹引导的超障保护区

4. 转弯保护区

转弯保护区参数如表 1-3 所示。转弯保护区应当按照以下方法确定。

在转弯外边界，从主区边界作一条风螺旋线，起点在标称转弯点后定位容差加最大顺风时以标称真空速飞行 15 s 的距离处（风螺旋线的画法可以使用离场所述的简易方法），转弯后的收敛角为 30°。转弯过程中，副区宽度不变。

在转弯内边界，从主区内边界到达标称转弯点定位容差之前距离等于 $r\tan\dfrac{\alpha}{2}$ 处，按照转弯角度 α 的一半进行扩展。转弯过程中，副区宽度不变，如图 3-4 所示。

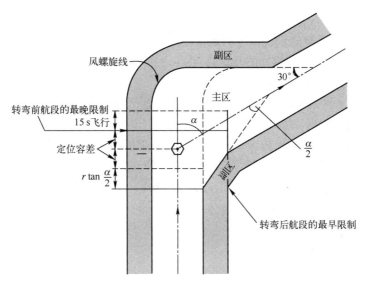

图 3-4 飞越导航台转弯航路保护区

如果因转弯后要进入的航段太宽造成收敛角在转弯的某一侧边界不能使用，则用与转弯后航段的标称航迹成 15°的扩张角代替，如图 3-5 所示。

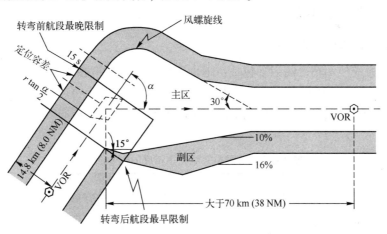

图 3-5 飞越交叉定位点转弯航路保护区

如果该航段为双向飞行，则必须画出相反的两个飞行方向的转弯区，两个转弯区结合形成转弯保护区。

3.2.4 超障余度

山区或高原地区上空航路，主区的 MOC 为 600 m，其他地区上空的航路使用的 MOC 为 300 m。副区内边界的 MOC 等于主区的 MOC，而后向外均匀减小至外边界时为零。

3.2.5 最低航路高度

航路的每一个航段都必须公布最低航路高度（MEA）。MEA 是以下高度中的最大值。

① MOCA；

② 能正确接收相关导航设施信号的最低高度；

③ 能正确接收 ATS 通信信号的最低高度；

④ 与 ATS 结构一致的最低高度。

航路保护区的主区范围内应当提供全额 MOC，副区范围内的 MOC 为：从内边界的全额 MOC 向外侧均匀递减至外边界时为零。

依据 VOR 导航台确定的保护区来确定航路或者航线的最低飞行高度时，应当能够正确接收有关导航设施的信号。在规划时可以采用以下公式确定：

$$D = 4.13\sqrt{H}$$

式中：D——离开导航设施的距离，单位为 km；

H——最低高度，单位为 m。

3.3　NDB 航路

NDB 航路是指利用 NDB 导航台作为航迹引导导航台的航路。与 VOR 航路相比，二者保护区划设和超障计算原理等均相同，只是保护区参数存在差异。

3.3.1　导航系统使用精度

1. 影响系统使用精度的因素

影响 NDB 系统使用精度的因素包括：地面系统容差、机载接收系统容差和飞行技术容差，如表 3-5 所示。各种精度值，如果认为在统计上是独立的，可以在平方和根（RSS）的基础上进行结合而得到相应于约 95% 概率可容度（2SD）和 99.7% 的概率可容度（3SD）的界限。

表 3-5　航路导航系统使用精度的影响因素

导航设备系统使用精度影响因素	NDB
地面系统容差	3°
机载接收系统容差	5.4°
飞行技术容差	5°

2. 航路交叉定位精度

航路交叉定位精度不考虑飞行技术容差，计算结果如表 3-6 所示。

如果可行，可以用 DME 进行转弯定位点定位，精度值见表 3-6，其中 D 为航空器至 DME 天线的斜距。

表 3-6　航路交叉定位精度

NDB	DME
6.2°（10.9%）	$\pm[0.46\,\mathrm{km}(0.25\,\mathrm{NM}) + 1.25\% D]$

3. 航路引导航迹保持精度

根据表 3-5 计算 RSS 值，得出以扩张角形式表示的航路引导航迹保持精度，如表 3-7 所示。

表 3-7　航路引导航迹保持精度

扩　张　角	NDB
主区（95%概率可容度）	7.95°（14%）
副区（99.7%的概率可容度）	13.0°（23%）

按照 95%概率可容度，表 3-5 中各项值的 RSS 结果为主区扩张角；按照 99.7%的概率可容度，计算副区扩张角时，表 3-5 中各项乘以系数 1.5，求得的结果加上 1°缓冲值后取整，可得到表 3-7 中结果。

3.3.2　保护区的确定

直线航段保护区可以分为位于中间的一个主区和在两侧的副区，主、副区保持固定宽度，主区的宽度相当于 95%概率可容度（2SD），区域的总宽度为 99.7%概率可容度（3SD）加上额外的角度允许误差和附加的固定宽度余量。离开导航台一定距离后，航迹引导扩张角使保护区宽度增加。NDB 导航设施的扩张角度、扩张率和固定宽度、宽度余量等具体数值如表 3-8 所示，NDB 航路直线航段保护区画法如图 3-6 所示，NDB 和 VOR 混合航路直线航段保护区画法如图 3-7 所示。此外，NDB 航路关于转换点偏置、无航迹引导、转弯保护区、超障余度及最低航路高度的规定都与 VOR 航路的相同。

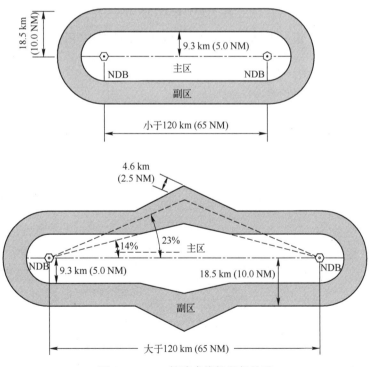

图 3-6　NDB 航路直线航段保护区

表 3-8 用于确定航路的超障保护区所需的有关数值

导航设施	保持定宽离台距离/km	固定宽度(2SD)/km	固定宽度(3SD)/km	宽度余量/km	扩张角度(2SD)		扩张角度(3SD)	
					角度	扩张率	角度	扩张率
NDB	60	9.3	18.5	4.6	8.0°	14%	13.0°	23%

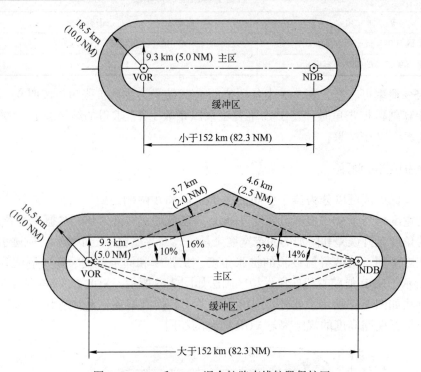

图 3-7　NDB 和 VOR 混合航路直线航段保护区

第4章 非精密直线进近程序设计

进近程序是整个仪表飞行程序中最关键的部分，也是最复杂的部分，而非精密进近程序设计准则又是进近程序设计的基础。本章先介绍进近程序的结构及起始进近的五种模式，而后介绍进场、起始进近、中间进近和最后进近这四个航段的设计准则。复飞航段由于其在设计准则上的特殊性，将用单独一章介绍。此外，每个航段将按航迹设置、保护区绘制、障碍物评价及梯度的顺序介绍。

4.1 进近程序的航段结构和模式

4.1.1 进近程序的航段结构

仪表进近程序可以有五个航段（见图4-1）：进场、起始进近、中间进近、最后进近和复飞航段。此外，还应考虑在目视条件下在机场周围盘旋飞行的区域，一个程序只包括按当地条件要求所必需的航段。下面简单介绍下这几个航段的概念。

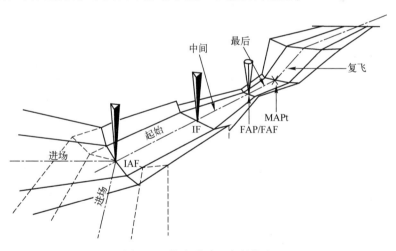

图4-1 仪表进近程序的航段

（1）进场航段

航空器从航线飞行的结束点开始，至起始进近定位点（IAF）结束。作用为理顺航路与进近之间的关系，实现从航路到进近的过渡，以维护机场终端区的空中交通秩序，保证空中交通流畅，以提高运行效率。在空中交通流量较大的机场，由于该航段较为复杂，于是将其分离出来，称为标准仪表进场程序，并单独制作标准仪表进场图。

（2）起始进近航段

始于起始进近定位点（IAF），至中间进近定位点（IF）或最后进近点/最后进近定位点

（FAP/FAF）结束。作用为降低高度，并通过一定的机动飞行，使航空器对正中间或最后进近航迹。起始进近的特点是具有很大的机动性，一个仪表进近程序可以有多个起始进近航段，但其数量应限制在对交通流向或其他运行要求认为是合理的；某些进近程序其中间进近定位点为航路上的一个定位点，该程序就不再需要设计起始进近航段，仪表进近程序从中间进近定位点开始。

（3）中间进近航段

从中间进近定位点（IF）开始，至最后进近点/最后进近定位点（FAP/FAF）结束。作用为调整航空器的外形，减小飞行速度，稍稍降低飞行高度，调整航空器位置，为最后进近做准备。

（4）最后进近航段

从最后进近定位点至建立目视飞行或复飞点（MAPt）结束。作用为完成对准着陆航迹，下降着陆。

（5）复飞航段

从复飞点（MAPt）开始到航空器回到起始进近定位点开始另一次进近，或飞至指定的等待点等待，或爬升至航线最低安全高度，开始备降飞行。在进近过程中，当判明不能确保航空器安全着陆时，复飞是保证安全的唯一手段。每一个仪表进近程序都必须设计一个复飞程序。

4.1.2 进近程序的模式

对于一个机场而言，航空器会在起始进近航段完成某种模式的机动飞行以对正五边。根据起始进近构型和布局的不同，分为五种进近模式，每种模式的准则和设计特点都有各自差异，并且对机场最低运行标准和空中交通秩序起着重要作用，直接影响机场的容量和运行效率，也影响到航空公司的运营成本。此5种进近模式仅适用于传统导航方式，基于性能导航方式（教材第二部分）不依赖地面导航设施，可以实现更灵活的航迹设计。

1. 直线进近

直线进近是在机场区域内导航设备布局较为合理、航空器进入机场时的方向较为理想时采用的一种进近模式。利用直线进近飞行较为便利，实施空中交通管制时有一定的机动能力，有利于分离进近和离场的航空器，程序样例如图4-2所示。

2. 沿 DME 弧进近

当机场内或跑道中线延长线上安装有 DME 设备而又无法满足直线进近设计准则要求时，可以设计沿 DME 等距离弧进近（简称沿 DME 弧进近）。这种模式有利于分离进、离场航线，使机场的交通更为有序。但是，由于航空器沿 DME 弧飞行的过程中必须不断地改变航向，对于没有自动驾驶仪的航空器，驾驶员须手动操作，会增加一定的工作负荷，程序样例如图4-3所示。

3. 反向程序进近

当航空器进入机场时的方向与进近方向相反时需要使用反向程序，此外，在无法满足直线进近和沿 DME 弧进近设计准则要求的情况下，也可以考虑采用反向程序进近。它需要的导航设备较少，而且这些导航设备可以安装在机场附近，这样可以节省资金，便于管理和维

图 4-2　直线进近

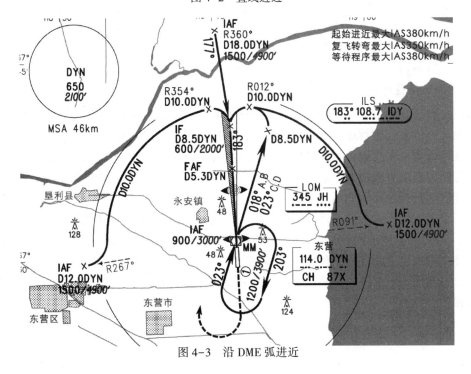

图 4-3　沿 DME 弧进近

护。但是，它需要占用跑道延长线方向一个较大的空域，而且飞行时间较长，程序样例如图 4-4 所示。反向程序又分三种类型：基线转弯、45°/180° 程序转弯、80°/260° 程序转弯。

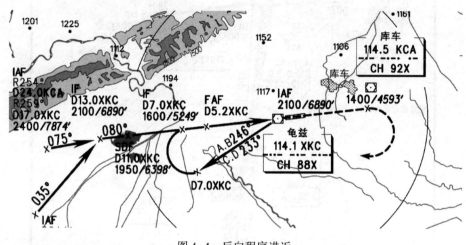

图 4-4 反向程序进近

4. 直角航线程序

当航空器进入机场的方向既无法设计直线进近，又不能使用反向程序，而且无 DME 设备；或由于机场周围地形较高，造成航空器进入机场时高度较高，需要在机场下降高度时，可以使用直角航线程序。它需要的导航设备较少，而且这些导航设备可以安装在机场附近。

但是，它需要的空域大于反向程序，且飞行时间更长。在设计飞行程序时，应尽量避免使用直角航线程序。其程序样例如图 4-5 所示。一些机场会使用直角航线程序作为其他类型进近程序的备份。

5. 推测航迹程序

这是一种较新的进近程序模式。因其程序的起始进近航段中有一段无导航台提供航迹引导，故取名为推测航迹程序。它可以替代反向程序，以节省时间和空域，而且飞行时较为便利。它还可以为空中交通管制提供机动能力。因此，推测航迹程序是一种较为理想的进近模式。但是，它要求有较多的导航台，且要求其布局合理。我国有许多新建的机场采用这种进近模式程序。其程序样例如图 4-6 所示。

由于以上五种模式程序设计准则差异较大，而直线进近和沿 DME 弧进近程序设计准则相对简单，为了便于初学者更好地理解和掌握，本章将只针对直线进近和沿 DME 弧进近程序的设计准则加以介绍。这两种程序只是在进场航段和起始进近航段的设计准则有所不同，其他航段均相同。下面将从航迹设置、保护区绘制方法及障碍物评估方法等方面分别介绍各航段的程序设计准则。

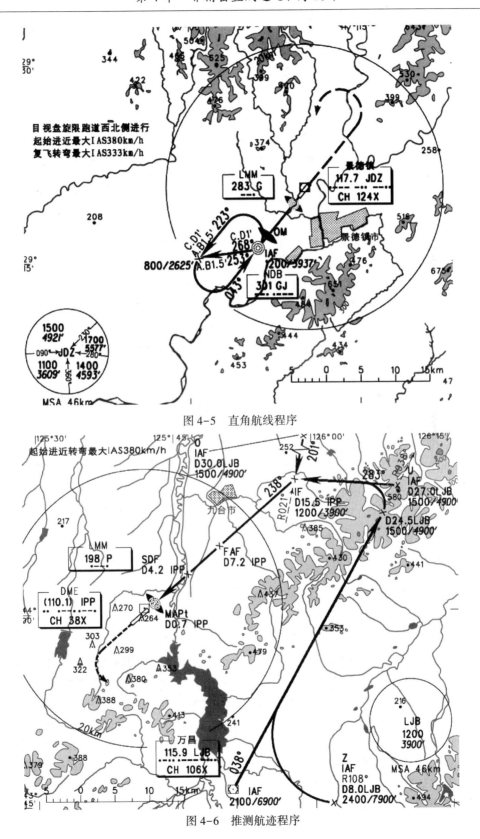

图 4-5　直角航线程序

图 4-6　推测航迹程序

4.2　进场航段设计

4.2.1　航迹设置

从提高空中交通运行效率，便于管制服务角度，需要根据当地的空中交通流向、地形和空域等限制，为终端区内各机场统一设计从航路到起始进近定位点的进场航线，并公布为标准仪表进场程序（STAR）。STAR 的航迹设置应遵循以下原则。

① 一条 STAR 航线可用于终端区内一个或多个机场。

② STAR 航线应适用于尽可能多的航空器类型。

③ STAR 航线应连接 ATS 航路上的重要点至仪表进近程序起始点，使航空器能从航路阶段过渡到进近阶段。

④ 设计的 STAR 航线应使航空器能沿航线飞行，减少雷达引导的需要。

⑤ STAR 航线应简单易懂，在程序中应只包括 ATS 需要和确定航空器飞行航径必不可少的导航设施、定位点或航路点。

⑥ STAR 航线应从一个定位点开始，如导航设施、交叉定位点、DME 定位或航路点。

⑦ 如有可能，STAR 航线的设计应使用 DME 定位或航路点代替交叉定位。

⑧ 进场航段可以采用 DME 等距离弧提供航迹引导，但圆弧的半径不得小于 18.5 km（10 NM）。DME 弧与下一航段直线航迹的夹角不得超过 120°。

⑨ 当进场航段与下一航段的航迹夹角超过 70° 时，应提供至少 4 km（2 NM）的转弯提前量（其计算方法为 $d = r\tan\dfrac{\alpha}{2}$，$r$ 为转弯半径，α 为转弯角）帮助引导转弯。转弯提前量必须由侧方径向线、方位线或 DME 距离确定。

⑩ STAR 航线应包括空速和高度/高的限制（如有），这些限制要考虑有关航空器的运行能力，并与运行单位协商后确定。

⑪ STAR 航线无下降梯度的要求，但一般不宜超过 8%。

4.2.2　保护区绘制方法

进场航段保护区分以下几种情况。

（1）进场航线长度>46 km（25 NM）

进场航线距 IAF 超过 46 km（25 NM）的部分，按照航路准则划设保护区，保护区宽度从 IAF 之前 46 km（25 NM）处开始收敛，收敛角为轴线两侧各 30°，直至等于起始进近航段在 IAF 的保护区宽度，然后保持该宽度至 IAF，如图 4-7 所示。

（2）进场航线长度≤46 km（25 NM）

当进场航线长度≤46 km（25 NM），保护区的宽度在进场航线开始位置按航路保护区宽度，然后从轴线两侧分别按 30° 角向内收缩，直至等于起始航段在 IAF 的保护区宽度，然后保持该宽度直至 IAF。如图 4-8 所示。

（3）转弯保护区

进场航段距 IAF 46 km（25 NM）以前的部分，转弯保护区按照航路转弯处理，而距 IAF

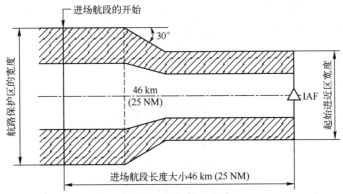

图 4-7　进场航段保护区［进场航段长度>46 km（25 NM）］

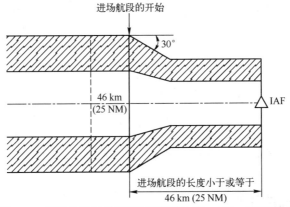

图 4-8　进场航段保护区［进场航段长度≤46 km（25 NM）］

不超过 46 km（25 NM）的部分，则使用圆弧连接转弯前后的保护区。

（4）沿 DME 弧进场

当采用沿 DME 弧进场时，进场航线沿 DME 弧距 IAF 弧长大于 46 km（25 NM）的部分，按照航路宽度划设保护区，保护区宽度从 IAF 之前 46 km（25 NM）处开始缩减，在沿 DME 弧 9.6 km（5.2 NM）距离向内缩减至起始进近航段保护区宽度，如图 4-9 所示。

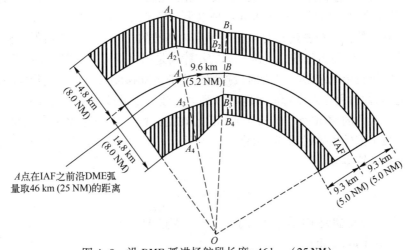

图 4-9　沿 DME 弧进场航段长度>46 km（25 NM）

当进场航线沿 DME 弧长度小于或等于 46 km（25 NM），保护区从进场航线开始位置的宽度等于航路宽度，在沿 DME 弧 9.6 km（5.2 NM）距离向内缩减至起始进近航段保护区宽度，如图 4-10 所示。

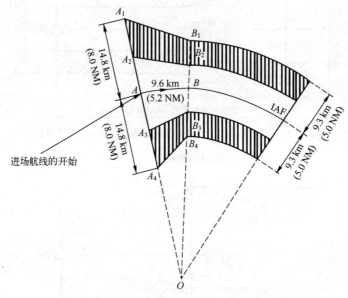

图 4-10　沿 DME 弧进场航段长度 ≤46 km（25 NM）

4.2.3　超障高度/高的计算

超障高度/高（OCA/H）可以保证飞行安全，是飞行程序设计的首要任务，进近各航段的超障高度/高（OCA/H）就是防止航空器在仪表进近过程中与障碍物相撞的最低安全高度。任何处在仪表进近过程中的航空器，在没有建立目视飞行条件时，其飞行高度都不能低于所在航段的超障高度/高。最后进近航段及复飞航段的超障高度/高还是制定机场最低运行天气标准的依据。因此，超障高度/高的计算是进近程序设计中的一项非常重要的内容。一个航段的超障高度/高是本航段保护区及航段开始点定位容差区内的各个障碍物高度加上相应的 MOC 后的最高值。超障高度（OCA）是以平均海平面为基准的，而超障高（OCH）是以入口标高为基准的，非精密进近是以机场标高为基准的，如果跑道入口低于机场标高大于2 m（7 ft）则以入口标高为基准，盘旋进近的超障高是以机场标高为基准。

为便于航空器在中间或最后进近航段按照规定的下降梯度或角度实施稳定下降而规定的飞行运行高度/高称为程序高度/高，该高度/高大于或等于最低超障高度/高。

进场航段主区内的 MOC 为 300 m（984 ft），在副区内边界处的 MOC 为 300 m（984 ft），而后向外均匀减小至外边界时为零，如图 4-11 所示。副区内任何一点的 MOC_{Sy} 的具体值可以根据下列公式计算得到：

$$MOC_{Sy} = MOC_P \left(1 - \frac{Y}{W_S}\right)$$

式中：MOC_{Sy}——障碍物到主区边界距离为 Y 时，副区的 MOC；

MOC_P——主区的 MOC；

W_S——副区宽度；

Y——沿垂直于标称航迹方向量取的，障碍物到主区边界的距离。

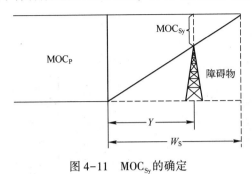

图 4-11　MOC_{Sy} 的确定

超障高度/高（OCA/H）是本航段保护区及航段开始点定位容差区内的各个障碍物高度加上相应的 MOC 后的最高值。进场航段的超障高度/高（OCA/H）应以 50 m 向上取整。

$$OCA/H_{进场} = \max\{h_i + MOC_i\} \uparrow_{50\,m}$$

注：h_i 为障碍物的高度。h_i 以海拔平面为基准时，计算结果为 $OCA_{进场}$；h_i 以机场标高为基准时，计算结果为 $OCH_{进场}$。

4.2.4　下降梯度的要求

下降梯度受到航空器速度、外形、飞行动力特性和旅客舒适度的限制，不同的航段对下降梯度的要求也不同。下降梯度是根据程序设计中规定的飞越航段开始点的高度（通常为上一航段的超障高度）、本航段的超障高度及本航段标称航迹的长度计算而得，进场和进近的每个航段都有下降梯度的规定，在程序设计时必须严格执行。进场航段的下降梯度不宜超过 8%。

4.3　起始进近航段设计

起始进近航段始于 IAF，航空器在该航段做机动飞行进入中间进近航段。如果 IF 为航路结构的一部分就不必再规定起始进近航段。在这种情况下，仪表进近程序是从 IF 开始的，并使用中间进近航段的准则。在进入起始进近航段之前需要设置等待程序，等待点和起始进近定位点应一致。如果无法实现，则起始进近定位点应位于等待航线的入航等待航迹上。

起始进近航段要求航迹引导，在传统飞行程序中常使用 VOR 径向线、NDB 方位线或雷达引导，以上手段无法满足要求时，也可使用 DME 弧或推测航迹（DR），但推测段距离不得超过 19 km（10 NM）。

4.3.1　航迹设置

起始进近航段没有标准长度，但其长度必须满足程序对本航段下降高度的要求。

1. 直线进近

起始进近航迹与中间进近航迹的交角不应超过 120°，如果交角超过 70°，则必须确定由一条径向线、方位线、雷达引导或 DME 距离提供至少 4 km（2 NM）的提前量（计算方法与进场航段的相同），帮助引导转弯至中间进近航迹，如图 4-12 所示。如果交角超过 120°，应考虑使用其他进近模式。

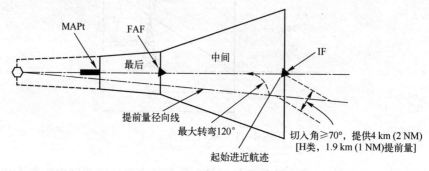

图 4-12　转弯角度>70°时，转弯引导径向线（红线加粗，表示出起始进近航段）

2. 沿 DME 弧进近

DME 弧可以为部分或整个起始进近提供航迹引导。圆弧的最小半径为 13 km（7 NM）。圆弧应在中间定位点或之前与航迹连接，但圆弧切向与航迹的交角不得超过 120°。如果交角超过 70°，则必须确认由一条径向线提供至少 4 km（2 NM）的提前量（计算方法与进场航段的相同），帮助引导转弯至中间航迹。

4.3.2　保护区绘制方法

1. 直线进近保护区

1）典型保护区

使用直线进近的起始进近保护区分为主区和副区。主区宽度为航迹两侧各 4.6 km（2.5 NM），副区位于主区的外侧各 4.6 km（2.5 NM），如图 4-13 所示。

2）保护区扩展

由于航行上的需要，起始进近的任何部分距提供航迹引导的 VOR 台大于 69 km（37 NM）或距 NDB 台大于 52 km（28 NM）时，保护区应在这个距离向外侧扩大 7.8°（VOR 台）或 10.3°（NDB 台）。在该扩展区，主区的宽度应为保护区总宽度的一半，如图 4-14 所示。

3）保护区缩减

如果 IF 为 VOR 或 NDB 台，且连接 IF 的起始进近航段部分是直线段，则在 IF 的保护区宽度可以缩小。

（1）IF 为全向信标（VOR）台

IF 为 VOR 台时，保护区在 IF 的宽度可缩至±3.7 km（±2.0 NM）。如果 IAF 到 VOR 台的距离超过 40.5 km（21.9 NM），从距离 VOR 台 40.5 km（21.9 NM）处直至 VOR 台，标称航迹每一侧的保护区宽度可均匀减小，保护区宽度从 9.3 km（5.0 NM）减小至 3.7 km（2.0 NM）。保护区外边界与标称航迹呈 7.8°，如图 4-15 所示。

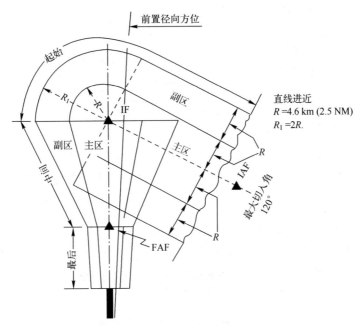

图 4-13　直线进近的起始进近保护区典型情况

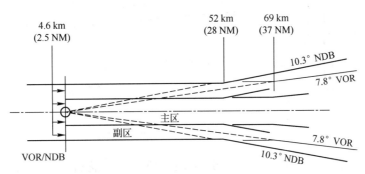

图 4-14　使用直线航迹的起始进近保护区扩展

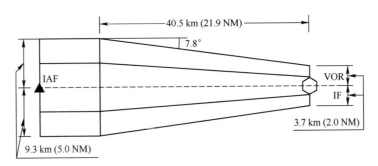

图 4-15　IAF 距 VOR 台大于 40.5 km（21.9 NM）的情况

　　如果 IAF 距 VOR 台的距离小于或等于 40.5 km（21.9 NM）。标称航迹每一侧的保护区宽度，在 IAF 为 9.3 km（5.0 NM），均匀减小至 VOR 台位置时为 3.7 km（2.0 NM），如图 4-16 所示。

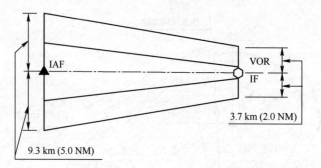

图 4-16　IAF 距 VOR 台小于或等于 40.5 km（21.9 NM）的情况

（2）IF 为无方向信标（NDB）台

IF 为 NDB 台，保护区在 IF 的宽度可缩至±4.6 km（±2.5 NM）。如果 IAF 到 NDB 台的距离大于 25.5 km（13.8 NM），从距离 NDB 台 25.5 km（13.8 NM）处直至 NDB 台，标称航迹每一侧的保护区宽度可均匀减小，保护区宽度从 9.3 km（5.0 NM）减小至 4.6 km（2.5 NM），保护区外边界与标称航迹呈 10.3°，如图 4-17 所示。

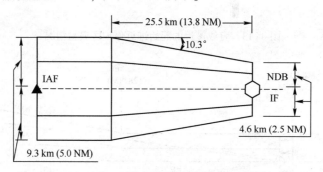

图 4-17　IAF 距 NDB 台大于 25.5 km（13.8 NM）的情况

IAF 到 NDB 台的距离小于或等于 25.5 km（13.8 NM）。标称航迹每一侧的保护区宽度，从 IAF 的 9.3 km（5.0 NM）均匀减小到至 NDB 台位置时的 4.6 km（2.5 NM），如图 4-18 所示。

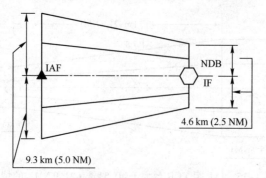

图 4-18　IAF 距 NDB 台小于或等于 25.5 km（13.8 NM）的情况

2. 沿 DME 弧进近保护区

沿 DME 弧进近的起始进近保护区分为主区和副区。主区宽度为弧线两侧各 4.6 km（2.5 NM），副区位于主区的外侧各 4.6 km（2.5 NM），如图 4-19 所示。

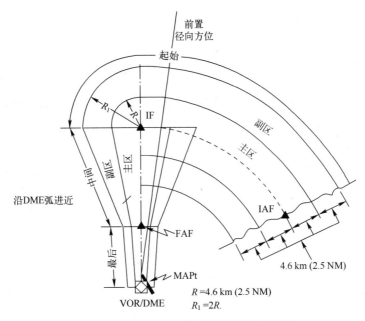

图 4-19　沿 DME 弧进近的起始进近保护区

4.3.3　超障高度/高的计算

起始进近航段主区内的 MOC 为 300 m（984 ft），在副区内边界上的 MOC 为 300 m（984 ft），而后向外均匀减小至外边界时为零。副区内任何一点的 MOC_{Sy} 计算方法与进场航段的相同。

起始进近航段的超障高度/高可通过下述公式求出，计算所得的超障高度/高也必须以 50 m 向上取整。

$$OCA/H_{起始} = \max\{h_i + MOC_i\} \uparrow_{50\,m}$$

注： h_i 为障碍物的高度。h_i 以海拔平面为基准时，计算结果为 $OCA_{起始}$；h_i 以机场标高为基准时，计算结果为 $OCH_{起始}$。

4.3.4　下降梯度

起始进近的最佳下降梯度为 4.0%。如果为了避开障碍物需要较大的下降梯度时，允许的最大下降梯度为 8.0%。

4.4　中间进近航段设计

4.4.1　航迹设置

中间进近航段是起始进近与最后进近之间的过渡航段。在这个航段要调整航空器外形、速度和位置，使之进入最后进近航段。

（1）起点

中间进近航段的起点有两种形式，即从指定的中间进近定位点（IF）开始或以完成 DR

航迹、反向或直角航线程序为开始点。

（2）航迹引导

中间进近航段必须由航迹引导至最后进近定位点（FAF）。

（3）航迹对正

中间进近航迹通常应与最后进近航迹相同。如果当非精密进近程序的最后进近定位点是导航台时，中间进近航迹与最后进近航迹之间可以有不大于30°的夹角。

（4）航段长度

对于传统非精密进近程序，沿飞行航迹量取的中间进近航段最佳长度为19 km（10 NM），除非航行上需要，一般不应使用大于19 km（10 NM）的距离。如果起始进近航迹切入中间进近航迹的角度超过90°，则中间进近航段的最小长度如表4-1所示。中间进近航段的长度不得大于28 km（15 NM），也不得小于9.3 km（5.0 NM），当起始进近为反向或直角程序时参见后续章节。

表4-1　中间进近航段的最小长度

切入角/°	91~96	97~102	103~108	109~114	115~120
最小长度/ km（NM）	11（6）	13（7）	15（8）	17（9）	19（10）

4.4.2　保护区绘制方法

中间进近保护区分为主区和副区，对称分布于标称航迹两侧。

1. 直线进近或沿 DME 弧进近的中间进近航段

中间进近航段的保护区从 IF 处的最大宽度 9.3 km（5.0 NM）逐渐减小至 FAF（或 FAP）处的最小宽度，如图4-20所示。

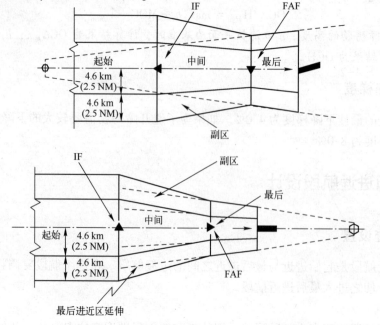

图4-20　起始进近航段加入中间进近航段的保护区

2. 在 IF 转弯的保护区

当 IF 无导航台时，起始进近航段与中间进近航段之间有夹角，转弯外侧保护区将会出现裂缝，应用圆弧连接两航段的保护区，见图 4-13 和图 4-19。

当 IF 有导航台时，则在 IF 规定转弯角度大于 10°，则应使用风螺旋线将中间进近区的转弯外侧加宽，如图 4-21 所示。绘制风螺旋线所用的参数有转弯坡度 25°（或转弯率 3(°)/s，取较小值）和航空器类型的最大起始速度。

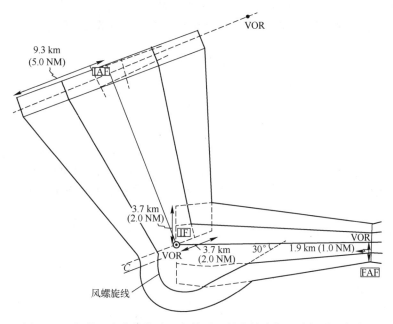

图 4-21　保护区宽度的缩减（起始进近航段转弯加入中间进近航段）

3. 保护区缩减

当 IF 为导航台时，中间进近航段靠近 IF 的保护区可以按照 IF 处导航台的背台引导区域进行缩减，如图 4-22 的虚线所示。

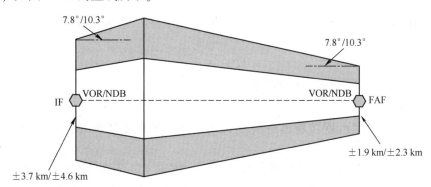

图 4-22　中间、最后进近定位点均有导航台时中间进近航段保护区

4.4.3 超障高度/高的计算

中间进近航段主区内的 MOC 为 150 m（492 ft），在副区内边界上的 MOC 为 150 m（492 ft），而后向外均匀减小至外边界时为零。副区内任何一点的 MOC_{Sy} 计算方法与进场的相同。

中间进近航段的超障高度/高可通过下述公式求出，计算所得的超障高度/高也必须以 50 m 向上取整。

$$OCA/H_{中间} = \max\{h_i + MOC_i\} \uparrow_{50 m}$$

注：h_i 为障碍物的高度。h_i 以海拔平面为基准时，计算结果为 $OCA_{中间}$；h_i 以机场标高为基准时，计算结果为 $OCH_{中间}$。

4.4.4 下降梯度

如果需要下降，中间进近航段最大下降梯度为 5.2%。由于中间进近航段是用调整航空器速度和外形的方式进入最后进近航段的，因此该航段应尽可能平飞，或至少有一个平飞航段，即在最后进近之前应对 C、D 类航空器提供一段至少 2.8 km（1.5 NM）的平飞航段，对于 A、B 类航空器专用的程序，这个最短距离可减至 1.9 km（1.0 NM）。该平飞航段可以保证有足够的距离使航空器减速，并在最后进近之前进行必要的航空器外形调整。

4.5 最后进近航段设计

4.5.1 航迹设置

最后进近航段是完成航迹对正和下降着陆的航段。最后进近有两种形式：直接进近或盘旋进近。本节只介绍直接进近，盘旋进近将在 4.7 节介绍。为减少最后进近航段航空器偏离标称下降轨迹的可能性，防止可控飞行撞地，所有非精密进近程序在设计时应提供最后进近航段开始点的程序高度，以便航空器能够顺利切入最后进近下降航迹。最后进近标称航迹在飞越跑道入口时高为 15 m。

（1）起止点

最后进近的仪表飞行阶段从最后进近定位点（FAF）开始，最晚在复飞点（MAPt）结束。

（2）航迹引导

最后进近的仪表部分必须有航迹引导。

（3）航迹对正

最后进近航迹应尽可能与跑道中线延长线一致。如果无法满足，则应符合以下要求之一。

① 如果最后进近航迹与跑道中线延长线相交，跑道入口至最后进近航迹与跑道中线交点的距离不得小于 1 400 m，并且对于 A、B 类航空器的程序，二者交角不得超过 30°，对于其他类型航空器的程序，该交角不得超过 15°；

② 如果最后进近航迹与跑道中线延长线不相交，在距跑道中线延长线 1 400 m 处，最后进近航迹与跑道中线延长线的横向距离不得大于 150 m，且最后进近航迹与跑道中线延长线

的夹角不超过 5°，如图 4-23 所示。

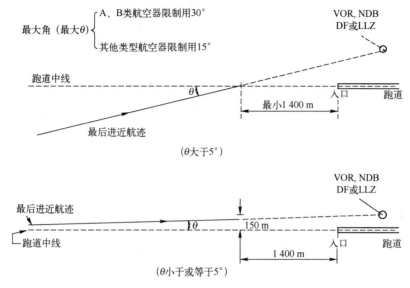

图 4-23　最后直线进近航迹对正

如果不能满足以上要求，则只能采用盘旋进近。

（4）航段长度

最后进近航段应尽可能与跑道方向对正。如果有 FAF，最后进近航段的最佳长度为 9.3 km（5.0 NM）。最后进近航段的长度不得小于 5.6 km（3.0 NM）。对于非 RNAV 程序，若非受到导航台布局影响，该限制还适用于 FAF 至跑道入口的最短距离。

4.5.2　保护区绘制方法

最后进近航段保护区由为该航段提供航迹引导的导航台类型和该航段至导航台的距离决定，是按照有航迹引导的保护区绘制方法，取直线航段在 FAF 和 MAPt 之间的部分，见图 4-24 和图 4-25。

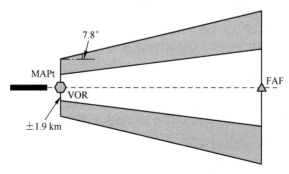

图 4-24　最后进近航段保护区（导航台在跑道之前）

保护区分为主区和副区，对称分布于标称航迹两侧。

由于障碍物或其他因素影响，可能在最后进近航段两端均设置导航台，则最后进近保护

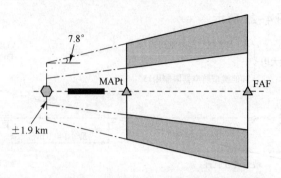

图 4-25 最后进近航段保护区（导航台在跑道之后）

区为两个导航台直线航段保护区的交集，见图 4-26。

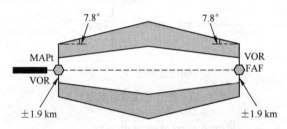

图 4-26 最后进近航段保护区（两端有导航台）

4.5.3 超障高度/高的计算

1. 超障余度

最后进近航段主区内的 MOC 为 75 m（246 ft），副区内边界的 MOC 为 75 m（246 ft），而后向外侧均匀减小至外边界时为零。但是，在以下两种情况下，最后进近航段保护区内的 MOC 需要增加。

① 无最后进近定位点。当最后进近航段从最后进近点（FAP）开始，没有最后进近定位点（FAF）时，主区的 MOC 应增加到 90 m（295 ft）；在副区内边界的 MOC 为 90 m（295 ft），而后向外侧均匀减小至外边界时为零。

② 山区机场。如果设计的是山区机场的程序，必须考虑有 37 km/h（20 kt）的风在山区地形上空运动时，会导致气压高度表误差和驾驶员操作的问题。在已知有这种情况的地方，MOC 应增加，最大可增加 100%。

2. 超障高度/高

最后进近航段的超障高度/高（OCA/H_f）可通过下述公式求出，计算所得的超障高度/高也必须以 50 m 向上取整。副区内任何一点的 MOC_{sy} 计算方法与进场航段的相同。

$$OCA/H_f = \max\{h_i + MOC_i\} \uparrow_{5m}$$

当遇到以下情况时，需要调整 OCA/H_f。

（1）非山区机场采用远距离的高度表拨正值

如果高度表拨正值不是来源于机场，且距入口超过 9.3 km（5.0 NM），则 OCA/H_f 应按超过 9.3 km 的部分，每超过 1.0 km 增加 0.8 m（超过 5.0 NM 的部分，每超过 1.0 NM 增加

5.0 ft)，或由当地有关当局决定一个较高的数值。在山区或预计气压不均匀的地区，不应提供基于远距高度表拨正值的程序。对于高度表拨正值来源于距跑道入口 9.3 km（5.0 NM）以上的各种情况，则在仪表进近图中应标明高度表拨正值的来源。

　　（2）山区机场采用远距离的高度表拨正值（RASS）

　　① 若在山区使用 RASS，要求另行计算，以确定 OCA/H$_f$ 的修正值。计算公式为

$$\Delta OCA/H_f = 0.4x + 0.14z$$

式中：$\Delta OCA/H_f$——采用 RASS 时增加的高度/高，单位为 m 或 ft；

　　　　x——从 RASS 到着陆区的距离，单位为 km 或 NM；

　　　　z——RASS 与着陆区之间的标高差，单位为 m 或 ft。

　　上述公式适用于 RASS 与着陆区之间的地形对气压模型无逆向影响的地区。该准则适用于：RASS 到着陆区的最大距离限制为 138 km（75 NM），或标高差不超过 1 770 m（6 000 ft）。计算举例如图 4-27 所示。

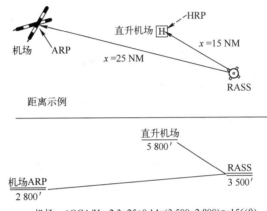

机场：$\Delta OCA/H_f = 2.3 \times 25 + 0.14 \times (3\,500 - 2\,800) \approx 156$(ft)
直升机场：$\Delta OCA/H_f = 2.3 \times 15 + 0.14 \times (5\,800 - 3\,500) \approx 357$(ft)

图 4-27　山区远距离高度表拨正值

　　② 在 RASS 与着陆区之间的地形对气压模型有逆向影响的地区，对标高变化区（EDA）的 OCA/H$_f$ 应进行评估。EDA 为 RASS 与着陆区连线两侧各 9.3 km（5.0 NM）的区域，包括该连线两端各 9.3 km（5.0 NM）的圆形区域。这时，z 为 EDA 内地形最高点与最低点的标高差。计算举例如图 4-28 所示。

　　在仪表进近过程中，最后进近的超障高度/高是航空器可以下降到的最低高度。如果驾驶员在此高度已经建立目视飞行，则可继续下降、着陆或进行目视盘旋进近；如果没有建立目视飞行，则必须保持高度平飞，直至建立目视飞行；如果到复飞点仍然没有建立目视飞行，则必须复飞。

　　当最后进近航段航迹与跑道中线延长线不一致时，根据角度的不同，对计算所得的 OCA/H$_f$ 有一个最低限制，其规定如表 4-2 所示。

表 4-2　根据最后进近航迹与跑道中线延长线的夹角规定的最低 OCA/H$_f$

航空器类型	最低(OCA/H$_f$)/m(ft)	
	$5° < \theta \leqslant 15°$	$15° < \theta \leqslant 30°$
A	105（340）	115（380）

续表

航空器类型	最低(OCA/H$_f$)/m(ft)	
	5°<θ≤15°	15°<θ≤30°
B	115（380）	125（410）
C	125（410）	—
D	130（430）	—
E	145（480）	—

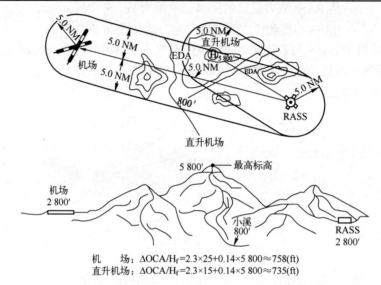

机　场：ΔOCA/H$_f$=2.3×25+0.14×5 800≈758(ft)
直升机场：ΔOCA/H$_f$=2.3×15+0.14×5 800≈735(ft)

图4-28　标高变化区（EDA）OCA/H$_f$修正

　　表4-2中的数值是最佳下降梯度为5.2%时的数值，若下降梯度大于5.2%，每大出1%，表中数值增加18%。

4.5.4　下降梯度

　　有FAF时，非精密程序最后进近航段的最小、最佳下降梯度为5.2%（精密进近有垂直引导时的下降角度为3°）。为避开障碍物，除非无其他方法可用，下降梯度不应超过最佳下降梯度，因为较陡的下降梯度可能导致下降率超过某些航空器在最后进近下降的限制。

　　有FAF的非精密程序最后进近航段最大下降梯度为：A、B类航空器不超过6.5%，C、D和E类航空器不超过6.1%。

　　无FAF的非精密进近，最后进近航段由于无固定长度，因此通过限制下降率来防止航空器过快下降，如表4-3所示。

表4-3　非精密进近，最后进近航段无FAF的下降率

航空器类型	下　降　率	
	最　小	最　大
A、B	120 m/min（394 ft/min）	200 m/min（656 ft/min）
C、D、E	180 m/min（590 ft/min）	305 m/min（1 000 ft/min）

有 FAF 的非精密进近下降梯度（g）使用的计算公式为

$$g = h/d$$

式中：d——FAF 距跑道入口的水平距离；

　　　h——在 FAF 上空的高度/高与跑道入口之上 15 m（50 ft）的垂直距离。

4.5.5　最后进近定位点的最佳位置

在进行进近程序设计时，只要可能，应将最后进近定位点（FAF）设置在对飞行最为有利的位置。最后进近定位点的最佳位置可由下式求出：

$$X_{FAF} = (OCH_{中间} - 15 \text{ m})/5.2\%$$

设计时，可先假定一个离跑道入口 5~7 km 的点作为最后进近定位点，设计最后进近和中间进近航段的航迹。为了减少修改的可能性，假定中间进近航段长度为 28 km，画出保护区，求出 $OCH_{中间}$。再用上述公式重新计算最后进近定位点的位置，并按计算值调整其位置。然后重复上述过程，直至满意为止。

4.5.6　梯级下降定位点

梯级下降定位点（SDF）是在一个航段内确认已安全飞越控制障碍物允许再下降的定位点。梯级下降定位点必须在航空器能同时接收飞行航迹和交叉方位的指示时才能使用。如果在最后进近航段使用一个梯级下降定位点，则对有和没有梯级下降定位点两种情况都必须规定一个 OCA/H。在起始和中间进近航段的梯级下降定位点应分别满足起始进近定位点（IAF）和中间进近定位点（IF）的准则。在最后进近航段则满足 FAF 的准则。

在最后进近航段最好只规定一个梯级下降定位点，除非雷达或 DME 可提供定位，在这种情况下也不应规定多于两个梯级下降定位点，如图 4-29 所示。

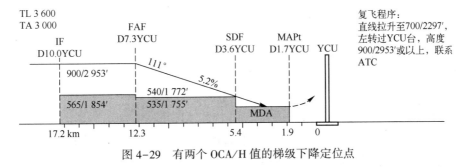

图 4-29　有两个 OCA/H 值的梯级下降定位点

如果能用位置适当的 DME 台提供定位，可在规定的航迹上或在汇聚到着陆机场的扇区内制定一系列的梯级下降。设计这种程序从航路飞行阶段至最后进近航段必须根据定位点所在的航段提供相应的 MOC。

有梯级下降定位点的非精密最后进近，应计算 SDF 前后两个下降梯度（g_1 和 g_2）。

① FAF 与梯级下降定位点之间的下降梯度（g_1）的计算公式为

$$g_1 = h_1/d_1$$

式中：d_1——FAF 距 SDF 的水平距离；

　　　h_1——在 FAF 上空的高与在 SDF 的高之间的垂直距离。

② 梯级下降定位点与跑道入口之间的下降梯度（g_2）的计算公式为

$$g_2 = h_2/d_2$$

式中：d_2——SDF 距跑道入口的水平距离；

　　　　h_2——在 SDF 上空的高度/高与跑道入口之上 15 m（50 ft）的垂直距离。

4.5.7　计算超障高度/高时可以不考虑的障碍物

靠近最后进近定位点或梯级下降定位点的障碍物，如果在定位容差区最早点之后的 9.3 km（5.0 NM）以内，只要这些障碍物在下述平面以下，则在确定下一航段的 OCA/H 或最低高度/高时可不予考虑。

（1）垂直于包含标称的最后进近航迹的垂直面，并与水平面成 15% 的梯度；

（2）这个平面通过定位容差区最早点的高度/高等于在定位点要求的最低高度/高，减去该定位点之前的航段要求的 MOC，如图 4-30 所示。

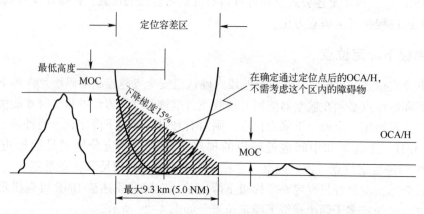

图 4-30　计算 OCA/H 时可以不予考虑的障碍物

4.6　进近程序的目视航段保护

4.6.1　目视航段面

所有公布的直线仪表进近程序都必须针对目视航段内的净空进行保护。为满足此要求，任何障碍物都不能穿透目视航段面（VSS）。

VSS 位于跑道中线延长线附近且靠近跑道入口，从飞机沿着标称最后进近航径达到最后进近航段 OCH 开始，至跑道入口前 60 m 的范围。若在此范围内存在较高障碍物，即使已经取得了目视参考，也很难在水平方向上避开。ICAO 提出 VSS 概念是为了保证航空器在最后进近阶段目视飞行过程中（已经取得要求的目视参考，低于 OCH 的飞行过程），垂直方向上能够以安全的余度飞越航径下方障碍物（这些障碍物由于靠近跑道中线延长线，航空器在水平方向上难以避开）。

1. 非精密进近程序的 VSS 水平范围和垂直范围

VOR、NDB、RNAV（GNSS）等，VSS 起始于跑道入口前 60 m，基准代码为 3 和 4 的跑

道 VSS 基准宽度为 300 m（跑道中线延长线两侧各 150 m），基准代码为 1 和 2 的跑道 VSS 基准宽度为 150 m（跑道中线延长线两侧各 75 m）。然后以 15% 的比率在跑道中线延长线两侧向外扩张。垂直方向上，VSS 起始于跑道入口高度，上升坡度为公布的最后进近下降角度减去 1.12°。VSS 在高度达到 OCH$_f$ 时终止，如图 4-31 所示。

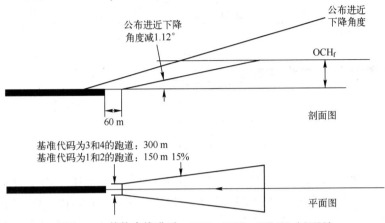

图 4-31　其他直线进近：VOR、NDB、RNAV（GNSS）

2. 由航向台或类似于航向台的设施提供横向引导的 VSS 水平范围和垂直范围

LOC、APV Ⅰ 类、APV Ⅱ 类和精密进近，最后进近航迹对准跑道中线的程序，基准宽度等于附件 14 中规定的内进近面的宽度（基准代码为 1 和 2 的跑道 90 m，基准代码为 3 和 4 的跑道 120 m），起始于跑道入口前 60 m，平行于跑道中线延长线向外延伸，终止于达到 OCH 的位置，垂直方向上，VSS 起始于跑道入口高度，上升坡度为公布的最后进近下降角度减去 1.12°，如图 4-32 所示。

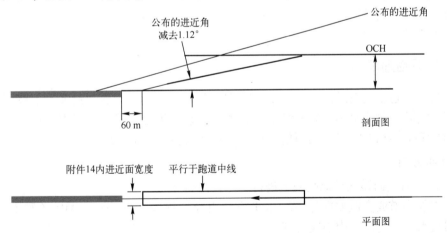

图 4-32　有航向台或类似航向台引导直线进近的 VSS

3. 最后进近有偏置的情况

对于最后进近航迹偏置的情况，若最后进近航迹偏置并与跑道中线延长线相交，则与最后进近航迹最近的 VSS 侧边的扩张应增加相应的偏置角度；若最后进近航迹偏置但不与跑道中线延长线相交，则与最后进近航迹最近的 VSS 侧边的扩张应增加一定的距离，该距离等于最后进近航迹在距跑道入口 1 400 m 处的偏置距离，如图 4-33 所示。

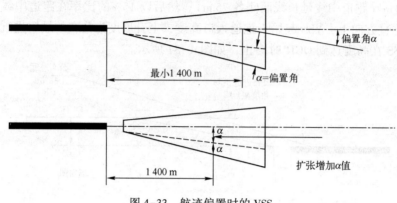

图 4-33　航迹偏置时的 VSS

对于最后进行航段偏置情况，其 VSS 是在不偏置时范围的基础上相应增加偏置的范围，范围变得更大了，因此不能通过航迹偏置的方法避开 VSS 内的障碍物。VSS 的坡度等于最后进近下降角度减去 1.12°，当最后进近采用最佳的 3°下降角度或 5.2%的下降梯度时，VSS 的坡度为 1.88°（3.3%）。如果采用最佳下降梯度时 VSS 被穿透，则可将下降梯度提高至最大 6.1%（C、D 类航空器）、6.5%（A、B 类航空器）或 3.5°，此时 VSS 的坡度是 2.38°（4.2%）。当下降角度已提高至最大值时，VSS 仍被穿透，则该进近程序不能公布，除非经过航行研究并得到局方特殊批准后，方可突破最大下降角。

如果 VSS 被穿透，除非进行了航行研究，否则进近程序不得公布。研究后的缓解措施可能包括下降梯度/角度的提高，和/或跑道入口内移。有航向台引导的 VSS 相对 VOR、NDB 引导的 VSS 范围要小很多，因此如果后者的 VSS 被穿透，可考虑设立 ILS 或 LLZ 程序。在评估 VSS 时可不考虑低于入口以上 15 m 的障碍物及临时移动障碍物，例如在跑道等待位置等待的航空器是允许存在的。

4.6.2　障碍物超障面

当障碍物穿透目视航段面（VSS），如果经过航行研究确定无法通过 4.6.1 节方法调整，且为避开这些障碍物飞机不会失去稳定进近状态，此时规定障碍物超障面（OCS），其定义如图 4-32 所示，在以上情况下，任何障碍物不得穿透 OCS 面。

1. 水平方向

（1）对于有航向道或类似航向道进行水平方向引导的程序

对于有航向道或类似航向道进行水平方向引导的程序（仅 LOC，APV I 和 PA 进近），其最后进近航迹应与跑道中心线对齐：

① OCS 开始于跑道入口（THR）/着陆点入口（LTP）；

② 起始宽度为跑道每侧 30 m；

③ OCS 从 THR 向前延伸至 THR 之前 60 m 的位置，到达目视航段面（VSS）的宽度，然后保持此宽度延伸至公布在剖面上的 OCH 高（"OCH 点"）。

（2）对于所有其他直线仪表进近程序

① OCS 开始于 THR/LTP；

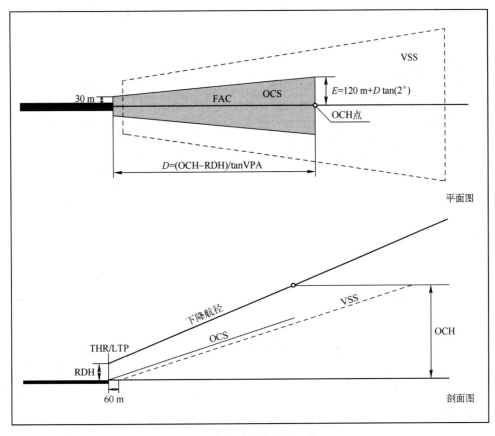

图 4-34 直线进近的目视航段 OCS

② 一直延伸至公布在剖面上的 OCH 高（"OCH 点"）；

③ 起始宽度为跑道每侧 30 m；

④ 在"OCH 点"位置的半宽 $E = 120\,\text{m} + D\tan(2°)$，其中，$D$ 是 THR/LTP 与"OCH 点"之间的距离。

2. 垂直方向

当基准高（RDH）为 15 m 或更小时，OCS 起始于跑道入口高度；当基准高（RDH）大于 15 m 时，为跑道入口高之上（RDH−15 m）。

OCS 垂直坡度角（θ）定义如下。

① 对于非精密进近（NPA）：θ = 公布的进近程序下滑角减去 1°；

② 对于 Baro-VNAV：θ = 最低温 VPA 减去 0.5°。

③ 对于几何垂直导引的 VPA：θ = 公布的 VPA 减去 0.5°。

当最后进近航道偏置并与跑道中心延长线相交，在 OCS 到达 OCH 的点，向最后进近航道偏置的一侧垂直延伸距离 E。在最靠近中心线的一侧，该保护区垂直于最后进近航道（FAC）进行延伸，直至与跑道中心线相交。然后与跑道中心线垂直延伸距离 E（见图 4-35）。

当最后进近航道偏置但不与跑道中心延长线相交，在 OCS 到达 OCH 的点，向最后进近航道的偏置一侧垂直延伸距离 E（见图 4-36）。

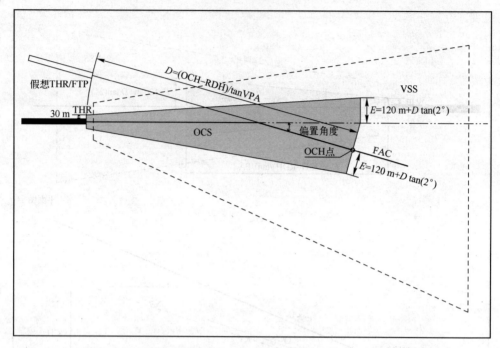

图 4-35　最后进近与跑道中心线交叉偏置的目视航段 OCS 平面图

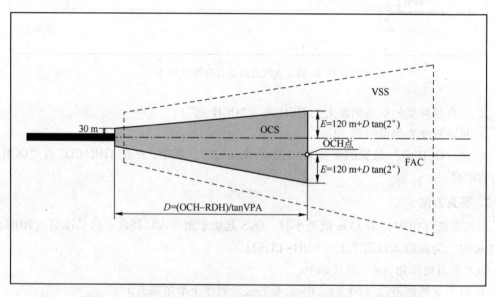

图 4-36　最后进近与跑道中心线平行偏置的目视航段 OCS 平面图

OCS 的参数不适用于下降角度大于 3.5° 的进近程序评估。按照 ICAO 标准安装的机场灯光、机场标记及其相关设备造成的穿透 OCS 可不予考虑。

4.7　目视盘旋程序设计

目视盘旋（机动）进近是指仪表进近后的目视飞行阶段，以使航空器对准进近跑道，它是仪表进近程序的延续，简称目视盘旋。程序设计时，由于地形或导航台布局的影响，使得最后进近航段的航迹无法满足程序设计准则对于直线进近的航迹对正或航段长度或下降梯度的要求时，应设计目视盘旋进近。对于设计的直线进近符合要求时，也需要设计和公布目视盘旋进近的最低超障高度/高，以备紧急情况时使用。

4.7.1 航迹对正

目视盘旋进近的仪表飞行部分的航迹最好对正着陆区中心。如果无法做到这一点，航迹可对正着陆道面的某一部分。万不得已时也可对正机场边界外，但航迹到可用着陆道面的最短距离不得大于 1.9 km（1.0 NM），如图 4-37 所示。

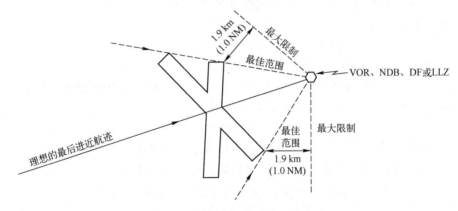

图 4-37 目视盘旋进近的航迹对正

4.7.2 目视盘旋区

目视盘旋区是航空器在目视盘旋机动飞行时必须考虑 MOC 的区域。目视盘旋区的大小取决于航空器的类型。各类航空器目视盘旋区的范围，以每条可用于该类航空器着陆的跑道入口中心为圆心，用相应的半径（R）画圆，再在相邻圆弧之间画共切线，所包围的地区即为目视盘旋区，如图 4-38 和图 4-39 所示。

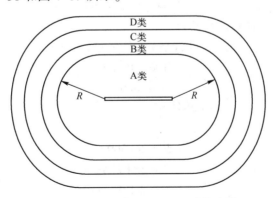

图 4-38 目视盘旋区（A 至 D 类航空器）

计算目视盘旋区半径（R）所依据的参数如下。

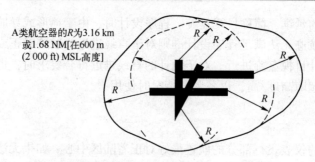

图 4-39　目视盘旋区（多跑道机场、A 类航空器）

① 指示空速（IAS）：各类航空器的速度（见表 1-1）。

② 温度：ISA+15℃。

③ 高度：计算真空速使用机场标高+300 m。

④ 风：在整个转弯过程中，使用 46 km/h（25 kt）风速。

⑤ 转弯坡度：平均达到 20°或取得 3(°)/s 转弯率的坡度，以其中坡度较小者为准。

目视盘旋区半径（R）通过下列公式计算求出：

$$R = 2r + d$$

式中：r——转弯半径，计算转弯半径时，速度用真空速加风速（TAS+W）；

d——直线段，与航空器类型相关的常数值，取值见表 4-4。

表 4-4　计算目视盘旋保护区半径的直线段 d 取值

航空器分类/IAS（km/h）	A/185	B/250	C/335	D/380	E/445
直线段 d/km	0.56	0.74	0.93	1.11	1.30

例 4-1　A 类航空器 IAS=185 km/h，H=600 m（海拔高度），求目视盘旋区半径 R。

解：　　　　$$TAS = K \times IAS = 1.059 \times 185 \approx 196(km/h)$$

$$转弯率 = (562 \tan 20°)/(TAS+W)$$

$$= (562 \tan 20°) \Big/ \left(\frac{196}{3.6} + \frac{46}{3.6}\right)$$

$$\approx 3.043[(°)/s] > 3[(°)/s]$$

取转弯率为 3(°)/s，所转弯半径为

$$r = 180(TAS+W)/(\pi \times 转弯率)$$

$$= 180 \times \left(\frac{196}{3.6} + \frac{46}{3.6}\right) \Big/ (3\pi)$$

$$\approx 1284(m)$$

目视盘旋区半径为

$$R = 2r + 560$$

$$= 2 \times 1284 + 560$$

$$\approx 3128(m)$$

4.7.3　超障余度

不同类型的航空器使用的目视盘旋 MOC 不同，具体数据如表 4-5 所示。选取目视盘旋区内的最高障碍物的高度加 MOC，即为目视盘旋的超障高度/高（OCA/H）。由于各类航空器目视盘旋区的范围不同，MOC 也不同，因此，必须分别计算它们的超障高度/高。计算所得的超障高度/高必须与以下几个高度比较，取最高者作为目视盘旋的超障高度/高：

① 表 4-5 中所列目视盘旋的最低 OCA/H；

② 最后进近航段的 OCA/H_f；

③ 复飞所要求的 OCA/H_{fm}。

表 4-5　目视盘旋区最小超障余度及有关限制

航空器类型	最小超障余度/m(ft)	最低 OCA/H/m(ft)	最低能见度/km(NM)
A	90（295）	120（394）	1.9（1.0）
B	90（295）	150（492）	2.8（1.5）
C	120（394）	180（591）	3.7（2.0）
D	120（394）	210（689）	4.6（2.5）
E	150（492）	240（787）	6.5（3.5）

4.7.4　不考虑超障余度的目视盘旋区

在目视盘旋区内，最后进近区和复飞保护区之外有显著障碍物的特定扇区，可以允许在计算 OCA/H 时不考虑，如图 4-40 所示。在盘旋区内这个特定扇区的边界按照《国际民用航空公约》附件 14 规定的仪表进近面的大小确定。当使用上述规定时，公布的程序必须禁止驾驶员在有障碍物的扇区内做盘旋飞行。

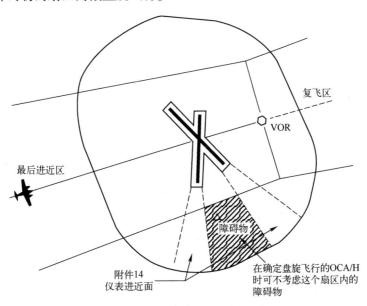

图 4-40　不考虑超障余度的目视盘旋区

第 5 章　非精密复飞程序设计

复飞程序（进近程序设计结构中的复飞航段）是仪表进近程序的一个重要组成部分。任何一个机场都不可避免地会遇到航空器无法着陆，必须复飞的情况。因此，每个仪表进近程序必须设计一个复飞程序，且只准公布一种复飞程序。复飞程序必须规定一个点为复飞程序的起点和一个点为复飞程序的终点。非精密进近的复飞程序是在不低于 OCA/H 的一个定位点开始，复飞程序终止的高度/高必须足以允许：开始另一次进近，或回到指定的等待航线，或重新开始航线飞行。

5.1　复飞航段的结构及复飞的类型

原则上，复飞航段（复飞程序）包括起始、中间和最后三个阶段，如图 5-1 所示。

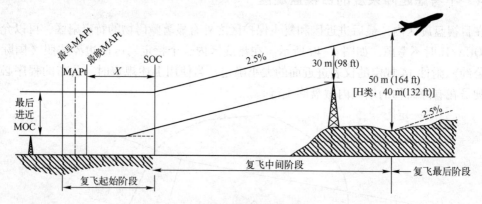

图 5-1　复飞航段的三个阶段

1. 复飞起始阶段

复飞起始阶段从复飞点（MAPt）开始，至建立爬升的一点（SOC）终止。在这个阶段，要完成从进近下降状态到复飞爬升状态的过渡，航空器的速度小、高度低，需要驾驶员集中注意力操作航空器，特别是建立爬升和改变航空器外形，并且假定在这些操作过程中不能完全使用引导设备。因此，在这个阶段不允许改变飞行方向。

2. 复飞中间阶段

复飞中间阶段从开始爬升点（SOC）开始，直至取得 50 m（164 ft）的超障余度并能保持的第一个点为止。在这个阶段航空器继续以稳定速度爬升，其复飞航迹可以改变航向，但最大不得超过 15°。这个航段有航迹引导对飞行较为有利。

复飞的标称爬升梯度为 2.5%。在航空器的爬升性能允许并且在运行上有利时，也可使用 3%、4% 或 5% 的爬升梯度。如果能提供必要的测量和安全保护并经有关当局批准，也可用 2.0% 的爬升梯度。当设计复飞程序所用的爬升梯度不是标称爬升梯度时，必须在仪表进近图中说明，另外在标明用具体爬升梯度的 OCA/H 以外还应标明用标称爬升梯度的 OCA/H。

3. 复飞最后阶段

复飞最后阶段是在第一次取得 50 m（164 ft）的超障余度并能保持的第一个点开始，延伸至可开始一次新的进近、等待或回至航路飞行的一点，在这个阶段可进行转弯。

4. 复飞的类型

复飞按其飞行方法可分为以下几种。

① 直线复飞：航空器在复飞时不需要改变航线，转弯角度不大于 15° 的复飞程序。

② 指定点转弯复飞：要求航空器在一个导航台或一个定位点开始转弯，以便进入下一个飞行阶段的复飞程序。

③ 指定高度/高转弯复飞：要求航空器在按指定的梯度爬升到一个指定高度/高方可开始转弯，以便进入下一个飞行阶段的复飞程序。

④ 立即转弯复飞：要求航空器一旦建立爬升状态便开始转弯，以便进入下一个飞行阶段的复飞程序。

5.1.1 复飞点及其容差区

非精密进近程序的复飞点可以是：

① 一个导航台；

② 一个定位点；

③ 离 FAF 一定距离的点。

在程序设计时，最好用一个导航台或一个定位点作为复飞点。复飞点应位于最后进近标称下滑航迹和 OCA/H$_f$ 的交点与跑道入口之间的一个适当位置。复飞点容差区的纵向容差根据其定位方式而各不相同。

由于利用离 FAF 一定距离的点确定复飞点的方法在实际中应用极少，本书将只介绍由导航台或定位点确定的复飞点的纵向容差。如图 5-2 所示，由导航台或定位点确定复飞点的纵向容差的方法如下。

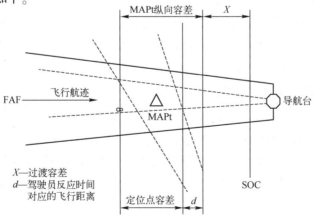

图 5-2 MAPt 为一个导航台或定位点时，SOC 的确定

① 复飞点容差区的最早限制：它是一条通过复飞点定位容差最早点并垂直于标称航迹的直线。

② 复飞点容差区的最晚限制：先作一条通过复飞点定位容差最晚点，并垂直于标称航迹的直线，将此线向复飞方向平行移动一个距离 d，即为复飞点容差区的最晚限制。d 为航空器以最后进近最大速度（TAS），在 19 km/h（10 kt）顺风条件下，飞行 3 s 的距离。航空器最后进近的最大速度可根据 1.2.1 节所述内容计算求出。不同类型的航空器的最后进近最大速度不同。在程序设计时，用程序允许使用机型中的最大速度来计算 d 值。

从复飞点的标称位置到复飞点容差区的最晚限制之间的距离称为纵向容差。如果复飞点是一个导航台，则复飞点的定位容差区为零，其纵向容差等于 d。

5.1.2　过渡容差

过渡容差（X）是航空器从进近下降过渡到复飞爬升用于航空器外形和飞行航径的改变所需的修正量。过渡容差的末端规定为开始爬升点（SOC）。过渡容差 X 为航空器以最后进近最大速度，基于机场标高，在 19 km/h（10 kt）的顺风条件下，飞行 15 s 的距离。

5.2　直线复飞

直线复飞转弯角度不得大于 15°，这对净空和空域的要求都非常高，绝大多数机场都无法满足要求。但是，直线复飞是其他复飞方法的基础，只有用直线复飞的准则检查了相关空域的障碍物之后，方可进行转弯复飞程序的设计。

5.2.1　航迹设置

1. 复飞起始阶段

复飞起始阶段的复飞航迹应该是最后进近航迹的延续，不允许改变航向。最后进近航段的航迹引导台可用于复飞起始阶段的航迹引导，也可用其他的导航台提供航迹引导。复飞起始阶段从复飞点的标称位置开始，至开始爬升点（SOC）结束。

2. 复飞中间阶段和复飞最后阶段

复飞中间阶段和复飞最后阶段的设计准则除超障余度外均相同，而且无航段长度的限制。复飞结束时，无论是回到起始进近定位点还是加入等待或重新开始航线飞行，都要求至少有 300 m 的超障余度。因此，复飞航线最后必然有一段能够满足复飞最后阶段的超障余度要求（50 m）。所以，在程序设计过程中，只需要检查障碍物能否符合复飞中间阶段的超障要求即可。

在这个飞行阶段,可以要求航空器改变航向。但是,因为是直线复飞,因此,转弯角度不得大于 15°。该飞行阶段最好有航迹引导,但可以有部分无航迹引导。

5.2.2　保护区

当不要求航空器转弯时,复飞航段保护区的准则与最后进近航段相同。如果复飞的航迹引导是由最后进近所用的导航台继续引导,复飞区即为该导航台确定的区域的延续,如图 5-3 所示;如果使用其他位置适当的导航台提供航迹引导可以缩小复飞航段的保护区,在这种情况下,复飞航段保护区的边界可继续延伸与提供引导的导航台的保护区边界相交,例如,保护区在 VOR 台为 ±1.9 km(±1.0 NM),向 MAPt 和向航迹两侧各扩大 7.8°;在 NDB 台则为 ±2.3 km(±1.25 NM),向两侧各扩大 10.3°。

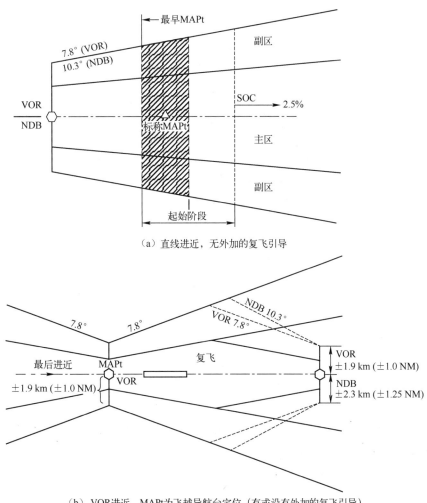

（a）直线进近,无外加的复飞引导

（b）VOR进近,MAPt为飞越导航台定位（有或没有外加的复飞引导）

图 5-3　直线复飞保护区

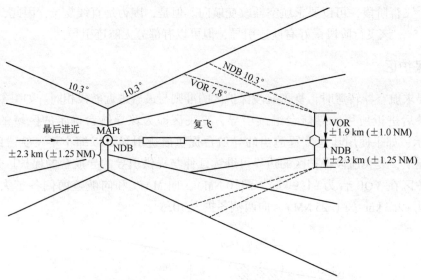

（c）NDB进近，MAPt为飞越导航台定位（有或没有外加的复飞引导）

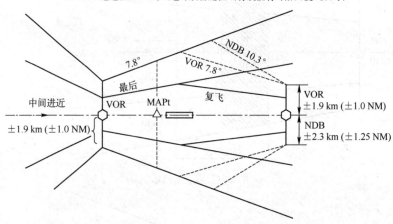

（d）VOR进近，MAPt不在导航台（有或没有外加的复飞引导）

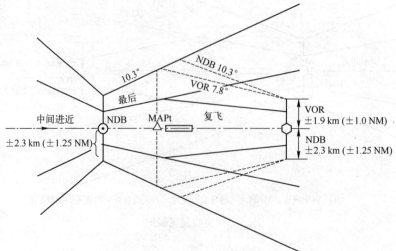

（e）NDB进近，MAPt不在导航台处（有或没有外加的复飞引导）

图5-3　直线复飞保护区（续）

5.2.3　超障余度

1. 复飞起始阶段

复飞起始阶段因其处于进近下降与复飞爬升的过渡阶段，使得其在垂直方向上的飞行航迹与其他飞行阶段不同，从 MAPt 到 SOC 之间，飞行航迹应为一条向下弯曲的曲线。然而，用曲线计算过于复杂，假定航空器从 MAPt 到 SOC 为水平飞行，可用增加 MOC 的方法来代替曲线计算，如图 5-4 所示。在 SOC 处，MOC 为 30 m，以这点为基准，向复飞点方向作一个坡度等于复飞梯度向下倾斜的平面，该平面一直延伸至与复飞点相交。如果该平面在与复飞点相交之前即达到与 MAPt-SOC 所在平面的垂直距离等于最后进近 MOC 的高度，则剩余部分保持此高度直至复飞点，如图 5-5 所示。以上为主区要求的 MOC，副区的 MOC 的内边界等于主区的 MOC，而后向外均匀减小至外边界时为零。

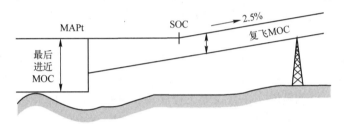

图 5-4　复飞面的延伸完全覆盖起始复飞阶段的情况

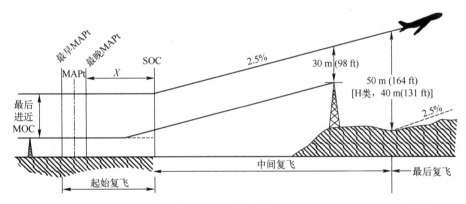

图 5-5　复飞航段的 MOC

在最后进近航段，求出的最后进近航段的超障高度（OCA/H_f）也是航空器在复飞点的最低高度。因此，必须检查航空器按此高度飞过复飞点后，能否按规定的 MOC 飞越起始复飞阶段保护区内的障碍物。检查的方法是看障碍物是否满足下式：

$$h_0 \leqslant OCA/H_f - MOC$$

用 OCA_f 计算时，h_0 用海拔高度；用 OCH_f 计算时，h_0 用场压高。

如果障碍物不满足要求，则应进行调整。调整的方法如下。

① 提高 OCA/H_f：将 OCA/H_f 提高到 $\{h_0 + MOC\}\uparrow_{5m}$。

② 向 FAF 方向移动 MAPt：将 MAPt 沿航迹向 FAF 方向移动的距离为

$$(h_0 + MOC - OCA/H_f)/\tan Z$$

式中：$\tan Z$——复飞爬升梯度。

以上两种方法可以结合使用，也可以单独使用。

经过调整后的超障高度为 OCA/H$_{fm}$（尽管有时只调整了复飞点的位置，并没有提高 OCA/H$_f$，但仍将 OCA/H$_f$ 改为 OCA/H$_{fm}$）。OCA/H$_{fm}$ 既符合最后进近航段超障要求，又符合起始复飞阶段超障要求的最低超障高度。

2. 复飞中间阶段和复飞最后阶段

复飞中间阶段的主区内，规定的 MOC 为 30 m，副区的 MOC 在内边界为 30 m，而后向外均匀地减小至外边界时为零。30 m 的 MOC 一直延伸到在取得并能保持 50 m（主区）的 MOC 的第一点结束。因此，在该阶段保护区内的障碍物的高度（h_0）应满足以下要求：

$$h_0 \leqslant OCA/H_{fm} + d_0 \times \tan Z - MOC$$

式中：d_0——障碍物在标称航迹上的投影到 SOC 的距离。

复飞最后阶段虽然要求主区有 50 m 的 MOC，但是，复飞中间阶段和复飞最后阶段均无航段长度的限制。而且，复飞结束时，无论是回到起始进近定位点还是加入等待或重新开始航线飞行，都要求至少 300 m 的 MOC。因此，复飞航线最后必然有一段能够满足复飞最后阶段的超障要求（50 m）。所以，在程序设计过程中，只需要检查障碍物能否符合复飞中间阶段的超障要求即可。也就是说，在直线复飞程序中，SOC 之后的障碍物只要满足 30 m（主区）的 MOC 就不会影响飞行安全。

如果复飞中间和最后阶段障碍物不满足上述超障要求，则必须进行调整。调整的方法如下：

① 提高复飞梯度；

② 提高 OCA/H$_{fm}$；

③ 向 FAF 方向移动复飞点。

如果使用以上方法仍无法满足超障要求，或复飞爬升梯度过大，则应考虑采用转弯复飞来代替直线复飞。

5.3 转弯复飞

5.3.1 指定高度/高转弯复飞

当出于考虑避开直线复飞方向上的高大障碍物、受空域限制或导航台布局的影响而设计指定高度/高转弯复飞时，复飞程序要求航空器在复飞爬升到一个规定的高度/高后再开始转弯至下一个飞行段的飞行航向或一个指定的导航台，这一高度/高必须保证航空器在转弯后最低能够以规定的余度飞越保护区内的障碍物。

1. 保护区

指定高度/高转弯复飞程序设计时，首先应完成的工作是确定转弯点（TP）和转弯高度/高（TA/H），而不是确定保护区的范围。只有在确定了转弯高度/高之后，才能画出保护区。然而，确定转弯点和转弯高度/高的工作必须熟悉保护区的画法。因此，首先假定转弯点和转弯高度/高已定，先介绍保护区的确定原则，然后再介绍转弯点和转弯高度/高的确定方法。指定高度/高转弯复飞的保护区分为转弯起始区和转弯区两部分。

（1）转弯起始区

转弯起始区为直线复飞保护区中从复飞点的定位容差最早点至转弯点这一段，如图 5-6 所示。航空器在飞出转弯起始区边界时，其高度/高不能低于转弯高度/高。

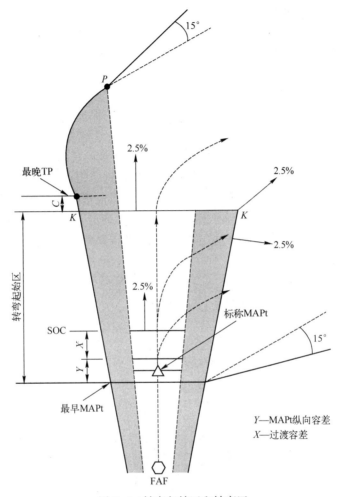

图 5-6 转弯起始区和转弯区

（2）转弯区

在开始画转弯区之前，必须先确定转弯区所使用的参数。

① 高度：机场标高加上 300 m （1 000 ft）。

② 温度：相当于①中高度的标准气温加上 15℃，即 ISA+15℃。

③ 指示空速：设计复飞转弯区使用表 1-1 内按速度分类的最后复飞速度，但如在运行上要求避开障碍物，则可减小速度低至表 1-1 中列出的中间复飞速度，只要在程序中注明"复飞转弯的最大速度限制为 IAS ×××km/h(kt)"即可。

④ 真空速：由③中的 IAS 修正①中的高度和②中的温度求得。

⑤ 风：有风的统计资料时，可用 95%的概率风。如无统计资料则应使用 56 km/h （30 kt）

全向风。

⑥ 平均转弯坡度：15°。

⑦ 定位容差：取决于定位方法。

⑧ 飞行技术容差：驾驶员反应时间 3 s 加上建立坡度时间 3 s，即 6 s 的飞行距离。

复飞时，随着转弯角度的增加，保护区的画法也有所变化，可以总结为以下几种情况。

① 转弯角度小于或等于 75°。

② 转弯角度大于 75°，但小于或等于 90°。

③ 转弯角度大于 90°。

④ 转弯后回至跑道中线延长线上导航台。

通常，不允许航空器在复飞点之前转弯。转弯内侧的保护区边界从复飞点的定位容差最早点作一条与转弯后航迹成 15°夹角，并向外扩展的直线（当转弯角度≤75°或转弯角度>75°时，直线的起点有所不同，如图 5-7 所示，该直线即为转弯内侧保护区的边界线。如果不限制航空器在复飞点之前转弯，则该直线应从最后进近定位点的定位容差最早点开始，如图 5-8 的附加保护区所示。转弯外侧保护区的边界线和转弯内侧保护区的边界线与转弯后航迹引导导航台的保护区（航迹引导导航台的保护区的确定方法与直线离场相同）相连接，即为整个复飞保护区。副区的确定方法与指定高度/高转弯离场相同。

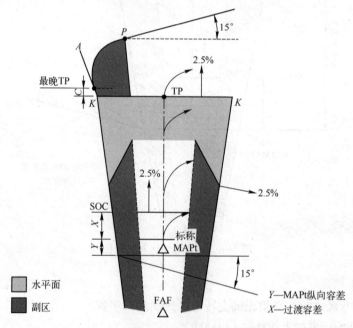

图 5-7　指定高度/高转弯复飞保护区

2. 确定转弯点及计算转弯高度/高

确定转弯点（TP）及计算转弯高度/高（TA/H），首先找出需要避开的高大障碍物在直线复飞航迹上的投影点。然后，从该点向 SOC 方向量取一个适当的距离，得到一个 TP 点。根据该 TP 到 SOC 的距离（d_z），以及通过公式 TA/H ＝ OCA/H$_{fm}$＋d_z×tan Z，可初步求出转弯高度/高 TA/H。所求出的 TA/H，通常应以 50 m 向下取整。取整后，应重新计算 TP 到

SOC 的距离，并确定 TP 的位置。最后，画出转弯保护区，检查需要避开的高大障碍物是否在保护区之外。如果没有，则需要重新调整 TP 及 TA/H，并重画保护区，以避开高大障碍物。

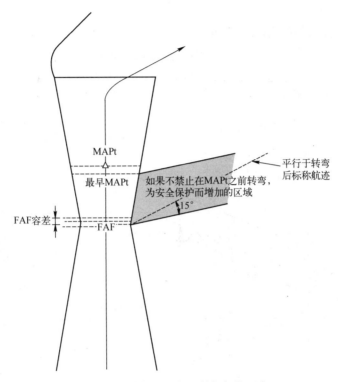

图 5-8　早转弯的限制（外加保护要求）

3. 超障余度

（1）转弯起始区

在转弯起始区内，障碍物的高度/高（h_0）应满足：$h_0 \leqslant TA/H-MOC$，即要求障碍物与转弯高度/高之间的差值至少等于 MOC。用 TA 计算时，h_0 为海拔高度；用 TH 计算时，h_0 为场压高。当转弯角度 ≤15° 时，属于直线复飞，MOC 为 30 m；当转弯角度＞15° 时，MOC 为 50 m。当障碍物位于副区时，MOC 应按前面所述的准则减小，直至在副区外边界时为零。

如果有障碍物不满足上式，则应进行必要的调整。调整的方法有以下几种。

① 提高复飞梯度：提高复飞梯度可以提高转弯高度/高，计算复飞梯度时应考虑到公布的转弯高度/高最好是 50 m 倍数这一原则，同时，复飞梯度不应超过 5%。

② 提高 OCA/H_{fm}：提高 OCA/H_{fm} 可以提高转弯高度/高。此方法只能用于小量的调整，OCA/H_{fm} 提高过大，将会影响机场运行天气标准，进而影响机场的利用率。

③ 移动复飞点：向 FAF 方向移动复飞点可以增大开始爬升点到转弯点的距离，从而提高转弯高度/高。但复飞点可移动的范围有限，如果移动的距离过大，将不利于航空器进近着陆。

④ 移动转弯点：向复飞方向移动转弯点可以提高转弯高度/高，但可能造成复飞前方的高大障碍物进入保护区，因此，在由于障碍物过高而采用转弯复飞时，该方法常常无法

使用。

经过调整后，如果改变了转弯点的位置，则需要重新确定保护区，并重新检查转弯起始区的 MOC。

（2）转弯区

在转弯区内，障碍物的高度/高（h_0）应满足：

$$h_0 \leqslant TA/H + d_0 \times \tan Z - MOC$$

式中：d_0——障碍物到转弯起始区的最短距离，如图 5-9 所示；

$\tan Z$——复飞爬升梯度。

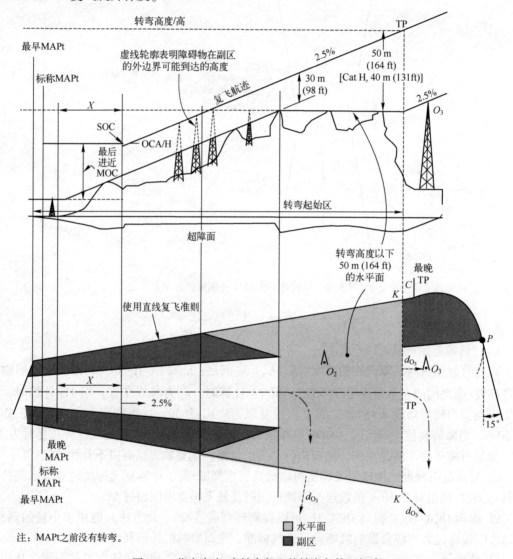

图 5-9 指定高度/高转弯复飞的转弯起始区超障

当转弯角度≤15°时，属于直线复飞，MOC 为 30 m，但其保护区的画法与转弯复飞相同；当转弯角度＞15°时，MOC 为 50 m。当障碍物位于副区时，MOC 应按前面所述的准则减小，直至在副区外边界时为零。

如果有障碍物不满足上式，则应进行必要的调整。调整的方法有以下几种。

① 提高复飞梯度：提高复飞梯度可以提高航空器飞越障碍物时的高度/高。计算复飞梯度时应考虑到转弯前后的复飞梯度应一致。因此，提高转弯点之后的复飞梯度也将会影响到转弯高度/高。同时，复飞梯度不应超过 5%。

② 提高 OCA/H_{fm}：提高 OCA/H_{fm} 可以提高转弯高度/高，进而提高航空器飞越障碍物的高度/高。此方法只能用于小量的调整，OCA/H_{fm} 提高过大，将会影响机场运行天气标准，进而影响机场的利用率。

③ 移动复飞点：向进近方向移动复飞点可以增大开始爬升点到转弯点的距离，从而提高转弯高度/高和航空器飞越障碍物的高度/高。但复飞点可移动的范围有限，如果移动的距离过大，将不利于航空器进近着陆。

5.3.2　立即转弯复飞

当规定在一个高度/高或一个定位点转弯复飞，标称转弯点（TP）必须置于 SOC 或 SOC 之前时，在非精密进近程序中应当规定"立即转弯复飞"，即航空器一旦建立爬升状态就开始转弯，并在程序中加以说明。立即转弯复飞程序的设计准则与指定高度/高转弯复飞相似，但也存在不同之处。

1. 转弯高度/高

立即转弯复飞的转弯高度/高就是 OCA/H_{fm}。

2. 保护区

（1）转弯起始区

转弯起始区从复飞点定位容差最早点开始，至 SOC 终止。SOC 与标称航迹的交点即为转弯点（TP）。

（2）转弯区

转弯区内边界的画法与指定高度/高转弯复飞的相同；画外边界时，①容差 C 是根据航空器在最后进近航段的最大指示空速换算为真空速加上 19 km/h 的顺风风速计算得到的，②画转弯区时使用的航空器的速度以复飞中间阶段的最大指示空速为依据，如图 5-10 和图 5-11 所示。

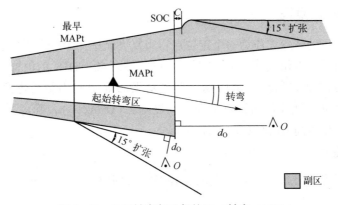

图 5-10　立即转弯复飞保护区（转弯 ≤15°）

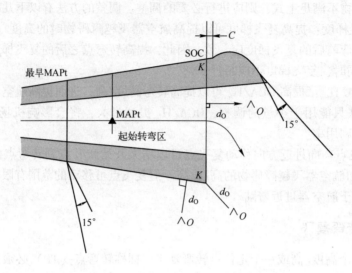

图 5-11　立即转弯复飞保护区 （转弯>15°）

3. 超障余度

转弯起始区和转弯区中的超障余度有所变化，具体情况如下。

转弯起始区内的障碍物高度/高 （h_O） 应满足：

$$h_O \leqslant OCA/H_{fm} - MOC$$

转弯区内的障碍物应满足：

$$h_O \leqslant OCA/H_{fm} + d_O \times \tan Z - MOC$$

式中：MOC——复飞航段的最小超障余度，当转弯角度≤15°时，MOC 为 30 m；当转弯角度
　　　　　　 >15°时，MOC 为 50 m；

　　　 d_O——障碍物到转弯起始区的最短距离。

立即转弯复飞保护区内障碍物不满足超障要求时的调整方法参照指定高度/高转弯复飞
的调整方法进行。

5.3.3　指定点转弯复飞

指定点转弯复飞的转弯点应为一个定位点，当复飞航迹无导航台提供航迹引导时，可用
侧方台的一条径向线、方位线或一个 DME 距离确定转弯点 （TP） 的位置。所选转弯点应能
保证航空器避开复飞前方的高大障碍物。直线复飞的准则使用至转弯点容差区的最早点
（$TP_{早}$），这样，就可以计算最后进近的超障高度/高 （OCA/H_f），确定开始爬升点 （SOC）
和直线复飞要求的超障高度/高 （OCA/H_{fm}）。

1. 转弯点容差区

转弯点容差区的纵向大小为转弯点定位容差区再向直线复飞方向延伸一个飞行技术容
差 C。

当以飞越一个导航台作为转弯点时，定位容差区可取±0.9 km （±0.5 NM）；当以一个交

叉定位点作为转弯点时，定位容差区依照第 1 章的有关准则确定；当直线复飞无航迹引导，而采用侧方台的一条径向线、方位线或一个 DME 距离确定转弯点（TP）时，定位容差区的确定方法如图 5-12 所示。

飞行技术容差 C 的大小相当于以最后复飞的速度（表 1-1 中的最大复飞速度根据高度和温度换算成真空速或公布的最大复飞速度），在 56 km/h（30 kt）的顺风的条件下，飞行 6 s 的距离（如图 5-13 所示）。

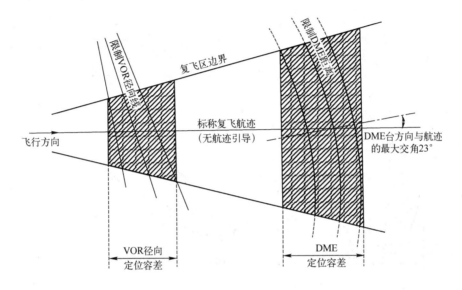

图 5-12   转弯点为限制径向线、方位线或 DME 弧时的定位容差区

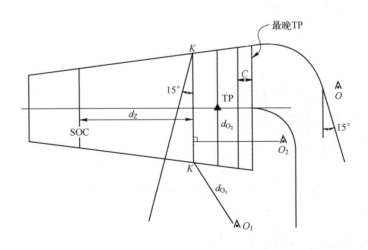

图 5-13   转弯点为交叉定位点时的定位容差区

2. 转弯保护区

转弯保护区的画法根据转弯角度的不同可以分为以下几种情况。

① 转弯角度≤90°：转弯外侧保护区边界从转弯点容差区的最晚边界开始，画法与指定高度/高转弯复飞相同；转弯内侧保护区从转弯点定位容差最早点（*K-K* 线）开始，如图 5-14 所示。

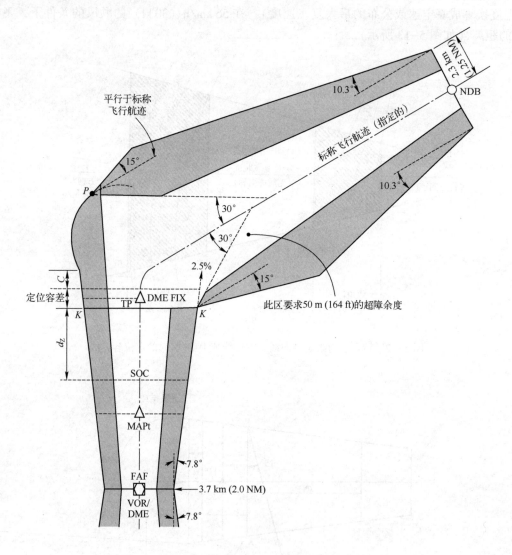

图 5-14 转弯角度≤90°的转弯保护区

② 转弯角度为 180°：如图 5-15 所示。

③ 转弯后回到 FAF：如图 5-16 所示。

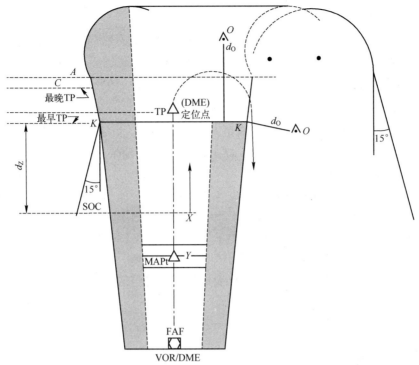

图 5-15　转弯角度为 180° 的转弯保护区

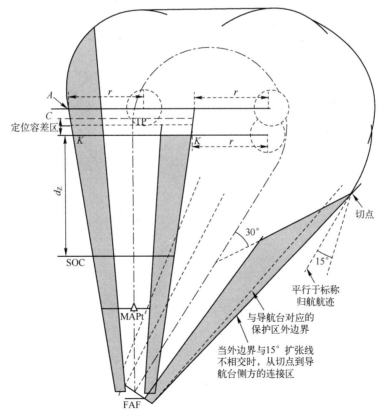

图 5-16　转弯后回到 FAF 的转弯保护区

3. 确定转弯点 (TP)

指定点转弯复飞确定转弯点的方法与指定高度/高转弯复飞转弯点的确定方法相同。只是所确定的转弯点为转弯点定位容差最晚点,将该点向复飞点方向移动一个定位容差 (d_Z),即为所需要的转弯点。

4. 超障余度

转弯区内的障碍物的高度 (h_O) 应满足下式:

$$h_O \leqslant OCA/H_{fm} + (d_Z + d_O) \times \tan Z - MOC$$

式中:d_Z——从 SOC 到 $TP_{早}$ 的水平距离;

d_O——障碍物到 $K\text{-}K$ 线的最短距离;

MOC——障碍物要求的最小超障余度,当转弯角度 ≤15°时,主区 MOC 为 30 m;当转弯角度 >15°时,主区 MOC 为 50 m。如果有副区,副区内边界的 MOC 与主区的 MOC 相同,而后向外均匀减小至外边界时为零。

如果有障碍物不满足上式,则应进行必要的调整。调整的方法有以下几种。

① 提高复飞梯度。

② 提高 OCA/H_{fm}。

③ 移动复飞点。

④ 移动复飞转弯点。

第6章　基线转弯程序设计

基线转弯程序是中小型机场使用较多的一种反向程序。当由于导航台的布局和航空器的进场方向要求直线进近程序在中间进近定位点转弯角度大于70°，而又无法给出提供转弯提前量所需的径向线或方位线时，或在中间进近定位点的转弯角度大于直线进近的最大限制120°时，可以采用基线转弯程序。

使用基线转弯程序有一定的条件限制。首先，程序的起始点必须是一个导航台（VOR台或NDB台）；其次，基线转弯对进入角度有所限制，它要求进入航线与出航边延长线在±30°夹角所形成的扇区（进入扇区）内。如果入航边的延长线在进入扇区之外，则进入扇区扩大至该延长线。进入扇区如图6-1所示。

基线转弯包括一条可以用计时或径向线，或DME距离来进行限制的出航航迹，后连接一个切入入航航迹的转弯。如果可能，应规定基线转弯程序的出航边飞行时间。基线转弯程序的出航边飞行时间可根据需要从1 min到3 min之间选择，但必须为0.5 min的整数倍。基线转弯程序的进场航段与直线进近程序的相同。基线转弯程序的使用有以下两种情况：

① 程序起始点导航台在跑道延长线方向；
② 程序起始点导航台在机场内。

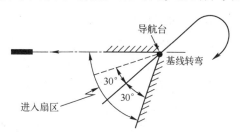

图6-1　基线转弯程序的进入扇区

6.1　起始进近航段

6.1.1　航迹设置

导航台在跑道延长线方向时，基线转弯的出航边和入航转弯部分为起始进近航段；入航边为中间进近航段。本节以规定出航时间的出航边为例，介绍起始进近航段设计准则。

基线转弯出航边与入航边之间的夹角（ψ）可以用以下公式计算求出。

当真空速（TAS）等于或小于315 km/h（170 kt）：

$$\psi = 36/t$$

和

真空速（TAS）大于315 km/h（170 kt）：

$$\psi = 2\text{arctg}\left(\frac{r}{\text{TAS} \cdot t}\right)$$

式中：TAS——程序规定的最大指示空速（IAS）所对应的真空速，m/s；

　　　t——规定的出航航迹时间，s；

　　　r——转弯半径，m。

不同类型航空器可能会有不同的出航航迹或时间，如果为不同类型的航空器规定有不同的出航航迹或时间，则必须分别公布程序。

由以上可知，基线转弯出航边航向与入航边航向、出航时间和航空器的类型有关。基线转弯的入航边航向和出航时间如何确定将在中间进近航段介绍。假定基线转弯的入航边与跑道中线延长线一致，且出航时间已知、航空器类型已知，则可以确定出航边航向。

6.1.2　保护区

基线转弯保护区是根据以下参数，先计算出绘制保护区所需要的数据，然后绘制出保护区。

① 指示空速（IAS）：表 1-1 所列反向程序的最大速度（A、B 类航空器）或起始进近的最大速度（C、D 类速度）。

② 程序起始高（H）：根据进场航段的最低超障高和最低扇区高而定。

③ 出航时间（t）。

④ 温度：（ISA+15）℃。

⑤ 全向风风速（W）：（12H+87）km/h（H 为程序起始高，单位为 km），或 95% 概率的统计风速。

⑥ 平均转弯坡度（α）：25°。

⑦ 平均转弯率（R）：根据平均转弯坡度计算而得，但不得超过 3（°）/s。

⑧ 定位容差：根据导航设备类型及程序起始高（H）确定。

⑨ 飞行技术容差：包括驾驶员反应时间（0~6 s）；建立坡度时间（5 s）；出航计时容差（±10 s）；导航设备航迹引导容差（VOR 台为 ±5.2°，NDB 台为 ±6.9°）。

现以一具体条件为例描述基线转弯保护区的画法。

已知参数：①B 类航空器（IAS=260 km/h）；②程序起始高 H=1 500 m；③温度 T=（ISA+15）℃；④出航时间 t=1.5 min=90 s；⑤导航设备为 NDB 台；⑥导航台标高为 600 m；⑦转弯坡度 α=25°。

计算及绘图过程如下。

1. 计算基本数据

（1）真空速 TAS

根据 H=1 500 m，温度为 ISA+15℃，查表得到速度换算因子 K=1.104 6。

$$\text{TAS}=K×\text{IAS}=1.104\ 6×260≈287.2(\text{km/h})≈79.78(\text{m/s})$$

（2）平均转弯率 R

$$R=\frac{562\tan\alpha}{\text{TAS}}=(562×\tan 25°)/79.78≈3.28[(°)/s]>3[(°)/s]$$

取 R=3（°）/s。

（3）转弯半径 r

$$r=\frac{180\text{TAS}}{\pi R}=180×79.78/(3.14×3)≈1\ 524(\text{m})$$

（4）计算出航边标称长度 L

$$L=\text{TAS}×t=79.78×90≈7\ 180(\text{m})$$

（5）出航边与入航边的夹角 ψ

$$\psi = 2\arctan(r/L) = 24°$$

（6）风速 W

$$W = 12H + 87 = 12 \times \frac{1\,500}{1\,000} + 87 = 105(\text{km/h}) \approx 29.17(\text{m/s})$$

（7）程序起始点盲区半径 Z_N

$$Z_N = \Delta H \times \tan 40° = \frac{1\,500 - 600}{1\,000} \times \tan 40° \approx 0.755(\text{km}) = 755(\text{m})$$

若起始点是 VOR 台，则盲区半径为 $Z_V = \Delta H \cdot \tan 50°$。

2. 画标称航迹

画一直线为程序轴线，在轴线上确定 a 点为定位点，从 a 点画出标称出航航迹和入航转弯，如图 6-2 所示。

① 程序轴线与出航航段交角为 θ；

② 出航航段长度为 L；

③ 转弯半径为 r。

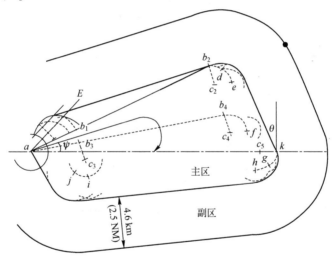

图 6-2　NDB 台基线转弯保护区

3. 出航航段的保护范围

由 a 点在标称出航航迹两侧分别画一条实线和一条虚线，与出航航迹成 $6.9°$（VOR 台为 $5.2°$），在这两条线上确定 b_1、b_2、b_3 和 b_4 四点，参见图 6-2。a 点到这四点的距离通过以下公式求出（若程序起始点是 VOR 台，则用 Z_V 代替 Z_N）：

$$\begin{aligned} |ab_1| = |ab_3| &= (t - 10 + 5)(\text{TAS} - W) - Z_N \\ &= (90 - 10 + 5) \times (79.78 - 29.17) - 755 \\ &\approx 3\,547(\text{m}) \end{aligned}$$

$$\begin{aligned} |ab_2| = |ab_4| &= (t + 10 + 5 + 6)(\text{TAS} + W) + Z_N \\ &= (90 + 10 + 5 + 6) \times (79.78 + 29.17) + 755 \\ &\approx 12\,848(\text{m}) \end{aligned}$$

b_1、b_2、b_3、b_4这四点确定了包含入航转弯开始点的区域。

4. 入航转弯的保护范围

（1）无风时入航转弯的最大偏移

过b_2点作标称出航航迹的垂线，并从b_2点沿该垂线量取等于r的长度确定圆心c_2点，以r为半径，从b_2点起作圆弧，在弧上从b_2点起确定顺时针转50°和100°的d和e点；过b_4点向转弯方向作一条垂直于标称出航航迹的直线，并从b_4点沿该直线量取等于r的长度确定圆心c_4点，以r为半径，从b_4点起作圆弧，并在弧上从b_4点起确定顺时针转100°的f点；过b_3点向转弯方向作一条垂直于标称出航航迹的直线，并从b_3点沿该直线量取等于r的长度确定圆心c_3点，以r为半径，从b_3点起作圆弧，并在弧上从b_3点起确定顺时针转190°和235°的i和j点，见图6-2。

（2）入航转弯时风的影响

入航转弯中d、e、f、i和j点受风影响的最大位置偏移，可以通过计算求出：

$$W_d = \frac{50}{R} \times W = \frac{50}{3} \times 29.17 \approx 486\,(\mathrm{m})$$

$$W_e = W_f = \frac{100}{R} \times W = \frac{100}{3} \times 29.17 \approx 972\,(\mathrm{m})$$

$$W_i = \frac{190}{R} \times W = \frac{190}{3} \times 29.17 \approx 1\,847\,(\mathrm{m})$$

$$W_j = \frac{235}{R} \times W = \frac{235}{3} \times 29.17 \approx 2\,285\,(\mathrm{m})$$

以d、e、f、i和j点为圆心，分别以各点受风影响的最大位置偏移W_d、W_e、W_f、W_i和W_j为半径画圆弧（以e点为圆心的弧为e弧；以f点为圆心的弧为f弧，等等）。作一条与入航航迹的垂线成θ角，并与e弧相切的切线（或与f弧相切的切线，以距a点较远者为准）。切线与入航航迹的交点为k点。从k点沿入航航迹等于r确定c_5点，以c_5点为圆心，r为半径，从k点起画圆弧，并在此弧上确定从k点起顺时针转50°和100°的g和h点。

g和h点受风影响的最大位置偏移为

$$W_g = \frac{50}{R} \times W = \frac{50}{3} \times 29.17 \approx 486\,(\mathrm{m})$$

$$W_h = \frac{100}{R} \times W = \frac{100}{3} \times 29.17 \approx 972\,(\mathrm{m})$$

以g和h点为圆心，W_g和W_h为半径画圆弧。

5. 确定基线转弯的保护区

保护区边线由以下组成：

① 用光滑曲线连接d和e点为圆心的圆弧，得这两点间的风螺旋线；

② 用光滑曲线连接g和h点为圆心的圆弧，得这两点间的风螺旋线；

③ 用光滑曲线连接i和j点为圆心的圆弧，得这两点间的风螺旋线；

④ 过a点作d和e两点间风螺旋线的切线；

⑤ 如果与入航航迹的垂线成θ角的切线与f弧相切，作d和e两点间风螺旋线与f弧的

共切线；

⑥ 作 g、h 两点间风螺旋线和 i、j 两点间风螺旋线的共切线；

⑦ 过 a 点作 i、j 两点间风螺旋线的切线，如果 a 点在 i、j 两点间风螺旋线之内，则出航时间应增加。

6. 进入的保护范围

设 α 为进入航迹与基线转弯出航航迹的交角，从 a 点画 E 线与标称出航航迹成 α 角，并以 E 线为基准，画出基线转弯起始点的定位容差区。

过定位容差区上的 N_3 点画 E' 线，且与 E 线平行。以 N_3 点为起点，以航空器 11 s（驾驶员最大反应时间 6 s 加建立转弯坡度延迟时间 5 s）的飞行距离（$|kl| = \text{TAS} \times 11 = 79.78 \times 11 \approx 108$ m）为间隔，在 E' 线上确定 l 点，以 r 为半径，从 l 点起画 100° 圆弧与 E' 线相切，并从 l 点起顺时针沿弧线确定 50° 和 100° 转弯的 m 和 n 点，再以 l、m 和 n 点为圆心，W_l、W_m 和 W_n 为半径画圆弧。其中：

$$W_l = 11W = 11 \times 29.17 \approx 321\,(\text{m})$$

$$W_m = W_l + \frac{50}{R} \times W = 321 + \frac{50}{3} \times 29.17 \approx 807\,(\text{m})$$

$$W_n = W_l + \frac{100}{R} \times W = 321 + \frac{100}{3} \times 29.17 \approx 1\,293\,(\text{m})$$

用光滑曲线连接以 l、m 和 n 点为圆心的圆弧得这三点的风螺旋线，如图 6-3 所示。该风螺旋线与基线转弯保护区之间用共切线相连，得到基线转弯保护区的主区，见图 6-2。在主区边界之外还有宽度为 4.6 km 的副区。如果起始进近定位点在基线转弯程序开始点（a 点）之前，且 a 点之前的起始进近段与基线转弯出航边航向一致，副区的宽度可以减小。如果基线转弯开始点为 VOR 台，则副区宽度可减小为 1.9 km；如果基线转弯开始点为 NDB 台，则副区宽度可减小为 2.3 km。

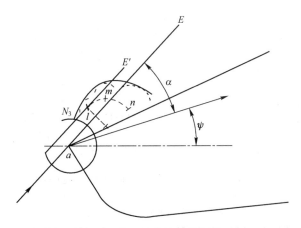

图 6-3　进入基线转弯的保护区

为了更加清楚地了解整个计算过程，将保护区参数的计算公式及计算结果列成表 6-1。在进行机场飞行程序设计时，也可以采用类似的表格形式，以方便阅读。

表 6-1　基线转弯保护区参数计算

步　骤	计 算 参 数	计 算 公 式	计 算 结 果
1	速度换算因子 K	按 1 500 m，ISA+15℃查表	1. 104 6
2	真空速 TAS	TAS$=K\times$IAS$=1. 104 6\times260$	287. 2 km/h 79. 78 m/s
3	转弯率 R	$R=\min\left\{\dfrac{562\tan\alpha}{\text{TAS}},3(°)/\text{s}\right\}=\min\left\{(562\tan25°)/79.78,3(°)/\text{s}\right\}$	3(°)/s
4	转弯半径 r	$r=\dfrac{180\text{TAS}}{\pi R}=180\times79.78/(3.14\times3)$	1 524 m
5	出航边长度 L	$L=\text{TAS}\times t=79.78\times90$	7 180 m
6	出航角度 ψ	$\psi=2\text{arctg}\left(\dfrac{r}{L}\right)=2\text{arctg}\left(\dfrac{1\ 524}{7\ 180}\right)$	24°
7	全向风风速 W	$W=12H+87=12\times1.5+87$	105 km/h 29. 17 m/s
8	导航台盲区半径	$Z_N=\Delta H\cdot\tan40°=[(1\ 500-600)/1\ 000]\times\tan40°$	755 m
9	出航边最小长度	$\begin{vmatrix}ab_1\end{vmatrix}=\begin{vmatrix}ab_3\end{vmatrix}=(t-10+5)(\text{TAS}-W)-Z_N$ $=(90-10+5)\times(79.78-29.17)-755$	3 547 m
10	出航边最大长度	$\begin{vmatrix}ab_2\end{vmatrix}=\begin{vmatrix}ab_4\end{vmatrix}=(t+10+5+6)(\text{TAS}+W)+Z_N$ $=(90+10+5+6)\times(79.78+29.17)+755$	12 848 m
11	最大偏流 θ	$\theta=\arcsin\dfrac{W}{\text{TAS}}=\arcsin\dfrac{29.17}{79.78}$	21. 4°
12	入航转弯风的影响	$W_d=\dfrac{50}{R}\times W=\dfrac{50}{3}\times29.17$	486 m
		$W_e=W_f=\dfrac{100}{R}\times W=\dfrac{100}{3}\times29.17$	972 m
		$W_g=\dfrac{50}{R}\times W=\dfrac{50}{3}\times29.17$	486 m
		$W_h=\dfrac{100}{R}\times W=\dfrac{100}{3}\times29.17$	972 m
		$W_i=\dfrac{190}{R}\times W=\dfrac{190}{3}\times29.17$	1 847 m
		$W_j=\dfrac{235}{R}\times W=\dfrac{235}{3}\times29.17$	2 285 m
13	进入保护区 k、l 两点的距离	$\begin{vmatrix}kl\end{vmatrix}=\text{TAS}\times11=79.78\times11$	108 m
14	进入保护区风的影响	$W_l=11W=11\times29.17$	321 m
		$W_m=W_l+\dfrac{50}{R}\times W=321+\dfrac{50}{3}\times29.17$	807 m
		$W_n=W_l+\dfrac{100}{R}\times W=321+\dfrac{100}{3}\times29.17$	1 293 m

　　已知参数：①IAS$=260$ km/h；②程序起始高：$H=1\ 500$ m；③温度：$T=(\text{ISA}+15)℃$；④出航时间：$t=1.5$ min；⑤导航设备类型：NDB；⑥导航台标高为600 m；⑦转弯坡度：$\alpha=25°$。

7. 保护区的缩减

　　程序设计时，如果受到机场周围空域或净空条件的限制，可以采用下列方法来减小基线转弯所需的空域，以满足条件要求。

① 限制出航边长度。在有位置合适的导航设备（VOR 台或 NDB 台或 DME 台）时，给出航边末端（入航转弯开始点）规定一条径向线/方位线或 DME 距离弧，以限制航空器入航转弯开始点的位置，减小入航转弯偏离的范围，缩小保护区。

② 减小程序设计的起始进近最大速度，但不得小于程序设计规定的各类航空器的起始进近最小速度。

③ 限制使用该程序的航空器的类型。

8. 基线转弯保护区与前一航段保护区的衔接

基线转弯保护区与前一航段保护区的衔接方法如图 6-4 所示。

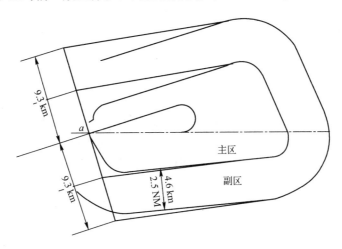

图 6-4　基线转弯保护区与前一航段保护区的衔接

6.1.3　超障余度及超障高度/高的计算

基线转弯程序起始进近保护区主区内要求的 MOC 为 300 m，副区从内边界至外边界的 MOC 从 300 m 均匀地减为零。

超障高度/高（OCA/H）是保护区及航段开始点定位容差区的各个障碍物高度加上相应的 MOC 后的最高值。基线转弯起始进近航段的超障高度/高应以 50 m 向上取整。

$$\mathrm{OCA/H} = \max\{h_i + \mathrm{MOC}_i\} \uparrow_{50\,\mathrm{m}}$$

6.1.4　下降率

基线转弯由于采用计时的方法来确定航段的长度，而各类航空器因其进近时的速度不同，造成出航飞行的距离也不同，因此，无法规定下降梯度。虽然各类航空器飞行的距离不同，但它们的飞行时间是一定的，用最大下降率来代替下降梯度，以防止航空器过快地下降。各类航空器下降率的限制如表 6-2 所示。在绝大多数情况下，基线转弯程序的出航边为起始进近航段，入航边为中间进近航段，因此，它们的下降率的限制不相同。

表 6-2 反向和直角航线程序对各类航空器下降率的限制

飞行阶段	航空器类型	最大下降率*	最小下降率*
出航边	A、B	245 m/min（804 ft/min）	—
	C、D、E、H	365 m/min（1 197 ft/min）	—
入航边	A、B	200 m/min（655 ft/min）	120 m/min（394 ft/min）
	C、D、E	305 m/min（1 000 ft/min）	180 m/min（590 ft/min）
	H	230 m/min（755 ft/min）	—

* 为 1 min 标称出航时间最大/最小下降高 m（ft）。

6.2 中间进近航段

6.2.1 航迹设置

当基线转弯程序起始点在机场外跑道延长线方向时，其入航边为中间进近航段。中间进近航段的航迹与最后进近航段的航迹最好在一条直线上，如果由于障碍物或空域的限制，可以根据需要适当调整中间进近航段的航迹，但是，中间进近航段的航迹与最后进近航段的航迹的夹角最大不得超过 30°。

如果有位置适当的导航设备可用于确定 IF 的位置，中间进近航段的长度通常为 19 km（10 NM）；如无法确定 IF 的位置，则整个入航边均为中间进近航段。

6.2.2 保护区

在提供航迹引导的导航台处，VOR 台的保护区宽度为 ±1.9 km（±1.0 NM）；NDB 台的保护区宽度为 ±2.3 km（±1.25 NM）。然后，均匀扩大至离导航台 28 km（15 NM）处航迹两侧各为 9.3 km（5.0 NM）。在 28 km（15 NM）以外的区域保持 ±9.3 km（±5.0 NM）的总宽度，直至中间进近定位点，如图 6-5（a）所示；或与起始进近保护区的主区边界相接，如图 6-5（b）所示。中间进近保护区应分主、副区。每侧的 1/2 宽度为主区；1/2 宽度为副区。

基线转弯程序中，中间进近航段超障余度的规定及超障高度/高的计算与直线进近程序中中间进近航段的相同。

6.2.3 计算出航时间

在程序设计时，计算出航时间需要程序起始高（H_{IAF}），起始进近超障高（$OCH_{起始}$），中间进近超障高（$OCH_{中间}$）及出航和入航下降率这些参数。其计算步骤如下。

① 确定程序起始点、入航边的航向和程序起始高（H_{IAF}）。程序起始点应尽量定在跑道中线延长线上，离跑道入口的距离为 5~9 km，起始点必须安装导航台。基线转弯的入航边最好与跑道中线延长线一致；程序起始高是根据最低扇区高和进场航段超障高确定的。通常情况下，不低于 900 m（场压高）。

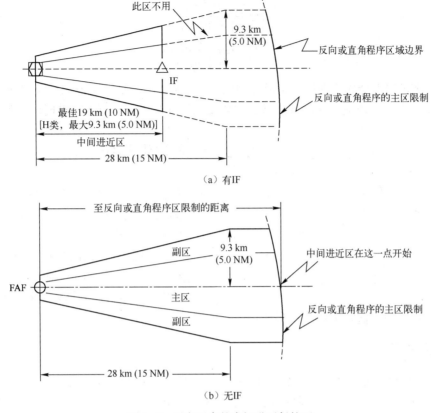

图 6-5　反向程序的中间进近保护区

② 根据入航边的航向，假定中间进近航段长度为 28 km，画出保护区：在导航台处保护区宽度为 ±1.9 km（VOR 台）或 ±2.3 km（NDB 台）。在离导航台 28 km 处保护区宽度为 ±9.3 km。将这两点的保护区用直线相连，即为中间进近保护区。

③ 利用中间进近保护区，根据障碍物的数据或地形图，计算出中间进近超障高（$OCH_{中间}$）。

④ 通过下列公式，初步计算出航时间：

$$t = \frac{H_{IAF} - OCH_{中间}}{出航下降率 + 入航下降率}$$

其中，出航下降率为表 6-2 中给出的所设计航空器类型出航最大下降率；入航下降率为所设计航空器类型入航最大下降率。当设计的飞行程序适用于多种航空器类型时，选最大的数值。例如，设计 A、C 类航空器共用的飞行程序时，选择 C 类航空器的最大下降率。

t 的计算结果，必须按 0.5 min 向上取整。例如，如果计算得到的 $t = 1.35$ min 时，则取出航时间 $t = 1.5$ min。

⑤ 按计算所得的出航时间，画出起始进近航段保护区，进而画出中间进近航段保护区。根据所画保护区，计算起始进近超障高（$OCH_{起始}$）和中间进近超障高（$OCH_{中间}$）。

⑥ 按下列公式检查出航时间是否满足下降高度的要求：

$$t \geqslant \frac{H_{\text{IAF}} - \text{OCH}_{\text{中间}}}{\text{出航下降率}}$$

$$t \geqslant \frac{\text{OCH}_{\text{起始}} - \text{OCH}_{\text{中间}}}{\text{入航下降率}}$$

如果 t 满足以上公式，则计算出航时间完毕。如果 t 不满足上述公式，应改变 t 的数值，使其满足上述公式。出航时间改变之后，应重复⑤⑥两步工作，直至出航时间满足要求。

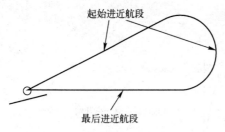

图 6-6　基线转弯（导航台在机场）

6.3　最后进近航段

当基线转弯所用导航台在机场外的跑道中线延长线上时，最后进近航段的设计准则与直线进近程序中最后进近航段的相同。

当基线转弯所用导航台在机场（导航台到着陆道面的最近距离在 1.9 km 之内）时基线转弯的入航边为最后进近航段，如图 6-6 所示。在这种情况下，没有中间进近航段。起始进近航段仍使用前述准则。

6.3.1　保护区

在正切导航台位置，保护区宽度为 ±1.9 km（±1.0 NM）（VOR 台）或 ±2.3 km（±1.25 NM）（NDB 台）。然后沿最后进近航段的航迹，按 7.8°（VOR 台）或 10.3°（NDB 台）的扩张角向两侧扩大，直至起始进近保护区的主区边界为止。保护区每侧的 1/2 为主区，1/2 为副区，如图 6-7 所示。

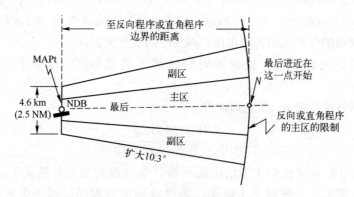

图 6-7　导航台在机场时的基线转弯最后进近保护区

6.3.2　超障余度

这时，最后进近航段主区的 MOC 为 90 m。当出现直线进近程序中最后进近航段的 MOC 需要调整的情况时，按同样的准则进行计算调整。副区的 MOC 在内边界等于主区的 MOC，然后向外均匀减小至外边界时为零。

6.3.3　下降率和出航时间

在这种情况下，最后进近航段执行反向程序入航最大下降率的规定。这时，出航时间的计算公式改为

$$t = \frac{H_{\text{IAF}} - 15}{\text{出航下降率} + \text{入航下降率}}$$

检查出航时间是否满足下降高度的需要的公式也相应地改为

$$t \geqslant \frac{H_{\text{IAF}} - \text{OCH}_{\text{起始}}}{\text{出航下降率}}$$

$$t \geqslant \frac{\text{OCH}_{\text{起始}} - 15}{\text{入航下降率}}$$

6.3.4　梯级下降定位点

如果有位置适当的导航设备可以提供符合要求的径向线或方位线或 DME 距离弧，在最后进近航段可以设置梯级下降定位点。

基线转弯程序的目视盘旋进近和复飞航段的设计准则与直线进近程序相同。

第7章 直角航线程序及等待程序设计

7.1 直角航线程序

直角航线程序是飞行程序设计时使用较多的一种程序类型。它具有使用导航设备少，无进入方向限制的特点。当程序设计遇到以下情况时，可以使用直角航线程序。

① 当起始进近航段与中间进近航段，或中间进近航段与最后进近航段的夹角超出直线进近程序规定的范围；

② 航段长度小于直线进近的最小长度限制；

③ 使用反向程序时，进入航线超出进入扇区的界线。

一些机场的进近程序除其他类型的程序外，还设计了一个直角航线程序作为备用。直角航线程序设计除起始进近航段保护区之外，其余均与基线转弯程序设计准则相同。因此，本章主要介绍直角航线程序的起始进近保护区的画法。

7.1.1 直角航线程序的结构

直角航线程序的结构如图 7-1 所示，直角航线程序开始于指定的电台或定位点。它分为出航转弯、出航边、入航转弯和入航边四个部分。其中，出航转弯、出航边和入航转弯为起始进近；入航边为中间进近（当起始进近定位点在机场时为最后进近）。出航边用出航时间限制其长度，出航时间的限制与基线转弯程序的相同。当有空域限制，直角航线的出航边长度可以由合适的 DME 距离或一条径向线、方位线来限制。

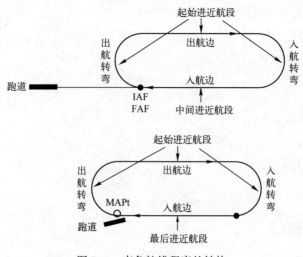

图 7-1 直角航线程序的结构

7.1.2　直角航线进入程序

从任何一个方向进场的航空器，都可以采用直角航线程序进近。然而，从某些方向飞来的航空器并不能立即开始起始进近，它们必须经过一个进入程序之后，方能开始起始进近航段飞行。直角航线的进入程序分为三个扇区，如图 7-2 所示。

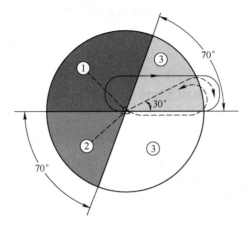

图 7-2　直角航线的进入程序

1. 第 1 扇区进入程序

第 1 扇区进入程序称为平行进入，其飞行方法是：

① 航空器到达起始进近定位点后，转到出航航向，飞行适当的时间或距离（如果有径向线/方位线或 DME 弧限制）；

② 左转切入入航边航迹，随后飞向起始进近定位点（该点有导航台）；

③ 第二次过起始进近定位点后，向右转弯开始直角航线程序。

2. 第 2 扇区进入程序

第 2 扇区进入程序称为偏置进入，其飞行方法是：

① 航空器到达起始进近定位点后，转向直角航线一侧，与入航航迹的反方向成 30° 角出航；

② 出航飞行适当时间或适当的 DME 距离（或径向线/方位线）；

③ 右转切入入航航迹，飞向程序起始进近定位点；

④ 第二次过起始进近定位点后，开始直角航线程序。

3. 第 3 扇区进入

第 3 扇区进入程序称为直接进入，航空器到达起始进近定位点后直接开始直角航线程序飞行。

7.2　直角航线模板

直角航线保护区的完成分为以下三个步骤：模板绘制、基本保护区绘制和全向进入保护区绘制。模板是对飞机直接从开始点执行直角航线程序所产生的最大位置偏差范围的估计。

等待程序保护区绘制流程与直角航线保护区一致，但需要考虑基本参数的区别。

7.2.1 基本参数

① 指示空速（IAS）：表 1-1 所列飞行程序的最大速度（A、B 类航空器）或起始进近的最大速度（C、D 类航空器）。

② 程序起始高（H）：根据进场航段的最低超障高和最低扇区高而定。

③ 出航时间（t）。

④ 温度：（ISA+15）℃。

⑤ 全向风风速（W）：（12H+87）km/h（H 为程序起始高即航空器飞越起始进近定位点的高度，单位为 km），或 95% 概率的统计风速。

⑥ 平均转弯坡度（α）：25°。

⑦ 平均转弯率（R）：根据平均转弯坡度计算而得，但不得超过 3 (°)/s。

⑧ 定位容差：根据所使用的定位方法而定。

⑨ 飞行技术容差：驾驶员反应时间（0~6 s），建立坡度时间（5 s），出航计时容差（±10 s），无航迹引导时航向保持容差（±5°）。

7.2.2 模板的绘制及计算

为了更容易地理解、掌握直角航线模板的绘制和计算过程，以一具体条件为例描述模板的绘制过程。

已知参数：B 类航空器 IAS = 260 km/h；程序起始高 H = 1 500 m；出航时间 t = 1.5 min = 90 s。计算及绘图过程如下。

计算基本数据。计算方法与计算结果除程序起始点定位容差外，其余与基线转弯程序相同。

绘标称航迹。画一条直线为标称直角航线的程序轴线。在程序的定位点确定为 a 点。根据计算所得的转弯半径和出航边长度画出直角航线的标称航迹，如图 7-3 所示。

根据下列公式计算所得的 a、b 两点和 a、c 两点的距离，在程序轴上确定 b 点和 c 点。b 点和 c 点分别表示出航转弯的最早（a 点以后 5 s）和最晚（a 点以后 11 s）的无风位置，见图 7-3。

$$|ab| = \text{TAS} \times 5 = 399\,(\text{m})$$
$$|ac| = \text{TAS} \times 11 = 878\,(\text{m})$$

以 r 为半径，从 c 点画 180° 圆弧与程序轴线相切，它表示最晚的无风出航转弯，从 c 点开始顺时针转 45°、90°、135° 和 180° 确定 d、e、f 和 g 点，见图 7-3。

以 r 为半径，从 b 点画 270° 圆弧与程序轴线相切，它表示最早的无风出航转弯，从 b 点开始顺时针转 180°、225° 和 270° 分别确定 h、o 和 p 点，见图 7-3。

从 g 点开始，在标称出航航迹两侧各 5° 画航向容差线，在这两条容差线上确定 i_1、i_2、i_3 和 i_4 点，见图 7-3。i_1 和 i_3 点是由从 g 点飞行($t-5$)s 的距离确定的，i_2 和 i_4 点是由从 h 点飞行($t+15$)s 的距离确定的。其中，($t-5$)s 为：出航时间(t)+计时容差(-10 s)+建立坡度时间(5 s)；($t+15$)s 为：出航时间(t)+计时容差(10 s)+建立坡度时间(5 s)。

为简单起见，i_2、i_4 点按 g 点以后飞行($t+21$)s 的距离作图。这样 i_1、i_2、i_3、i_4 四点确定

的区域包含了入航转弯开始的无风位置。

$$|gi_1| = |gi_3| = (t-5) \times \text{TAS} = (90-5) \times 79.78 \approx 6\,781(\text{m})$$

$$|gi_2| = |gi_4| = (t+21) \times \text{TAS} = (90+21) \times 79.78 \approx 8\,857(\text{m})$$

从 i_2 点向下垂直于标称出航航迹的线上量取 r 确定圆心，以 r 为半径，从 i_2 点开始，画 180° 圆弧至 n_2 点，按照从 i_2 点起顺时针转 45° 和 90° 确定 j 和 k 点，同样从 i_4 点起画 180° 圆弧至 n_4 点，从 i_4 点起顺时针转 90° 和 135° 确定 l 和 m 点，见图 7-3。

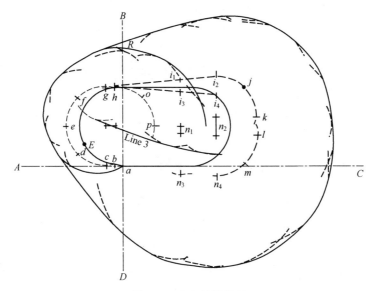

图 7-3　直角航线模板

在无风条件下，入航转弯的末端包含在 n_1、n_2、n_3、n_4 四点所确定区域内，这四个点是由 i_1、i_2、i_3、i_4 点平移一个标称转弯直径而得。

计算出航转弯各点风的影响。按下列公式计算出各点风的影响的范围。

$$W_b = W \cdot 5 = 29.17 \times 5 \approx 146(\text{m})$$

$$W_c = W \cdot 11 = 29.17 \times 11 \approx 321(\text{m})$$

$$W_d = W_c + \frac{45}{R} \times W \approx 759(\text{m})$$

$$W_e = W_c + \frac{90}{R} \times W \approx 1\,196(\text{m})$$

$$W_f = W_c + \frac{135}{R} \times W \approx 1\,634(\text{m})$$

$$W_g = W_c + \frac{180}{R} \times W \approx 2\,071(\text{m})$$

$$W_h = W_b + \frac{180}{R} \times W \approx 1\,896(\text{m})$$

$$W_o = W_b + \frac{225}{R} \times W \approx 2\,334(\text{m})$$

$$W_p = W_b + \frac{270}{R} \times W \approx 2\,771(\text{m})$$

以 b、c、d、e、f 和 g 点为圆心，分别以 W_b、W_c、W_d、W_e、W_f 和 W_g 为半径画圆弧，并用光滑曲线连接其外轮廓，得到一条风螺旋线；以 h、o 和 p 点为圆心，分别以 W_h、W_o 和 W_p 为半径画圆弧，并用光滑曲线连接其外轮廓，又得到一条风螺旋线。用公切线连接这两个风螺旋线，所得曲线为出航转弯，包括转弯大于 180°时，风的影响的最大范围，如图 7-4 所示。

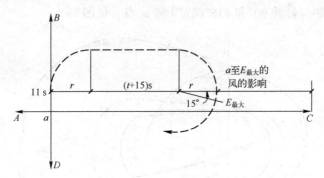

图 7-4 沿 D 轴进入，在 C 轴方向上的最大偏移（X_E）

计算入航转弯各点风的影响。按下列公式计算出各点风的影响范围。

$$W_{i_1} = W_{i_3} = \left(t+6+\frac{180}{R}\right) \times W = \left(90+6+\frac{180}{3}\right) \times 29.17 \approx 4\,551\,(\text{m})$$

其中，$\left(t+6+\dfrac{180}{R}\right)$ 为航空器从 a 点到 i_1 点的总飞行时间。它是从 a 点到 c 点的飞行时间（11 s），以及转弯 180°所用时间 $\left(\dfrac{180}{R}\right)$ 和 g 点到 i_1 点的飞行时间 [出航时间（t）+计时容差（-10 s）+建立坡度时间（5 s）] 的总和。

$$W_{i_2} = W_{i_4} = \left(t+20+\frac{180}{R}\right) \times W = \left(90+20+\frac{180}{3}\right) \times 29.17 \approx 4\,959\,(\text{m})$$

其中，$\left(t+20+\dfrac{180}{R}\right)$ 为航空器从 a 点到 i_2 点的总飞行时间。它是从 a 点到 b 点的飞行时间（5 s），以及转弯 180°所用时间 $\left(\dfrac{180}{R}\right)$ 和 h 点到 i_2 点的飞行时间 [出航时间（t）+计时容差（10 s）+建立坡度时间（5 s）] 的总和。

$$W_j = W_{i_2} + \frac{45}{R} \times W = 4\,959 + \frac{45}{3} \times 29.17 \approx 5\,397\,(\text{m})$$

$$W_k = W_l = W_{i_2} + \frac{90}{R} \times W = 4\,959 + \frac{90}{3} \times 29.17 \approx 5\,834\,(\text{m})$$

$$W_m = W_{i_2} + \frac{135}{R} \times W = 4\,959 + \frac{135}{3} \times 29.17 \approx 6\,272\,(\text{m})$$

$$W_{n_4} = W_{i_2} + \frac{180}{R} \times W = 4\,959 + \frac{180}{3} \times 29.17 \approx 6\,709\,(\text{m})$$

$$W_{n_3} = W_{i_1} + \frac{180}{R} \times W = 4\,551 + \frac{180}{3} \times 29.17 \approx 6\,301\,(\text{m})$$

以 i_1、i_2、j、k、l、m、n_4 和 n_3 点为圆心，分别以 W_{i_1}、W_{i_2}、W_j、W_k、W_l、W_m、W_{n_4} 和 W_{n_3} 为半径画圆弧；用光滑曲线连接以 i_2、j、k 点为圆心所作圆弧的外轮廓，得到一条风螺旋线；用光滑曲线连接以 l、m、n_4 点为圆心所作圆弧的外轮廓，得到一条风螺旋线，见图 7-4。

在以上所画的所有风螺旋线及圆弧中，相邻两个风螺旋线或圆弧之间均用共切线相连，得到直角航线模板。

确定 R 点的位置。R 点是用于确定限制径向线的最低位置。因此，这条径向线不穿过包括出航转弯末端的区域，其位置确定方法是：

① 通过模板外轮廓线与 C 轴的交点画以 h 点为圆心、W_h 为半径的圆弧的切线；

② 该切线与出航转弯风螺旋线的交点就是 R 点，见图 7-3。

计算 E 点的坐标数据。

E 点是为了确定从 C 和 D 轴方向全向进入保护区而在模板上作的一个辅助点，它是用距模板外廓线的 X_E 和 Y_E 坐标确定的。其中，X_E 为航空器沿 D 轴方向进入时，在 C 轴方向上的最大位置偏移，见图 7-4。

航空器从 a 点到入航转弯转至垂直于 C 轴的位置时，在 C 轴方向上可能产生的最大位置偏移为

$$r+(t+15)\times\text{TAS}+r+\left(11+t+15+\frac{180}{R}\right)\times W$$

即

$$2r+(t+15)\times\text{TAS}+\left(t+26+\frac{180}{R}\right)\times W$$

航空器在随后的转弯中，虽然在 C 轴方向上的分速度是指向内侧，但考虑在最大侧风（风向与 C 轴相同）时，在一定的角度内，风速大于航空器在 C 轴方向的分速度。航空器的位置仍然要向外偏移。因此，在计算中增加转弯一定角度（15°）所用时间，全向风影响的位置偏移，即增加 $\frac{15}{R}\cdot W$。这样，就得到计算 X_E 的公式：

$$X_E=2r+(t+15)\times\text{TAS}+\left(t+26+\frac{195}{R}\right)\times W$$

$$=2\times1\,524+(90+15)\times79.78+\left(90+26+\frac{195}{3}\right)\times29.17$$

$$\approx16\,705(\text{m})$$

Y_E 是当航空器从第 1 扇区和第 3 扇区的交界线进入，按平行进入程序飞行时，在 D 轴方向上产生的最大偏移，如图 7-5 所示。

根据计算 X_E 的原理，可以推导出计算 Y_E 的公式：

$$Y_E=11\times\text{TAS}\times\cos20°+r\times\sin20°+r+(t+15)\times\text{TAS}\times\tan5°+\left(t+26+\frac{125}{R}\right)\times W$$

$$=11\times79.78\times\cos20°+1\,524\times\sin20°+1\,524+$$

$$(90+15)\times79.78\times\tan5°+\left(90+26+\frac{125}{3}\right)\times29.17$$

$$\approx8\,202(\text{m})$$

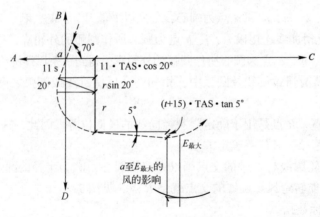

图 7-5　沿第 1 扇区和第 3 扇区的交界线进入，在 D 轴方向上的最大偏移（Y_E）

在模板上确定 E 点。首先，从模板外廓线在 C 轴方向的最远位置（以 k 和 l 为圆心的圆弧共切线），沿入航航迹量取 X_E，画入航航迹的垂直线；然后，从模板外廓线在 D 轴方向最远位置（以 n_4 为圆心的圆弧上），沿 D 轴量取距离 Y_E，画入航航迹的平行线；这两条线的交线即为 E 点，如图 7-6 所示。

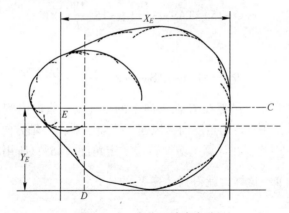

图 7-6　E 点位置确定方法

直角航线模板的计算过程及计算公式总结为表 7-1。在程序设计工作中，可以按此表进行计算，以简化计算过程。

表 7-1　直角航线程序模板计算表

步　骤	计 算 参 数	计 　 算 　 公 　 式	计算结果
1	速度换算因子 K	按 1 500 m，ISA+15℃查表	1.104 6
2	真空速 TAS	$TAS=K×IAS=1.104\ 6×260$	287.2 km/h 79.78 m/s
3	转弯率 R	$R=\min\left\{\dfrac{562\tan\alpha}{TAS},3(°)/s\right\}=\min\left\{\dfrac{562\tan 25°}{79.78},3(°)/s\right\}$	3（°）/s
4	转弯半径 r	$r=\dfrac{180×TAS}{\pi R}=180×79.78/(3.14×3)$	1 524 m
5	出航边长度 L	$L=TAS×t=79.78×90$	7 180 m

续表

步　骤	计 算 参 数	计 算 公 式	计算结果
6	全向风风速 W	$W=12h+87=12\times1.5+87$	105 km/h 29.17 m/s
7	最早出航转弯开始点	$\lvert ab\rvert=\text{TAS}\times5$	399 m
8	最晚出航转弯开始点	$\lvert ac\rvert=\text{TAS}\times11$	878 m
9	最早入航转弯开始点	$\lvert gi_1\rvert=\lvert gi_3\rvert=(t-5)\times\text{TAS}=(90-5)\times79.78$	6 781 m
10	最晚入航转弯开始点	$\lvert gi_2\rvert=\lvert gi_4\rvert=(t+21)\times\text{TAS}=(90+21)\times79.78$	8 857 m
11	出航转弯风的影响	$W_b=W\times5=29.17\times5$	146 m
		$W_c=W\times11=29.17\times11$	321 m
		$W_d=W_c+\dfrac{45}{R}\times W$	759 m
		$W_e=W_c+\dfrac{90}{R}\times W$	1 196 m
		$W_f=W_c+\dfrac{135}{R}\times W$	1 634 m
		$W_g=W_c+\dfrac{180}{R}\times W$	2 071 m
		$W_h=W_b+\dfrac{180}{R}\times W$	1 896 m
		$W_o=W_b+\dfrac{225}{R}\times W$	2 334 m
		$W_p=W_b+\dfrac{270}{R}\times W$	2 771 m
12	入航转弯风的影响	$W_{i_1}=W_{i_3}=\left(t+6+\dfrac{180}{R}\right)\times W=\left(90+6+\dfrac{180}{3}\right)\times29.17$	4 551 m
		$W_{i_2}=W_{i_4}=\left(t+20+\dfrac{180}{R}\right)\times W=\left(90+20+\dfrac{180}{3}\right)\times29.17$	4 959 m
		$W_j=W_{i_2}+\left(\dfrac{45}{R}\right)\times W=4\ 959+\left(\dfrac{45}{3}\right)\times29.17$	5 397 m
		$W_k=W_l=W_{i_2}+\left(\dfrac{90}{R}\right)\times W=4\ 959+\left(\dfrac{90}{3}\right)\times29.17$	5 834 m
		$W_m=W_{i_2}+\left(\dfrac{135}{R}\right)\times W=4\ 959+\left(\dfrac{135}{3}\right)\times29.17$	6 272 m
		$W_{n_4}=W_{i_2}+\left(\dfrac{180}{R}\right)\times W=4\ 959+\left(\dfrac{180}{3}\right)\times29.17$	6 709 m
		$W_{n_3}=W_{i_1}+\left(\dfrac{180}{R}\right)\times W=4\ 551+\left(\dfrac{180}{3}\right)\times29.17$	6 301 m
13	E 点位置的计算	$X_E=2r+(t+15)\text{TAS}+\left(t+26+\dfrac{195}{R}\right)\times W$	16 705 m
		$Y_E=11\cdot\text{TAS}\cdot\cos20°+r\cdot\sin20°+r+(t+15)\cdot$ $\text{TAS}\cdot\tan5°+\left(t+26+\dfrac{125}{R}\right)\times W$	8 202 m

已知参数：①IAS＝260 km/h；②温度：$T=(\text{ISA}+15)$℃；③出航时间：$t=1.5$ min＝90 s；④转弯坡度：$\alpha=25°$。

7.3 直角航线保护区

7.3.1 基本保护区

基本保护区是规定航空器从入航边进入，只考虑程序起始点定位容差而确定的保护区。其作图步骤如下。

根据程序起始点所采用的定位方法，画出起始点的定位容差区。以飞越 VOR 台为例，说明作图过程。根据航空器飞越 VOR 台的高度（航空器对于导航台天线的相对高度），按第 1 章所述定位容差的准则，画出定位容差区，如图 7-7 所示。

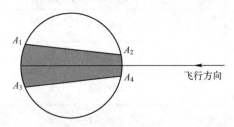

图 7-7 程序起始点定位容差区

将直角航线模板分别放在容差区的四个顶点位置：A_1、A_2、A_3 和 A_4，程序轴线与入航航迹平行，画出在各个位置时模板的边界线，得到四条曲线 1、2、3 和 4，如图 7-8 所示。相邻曲线之间用共切线相连，得到所需的保护区。

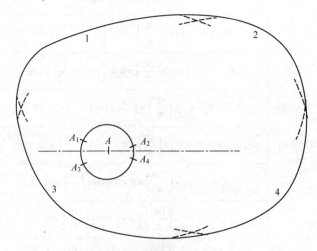

图 7-8 直角航线基本保护区

程序起始点采用飞越 NDB 台及交叉定位点时，基本保护区的画法与上述方法相同。

7.3.2 全向进入保护区

全向进入保护区是在基本保护区的基础上，增加为不同方向进入的航空器提供保护所需的区域。采用全向进入时，程序起始点必须是一个导航台（VOR 台或 NDB 台）。仍以确定基本保护区时所给条件为例，介绍全向进入保护区的作图步骤。全向进入保护区是在基本保护区的基础上使用模板增加一部分保护范围，为了避免混淆，使用"A"代表基本保护区中程序开始位置，使用"a"代表模板上程序开始位置。

　　将模板的 E 点沿 VOR 圆锥效应区边界移动一周，模板轴线始终保持与入航航迹平行。在模板移动的同时，将模板超出基本保护区部分的边界线画出。待所有超出部分都画完后，描绘出超出部分的最大边界线，得到图 7-9 所示的曲线 5。

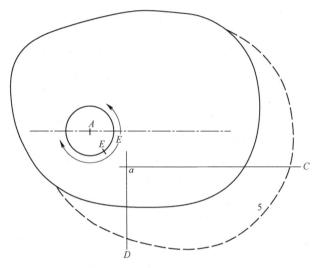

图 7-9　E 点沿圆锥效应区移动，得到增大区域的边界线

　　画第 1 扇区和第 3 扇区分界线（该线与入航航迹成 70°角），并画出从该方向进入时的定位容差区，得到容差区的四个顶点 E_1、E_2、E_3 和 E_4，如图 7-10 所示。

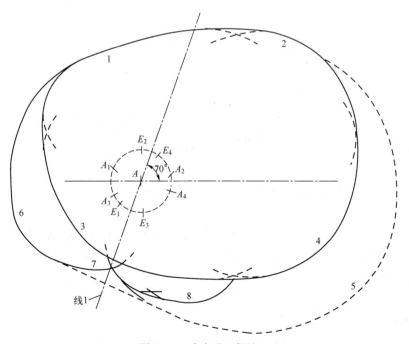

图 7-10　全向进入保护区

模板 a 点分别放在 E_1 和 E_3（模板轴线与第 1 扇区和第 3 扇区的分界线线 1 平行），画曲线 6 和曲线 7 及其共切线；以 A 为圆心，画圆弧与曲线 6 相切直至与曲线 1 相交；曲线 8 为曲线 6 和曲线 7 的对称曲线（对称轴为 70° 分界线），画曲线 5、曲线 6、曲线 7 和曲线 8 的共切线。这样，就得到全向进入保护区，参见图 7-10。

以上确定的基本保护区和全向进入保护区为程序设计时的主区，副区在主区的边界线之外，宽度为 4.6 km。

7.3.3 保护区的缩减

采用直角航线程序进近时，所需的空域较其他类型的程序要大些。在一些空域紧张而又必须使用直角航线程序进近的机场，为了减小直角航线程序对空域的需求，可以运用以下方法缩减程序的保护区。

在程序起始点安装导航台，并限制航空器不得从第 1 扇区进入。如果航空器在出航航段末端之前与程序入航边所在的径向线或方位线相交，假定驾驶员采取跟随这条径向线或方位线的指示，而不再偏离程序轴线更远，则保护区可以按下述方法缩减：从 A 点起，在入航航迹不作为程序的一侧，沿入航航迹的反方向画出导航台航向容差线（VOR 台为 5.2°，NDB 台为 6.9°）；用模板倒转 180°，a 点放在航向容差线上，模板轴线与入航边平行，按模板画出出航转弯保护螺旋线；再画一条直线与航向容差线平行，并与出航转弯保护螺旋线相切；在该线之外 D 轴方向的区域可以缩减，如图 7-11 所示。

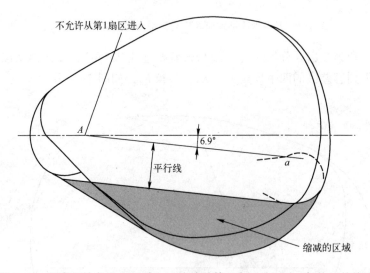

图 7-11 程序起始点为 NDB 台，不允许从第 1 扇区进入时，保护区的缩减

利用侧方导航台的径向线、方位线或 DME 弧限制出航边长度。如果有位置合适的 VOR 台、NDB 台或 DME 台，可以给出航边末端规定一条径向线、方位线或 DME 距离，以限制出航边飞行。由于各种飞行技术容差造成的出航边末端位置的变化范围，可以缩减保护区，其作图步骤如下（如图 7-12 所示）：

① 按前面所述方法画保护区；

② 以 DME 台位置（S）为圆心，在出航航段末端画弧 D_{L1} 和 D_{L2}，D_L 的半径为 S 至标称

出航航段末端的距离，D_{L2} 的半径为 D_L 的半径加上 DME 容差 d_2；

③ 从 VOR 台或 NDB 台位置（S）至出航航段末端画直线 R_L，此直线为交叉径向线或方位线，加上侧方导航台相应的容差画直线 R_{L2}（按第 1 章有关侧方定位容差的规定）；

④ 模板 a 点放在保护区边界与弧 D_{L2} 或直线 R_{L2} 的交点上，模板轴平行于标称出航航迹，沿弧 D_{L2} 或直线 R_{L2} 移动分别画出曲线或直线 R，这条曲线或直线 R 与按步骤①画出的出航末端保护区边界之间的区域可以取消。

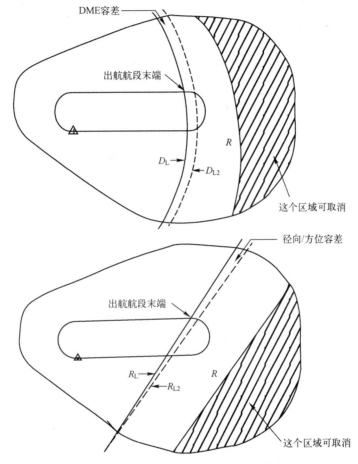

图 7-12　利用侧方导航台的径向线、方位线或 DME 弧限制出航边长度

用限制进入路线缩减直角航线程序的保护区。如果进入程序限制在沿入航径向线进入，可使用基本区而不需要按全向进入要求增加的区域。

限制使用程序的航空器的类型或最大使用速度。限制使用程序的航空器的类型或最大使用速度可以减小出航边的长度及航空器的转弯半径，保护区的范围也将得到相应的减小。

采用减小出航时间，飞行两圈的方法。在地形复杂机场进行直角航线程序进行飞行程序设计时，有时会出现无论出航时间长短，入航边（中间进近航段）都无法满足下降高度的要求。因为，随着出航时间的增加，起始进近保护区也增大，其包含的障碍物也更高，中间进近航段需要下降的高度也相应地增加，这样就进入了一个恶性循环。这时，除可以采取改变程序起始点、改变入航边方向或改用其他类型的程序外，还可以不改变程序的起始点和入航边航向，将出航时间限制在 1 min，飞行两圈的方法解决这一问题。这时，从程序起始点到第二圈入航边开始点之间均为起始进近航段。

7.3.4 反向和直角航线程序的简化保护区画法

反向和直角航线程序保护区可用简单的长方形划定，用本节给定的方程式很容易计算每一种程序的保护区长方形大小。这个长方形在所有情况中包含的区域比用较详细的模板法画出的区域稍大，为合理利用空域，在空域紧张的地方，应使用模板法画保护区。

画简化保护所使用的坐标系统，其原点在导航台位置，如图 7-13 所示。x 轴与入航航迹平行，由导航台按入航航迹方向量取的 x 值为负，而由导航台按入航航迹反方向量取的 x 值为正；y 轴与 x 轴成直角，y 值在包含出航航迹或反向/直角航线程序机动飞行一侧为正，其相反一侧的 y 值为负。简化保护区的大小与程序类型、出航时间、使用程序的航空器的类型有关。

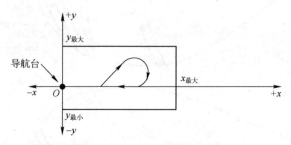

图 7-13 简化保护区的坐标系统及程序转弯简化保护区

简化保护区参数的计算。简化保护区通过计算 x 和 y 的最大值和最小值来确定保护区的大小和位置。

① 确定反向/直角航线程序所用的 IAS 和高度数值，按规定高度上的 ISA+15℃ 计算 TAS；计算风速用规定高度上的统计风或 ICAO 风。

② 根据所使用的程序，从表 7-2 中查出计算方程式。

③ 将由①求得的 TAS 和风速代入方程式，计算要求的 x、y 值。

④ 按照定位容差修正求得的 x、y 值。

⑤ 按比例尺画长方形区域。

表 7-2 简化保护区计算方程式[*]

程 序 类 型	计 算 方 程 式
45°/180°程序转弯	$x_{最大} = \text{TAS} \times (0.016\,5t + 0.043\,1) + W \times (0.016\,5t + 0.027\,8) + 3.4$ $y_{最大} = \text{TAS} \times (0.002t + 0.022) + W \times (0.002t + 0.033\,3) - 0.74$ $y_{最小} = \text{TAS} \times (-0.002t - 0.013\,7) + W \times (-0.002t - 0.059\,4) + 1.67$
基线转弯程序	$x_{最大} = \text{TAS} \times (0.017\,3t + 0.018\,1) + W \times (0.016\,6t + 0.020\,9) - 0.93$ $y_{最大} = \text{TAS} \times (-0.000\,4t + 0.037\,3) + W \times (-0.007\,2t + 0.040\,4) + 0.164t - 3.15$ $y_{最小} = \text{TAS} \times (-0.012\,2) + W \times (0.015\,1t - 0.063\,9) - 0.184\,5t + 1.48$

程 序 类 型	计 算 方 程 式
直角航线程序	$x_{最大}=\text{TAS}\times(0.016\ 7t+0.029\ 7)+W\times(0.016\ 7t+0.038\ 1)-1.67$ $x_{最小}=\text{TAS}\times(-0.024\ 1)+W\times(-0.037)+2.04$ $y_{最大}=\text{TAS}\times(0.001\ 2t+0.026\ 6)+W\times(0.015\ 8t+0.036\ 8)+0.847t-5.37$ $y_{最小}=\text{TAS}\times(-0.001\ 5t-0.020\ 2)+W\times(-0.016\ 7t-0.027)+1.3$

* 本表的使用范围为 TAS 在 165~540 km/h 之间；最大风速为 120 km/h；标称出航时间为 1~3 min。有关参数超出此范围时，不得使用本表。

例 7-1　条件：

① 程序类型——基线转弯；

② 出航时间——2 min；

③ 指示空速——260 km/h；

④ 导航台类型——VOR 台；

⑤ 高度——1 850 m。

求简化保护区参数。

解：

$$\text{TAS}=260\times1.124\ 3\approx292(\text{km/h})$$

$$W=12\times1.85+87\approx109(\text{km/h})$$

$$定位容差=1.85\times\tan 50°=2.20(\text{km})$$

$$x_{最大}=\text{TAS}\times(0.017\ 3t+0.018\ 1)+W\times(0.016\ 6t+0.020\ 9)-0.93$$
$$=292\times(0.017\ 3\times2+0.018\ 1)+109\times(0.016\ 6\times2+0.020\ 9)-0.93$$
$$\approx20.36(\text{km})$$

$$y_{最大}=\text{TAS}\times(-0.000\ 4t+0.037\ 3)+W\times(-0.007\ 2t+0.040\ 4)+0.164t-3.15$$
$$=292\times(-0.000\ 4\times2+0.037\ 3)+109\times(-0.007\ 2\times2+0.040\ 4)+0.164\times2-3.15$$
$$=10.67(\text{km})$$

$$y_{最小}=\text{TAS}\times(-0.012\ 2)+W\times(0.015\ 1t-0.063\ 9)-0.184\ 5t+1.48$$
$$=292\times(-0.012\ 2)+109\times(0.015\ 1\times2-0.063\ 9)-0.184\ 5\times2+1.48$$
$$\approx-6.12(\text{km})$$

所以，修正定位容差为

$$x_{最大}=20.36+2.20=22.56(\text{km})$$
$$y_{最大}=10.67+2.20=12.87(\text{km})$$
$$y_{最小}=-6.12-2.20=-8.32(\text{km})$$

7.4　等待程序设计

等待程序是进近程序的一个重要组成部分。它是管制员调配飞行冲突的一个备用程序，一旦航空器集中在一个较短时间内到达机场时，就需要指挥部分航空器进行等待，以保证进近阶段航空器的安全间隔。

7.4.1　等待航线的形状与有关术语

等待航线的形状与有关术语如图 7-14 所示。

A.等待航线（右转弯）

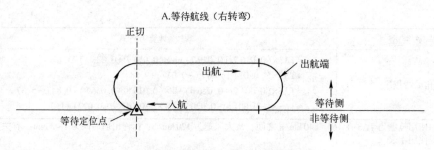

图 7-14 等待航线的形状与有关术语

7.4.2 等待程序进入方法

以导航台为等待点的等待程序的进入航线应按直角航线程序的进入方法飞行。飞行高度在 4 250 m（14 000 ft）或以下时，出航飞行时间为 1 min；在此高度以上，出航时间为 1.5 min。

以 VOR 交叉定位或 VOR/DME 定位点作为等待点的等待程序，应尽可能按径向线进入，如图 7-15 所示。

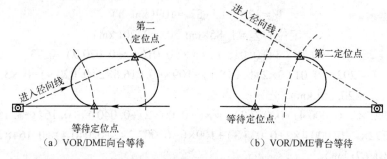

（a）VOR/DME 向台等待 　　　　（b）VOR/DME 背台等待

图 7-15 以 VOR/DME 定位等待程序沿径向线进入

当受到飞行条件限制，无法按径向线进入程序飞行时，可采用以下方法进入。

在入航航段的 VOR 径向线进入，在进入之前，航空器先对准入航航迹，并按相同航向飞行，如图 7-16（a）所示。这种进入要求航空器切入入航航迹的位置到等待点的最短距离不得小于表 7-3 所列数值。

表 7-3 在入航航迹进入时，切入点到等待点的最短距离

切入角 θ	0°~70°	71°~90°	91°~105°	106°~120°
最小长度/km（NM）	7.5（4）	9.3（5）	13（7）	16.5（9）

在入航航段的 VOR 径向线进入，航向与入航航迹相反，如图 7-16（b）所示。航空器飞越等待定位点后，转至等待一侧与入航航迹的反方向成 30°角飞行，直至到达 DME 出航限制距离，在这一点转弯切入入航航迹。在背台进入 VOR/DME 定位点等待的情况中，使用一条限制径向线，如果航空器在到达限制的 DME 距离之前遇到径向线，则必须转弯并保持在径向线上直至 DME 出航限制距离，然后在这一点转弯切入入航航迹。

从等待一侧按所确定的等待定位点的 DME 弧进入，如图 7-16（c）所示。航空器到达

等待定位点上空后，转弯按照平行于入航航迹的反方向飞行，直至到达 DME 限制的出航距离，在这一点转弯切入入航航迹。

从等待一侧按所确定的等待定位点的 DME 弧进入，如图 7-16（d）所示。航空器到达等待定位点后，转弯至平行于出航航迹的航向飞行，直至到达 DME 限制出航距离，在这一点转弯切入入航航迹。

直接进入等待如图 7-16（e）和图 7-16（f）所示。航空器从非等待一侧按垂直于入航航迹的方向到达等待定位点，然后开始等待；或航空器先切入入航航迹，飞向等待定位点。到等待定位点后，开始等待。

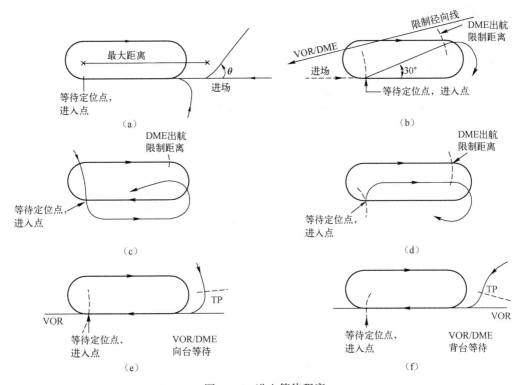

图 7-16   进入等待程序

7.4.3   等待程序航空器的指示空速

在计算等待保护区时，应使用表 7-4 规定的指示空速。等待保护区的计算和作图应使用航空器分类的最大速度。根据较低速度（165 km/h）计算，虽然航空器在强风中飞行的保护区有些地方要大于采用较高速度画出的保护区，但是，可以认为这种航空器的驾驶员在正常操作中能够进行修正，航空器仍将包括在这个保护区内。在较大速度的航空器使用速度限制较低的等待航线，特别是这种航线是为爬升或下降而设计的时，等待保护区应做调整，并应公布调整保护区使用的速度。

绘制等待保护区所使用的其他参数与绘制直角航线保护区所用的参数相同。保护区的画法与直角航线保护区主区的画法相同。在等待保护区的边界外有一个 9.3 km 的缓冲区。

表 7-4　绘制等待保护区使用的速度

高　度	正常条件	颠簸条件
≤4 250 m（14 000 ft）	425 km/h	520 km/h
	315 km/h（限 A、B 类航空器）	315 km/h
>4 250 m（14 000 ft）~6 100 m（20 000 ft）	445 km/h	520 km/h 或 0.8M 数，取较小者
>6 100 m（20 000 ft）~10 350 m（34 000 ft）	490 km/h	520 km/h 或 0.8M 数，取较小者
>10 350 m（34 000 ft）	0.83M 数	0.83M 数

7.4.4　超障余度

1. 平原地区

保护区内的 MOC 为 300 m（984 ft）；缓冲区的 MOC 使用表 7-5 所列数值。

表 7-5　在低、平坦地形上空的 MOC

距等待保护区边界的距离/km（NM）	MOC/m（ft）
0~<1.9（0~<1.0）	300（984）
1.9~<3.7（1.0~<2.0）	150（492）
3.7~<5.6（2.0~<3.0）	120（394）
5.6~<7.4（3.0~<4.0）	90（295）
7.4~<9.3（4.0~<5.0）	60（197）

2. 山区

山区地形上空等待保护区及缓冲区内的 MOC 均应提高到 600 m（2 000 ft）。等待保护区及缓冲区的 MOC 可用图 7-17 表示。

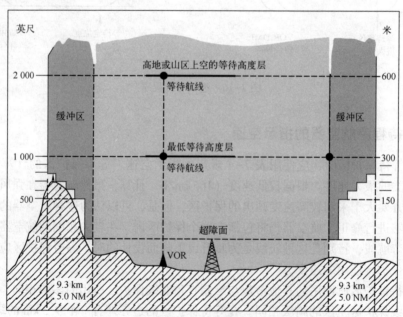

图 7-17　等待保护区及缓冲区的 MOC

第 8 章　ILS 精密进近程序设计

精密进近程序就是利用导航精度高，而且既能提供方位信号，又能提供下滑引导信号的导航设备设计的仪表进近程序。目前，能够作为传统导航方式精密进近程序的导航设备有：仪表着陆系统、微波着陆系统和精密进近雷达。本章将介绍利用仪表着陆系统提供航迹和下滑引导进行着陆的 ILS 精密进近程序的设计准则。

8.1　概述

8.1.1　仪表着陆系统的组成及其布局

仪表着陆系统（instrument landing system，ILS）的地面设备由航向台（localizer，LOC）、下滑台（glide slope，GP）、指点标和灯光系统组成。

1. 航向台

航向台由一个甚高频发射机、调制器、分流器及天线阵组成。航向台的天线安装在跑道末端的中心延长线上，一般距跑道末端 300~500 m。这种设备能产生一条无线电航道，航道扇区的中心线必须调整到与跑道中心线一致，其有效作用距离在航道中心线左右 10° 的地方，其扇区应达到 46 km（25 NM），最短距离不少于 33 km（18 NM）；10°~35° 扇区应达到 31 km（17 NM），最低不能少于 19 km（10 NM）。

在航向台的有效范围内，驾驶员即可根据飞行仪表（HSI、ADI）的指示，使航空器切入航道对准跑道中心线飞行。

2. 下滑台

下滑台由超高频发射机、调制器和上、下天线等组成。下滑台的天线安装在跑道入口内的一侧，一般距入口 250 m 左右，与跑道中心线的横向距离为 150 m 左右。这种设备能产生一个与跑道平面成一定角度的下滑面。该下滑面与航道相结合形成一个下滑道。下滑道在跑道入口处的高称 ILS 基准高（RDH）数值为（15±3）m（标准为 15 m）。

下滑道的下降角度可以以 2.5°~3.5° 范围内的一个角度，但最佳下滑角为 3°。正常情况下，均按 3° 下滑角安装下滑台。在跑道中心线两侧各 8° 的扇区中，在 0.3θ~1.75θ（0.9°~5.25°）的范围内，下滑台信号的有效距离至少为 19 km（10 NM）。

在下滑台的有效范围内，驾驶员根据飞行仪表（HSI、ADI）的指示，使航空器切入下滑道并沿下滑道下降到规定的高度，进行着陆。

3. 指点标

在仪表着陆系统中，应配备两台或三台指点标机（Ⅰ类 ILS 一般配备两台），用以配合下滑道工作。指点标机向上空发射一束锥形波束，当航空器通过指点标上空时，航空器内的接收显示设备即发出灯光和音响信号，使驾驶员知道自己所处的位置。

（1）内指点标

内指点标（IM）的位置要求安装在Ⅱ类精密进近的最低决断高 30 m 与标称下滑道的交点处，距入口 75~450 m，偏离中心线不能大于 30 m，以便在低能见度条件下，通过航空器内的灯光和音响信号指示，告诉驾驶员即将到达跑道入口。

（2）中指点标

中指点标（MM）位于距跑道入口约 1 050 m（误差不超过 150 m）处，偏离跑道中心线不得大于 75 m。在低能见度条件下，通过航空器内的信号指示告诉驾驶员，航空器已临近目视引导处（Ⅰ类着陆的最低决断高为 60 m）。

（3）外指点标

外指点标（OM）一般安装在航空器沿航向道以中间航段最低高度切入下滑道的一点（最后进近点）位置。它为航空器提供进行高度、距离和设备工作情况检查的位置信息，距入口约 7.2 km（3.9 NM），有时因地形和航行等原因，也可以设置在 6.5~11 km 之间。外指点标最好安装在跑道中心延长线上，若不行，则距离跑道中心延长线不得大于 75 m。

4. 灯光系统

安装有仪表着陆系统的跑道应相应地安装Ⅰ类或Ⅱ类精密进近灯光系统，而且对跑道中线灯和跑道边线灯也有相应的要求，具体条件请自行查阅相关资料。

8.1.2 对仪表着陆系统性能的要求

仪表着陆系统根据它的导航性能可分为 3 类，各类 ILS 的最低着陆天气标准（性能标准）如表 8-1 所示。

表 8-1 各类 ILS 的最低着陆天气标准

性 能 指 标	ILS 分类				
	Ⅰ类	Ⅱ类	Ⅲ类		
			A	B	C
能见度或跑道视程（RVR）/m	800 或 550	300	175	75	0（无限制）
决断高（DH）/m	60	30	0（无限制）	0（无限制）	0（无限制）

如果使用其他导航台（NDB 台、VOR 台）作为仪表着陆系统的补充，其位置应安装在外指点标或中指点标处。如果只使用一个导航台，最好安装在外指点标处。

8.1.3 ILS 进近程序结构

ILS 进近程序由进场航段、起始进近航段、中间进近航段、精密航段和精密航段后的复飞航段组成。其中进场航段、起始进近航段和中间进近航段的起止点与非精密进近的起止点相同。

精密航段从最后进近点（final approach point, FAP）开始，至复飞最后阶段的开始点或复飞爬升面到达 300 m 高的一点终止（以其中距入口较近者为准），如图 8-1 所示。它包括最后进近下降过程和复飞的起始阶段，以及复飞中间阶段（复飞中间阶段的一部分）。精密航段的航迹必须与航向台的航道一致。

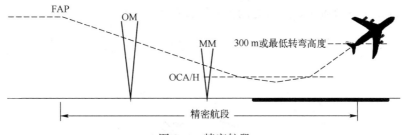

图 8-1　精密航段

FAP 是在前一航段规定的最低高度上切入下滑道的一点，一般位于距入口不超过 19 km（10 NM）的地方。在 FAP 处最好设置一个外指点标，或用 DME（distance measuring equipment，距离测量设备）定位（也可设置导航台）。这样，最后进近点（FAP）就成了最后进近定位点（FAF）。使前一航段的 MOC 与精密航段平滑地连接在一起，以便驾驶员在切入下滑道时，比较高度表与下滑道的指示，以检查下滑道信号是否准确可靠。

OM 定位点的定位容差不应超过±0.9 km（±0.5 NM），如果用 DME 定位，则距离必须用海里的整数表示。

精密进近不设复飞定位点，复飞点在决断高度/高（DA/H）与下滑道的交点处。

复飞程序中精密航段后的部分称为精密航段后的复飞航段。

精密进近程序除本章另有规定外，均使用程序设计的一般准则，即本书前面所述的非精密进近程序设计准则。

8.2　精密航段障碍物的评价

与非精密进近程序的设计一样，精密进近程序设计的主要任务就是确定精密进近的最低超障高度（OCA_{PS}）或最低超障高（OCH_{PS}）。为了计算 OCH_{PS}，必须对精密航段所要求的安全保护区内的障碍物进行评价，以判明哪些障碍物在计算 OCH_{PS} 时必须予以考虑。评价障碍物的方法有以下 3 种，即：

① 使用障碍物限制面——基本 ILS 面评价障碍物；

② 使用障碍物评价面——OAS 面评价障碍物；

③ 使用碰撞危险模式（CRM）评价障碍物。

这些方法依次增加了对障碍物处理的精密程度。用 CRM 评价的结果，可以达到精密进近的航空器与障碍物碰撞的危险率为 $1×10^{-7}$（千万分之一）的安全目标。本节将着重阐述使用基本 ILS 面和 OAS 面评估障碍物的一般准则和方法。

8.2.1　障碍物限制面

为了限制机场周围障碍物的高度，国际民航组织在《国际民用航空公约》的附件 14 第一卷（机场设计和运行）中规定了一组障碍物限制面，简称为附件 14 面。它是在机场选址和机场设计过程中，评价机场净空条件、限制障碍物的高度的规范，也是机场净空保护的一个重要标准。它同时也是基本 ILS 面和 OAS 面的基础。附件 14 面由若干个平面和斜面组成，如图 8-2 所示，其中各个面的范围及坡度随跑道等级的不同而不同，如表 8-2 所示。现以长度在 1 800 m 以上的仪表进近跑道为例，介绍其各个面的位置及有关数据。

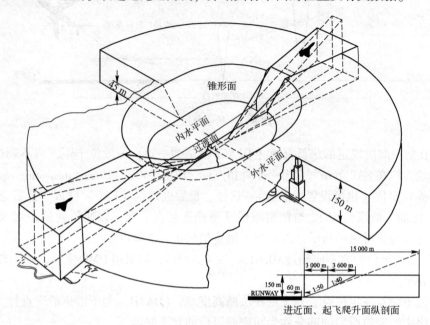

（a）立体图

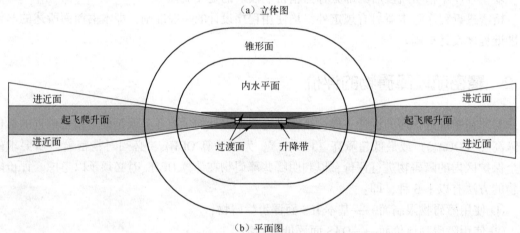

（b）平面图

图 8-2　障碍物限制面

（1）升降带

升降带为跑道扩散地带，其作用是控制跑道净空。它围绕在跑道四周，端边线离跑道两端各 60 m，侧边线离跑道中心线两侧各 150 m，它是一个平面，边线的标高随跑道中心线的标高而变化。

（2）进近面

进近面起始端与升降带端相接，宽度与升降带宽度一致。然后按 15% 的扩张率沿跑道中线延长线两侧扩大。进近面分为三段：第一段从入口前 60 m 开始，以 2% 的梯度向上延伸至高 60 m 处，长度为 3 000 m；第二段从第一段的末端开始，以 2.5% 的梯度继续延伸至自身长度为 3 600 m（此时，进近面与跑道入口平面的相对高度为 150 m）；其余为第三段，第三段的长度为 8 400 m，为一个水平段。进近面的总长度为 15 000 m，起始端边线和末端边线与跑道中线延长线垂直。

表 8-2　障碍物限制面

障碍物限制面		跑道类别									
		非仪表跑道				非精密进近跑道			精密进近跑道		
		基准代码				基准代码			I类基准代码		II类或III类基准代码
		1	2	3	4	1、2	3	4	1	2	3、4
锥形面	梯度	5%	5%	5%	5%	5%	5%	5%	5%	5%	5%
	高度/m	35	55	75	100	60	75	100	60	100	100
内水平面	高度/m	45	45	45	45	45	45	45	45	45	45
	半径/m	2 000	2 500	4 000	4 000	3 500	4 000	4 000	3 500	4 000	4 000
内进近面	宽度/m	—	—	—	—	—	—	—	90	120	120
	距入口/m	—	—	—	—	—	—	—	60	60	60
	长度/m	—	—	—	—	—	—	—	900	900	900
	梯度	—	—	—	—	—	—	—	2.5%	2%	2%
进近面	内边长度/m	60	80	150	150	150	300	300	150	300	300
	距入口/m	30	60	60	60	60	60	60	60	60	60
	散开率	10%	10%	10%	10%	15%	15%	15%	15%	15%	15%
	第一段 长度/m	1 600	2 500	3 000	3 000	2 500	3 000	3 000	3 000	3 000	3 000
	第一段 梯度	5%	4%	3.33%	2.5%	3.33%	2%	2%	2.5%	2%	2%
	第二段 长度/m	—	—	—	—	—	3 600	3 600	12 000	3 600	3 600
	第二段 梯度	—	—	—	—	—	2.5%	2.5%	3%	2.5%	2.5%
	水平段 长度/m	—	—	—	—	—	8 400	8 400	—	8 400	8 400
	总长度/m	—	—	—	—	—	15 000	15 000	15 000	15 000	15 000
过渡面	梯度	20%	20%	14.3%	14.3%	20%	14.3%	14.3%	14.3%	14.3%	14.3%
内过渡面	梯度	—	—	—	—	—	—	—	40%	33.3%	33.3%
复飞面	内边长度/m	—	—	—	—	—	—	—	90	120	120
	距入口/m	—	—	—	—	—	—	—	—	1 800	1 800
	散开率	—	—	—	—	—	—	—	10%	10%	10%
	梯度	—	—	—	—	—	—	—	4%	3.33%	3.33%
起飞爬升面	内边长度/m	60	80	180	180	60/80	180	180	60	80	180
	距跑道端/m	30	60	60	60	30/60	60	60	30	60	60
	散开率	10%	10%	12.5%	12.5%	10%	12.5%	12.5%	10%	10%	12.5%
	最终宽度/m	380	580	1 800	1 800	380/580	1 800	1 800	380	580	1 800
	长度/m	1 600	2 500	15 000	15 000	1 600/2 500	15 000	15 000	1 600	2 500	15 000
	梯度	5%	4%	2%	2%	5%/4%	2%	2%	5%	4%	2%

（3）起飞爬升面

起飞爬升面用于对起飞航空器提供保护。其起始端与跑道末端的升降带相接，宽度为180 m，侧边散开率为 12.5%，上斜梯度为 2%，长度为 15 000 m，末端边线与起始端边线平行。

（4）过渡面

过渡面用来限制房屋等建筑物的高度，对航空器在进近到着陆操作的最终阶段提供净空保护。其底边从升降带及进近面或起飞爬升面的部分侧边向上、向外按 14.3% 的梯度上升，直至高度为 45 m，即顶边和内水平面的高度一致。

（5）内水平面

从过渡面顶部向外延伸的一个水平面，用于保护着陆前目视盘旋所需要的空域。其距跑道入口平面的高度为 45 m，区域为以跑道末端为圆心、4 000 m 为半径画两个圆弧，并用共切线相连而得到的一个椭圆；或者以跑道中心为圆心、4 000 m 为半径的圆形的区域。

（6）锥形面

从内水平面的边缘向外以 5% 的梯度向上延伸至高为 100 m 止。

（7）内进近面

内进近面是进近面中一个宽 120 m、长 900 m 的长方形斜面。其起始边与进近面的起始边重合。

（8）内过渡面

这个面用来限制必须靠近跑道安装的导航设备、航空器和车辆等障碍物的限制面，除了轻型易折助航设备外，必须没有固定物体穿透这个面；当跑道用于精密进近时，没有路过的物体（如航空器、车辆等）穿透这个面。

其底边从内进近面的末端开始，沿内进近面的边缘向下延伸到该面的起始端边线，再从该处平行于跑道中心线至复飞面的起始端边线，然后再从该处沿复飞面的边线向上直至该面与内水平面（高度为 45 m）相交的一点处为止；底边的标高必须随内进近面、复飞面和跑道中心线的标高而变化；以 33.3% 的梯度向外、向上倾斜，直至高度达到 45 m 为止，即顶边和内水平面的高度一致。

（9）复飞面

复飞面不仅要保证那些在 OCH 以上，且没有建立目视地面参考而复飞的航空器安全地在所有潜在危险障碍物以上通过，而且还要保证那些已建立目视飞行条件，因而下降到OCH 以下，但又无法着陆（如所需的目视参考物看不见了）的航空器安全飞越所有潜在危险障碍物。

复飞面起始端边线在入口以内 1 800 m 处（短于 1 800 m 的跑道可以从跑道末端开始）；宽度为 120 m，侧边散开率为 10%，上升梯度为 3.33%；外边界线终止于内水平面高度45 m 处。

8.2.2 使用基本 ILS 面评价障碍物

1. 基本 ILS 面的构成

基本 ILS 面是在附件 14 面的基础上，为基准代码 3 或 4 的精密进近跑道规定的一组障碍物限制面，它由下述的几个面构成，如图 8-3 所示。

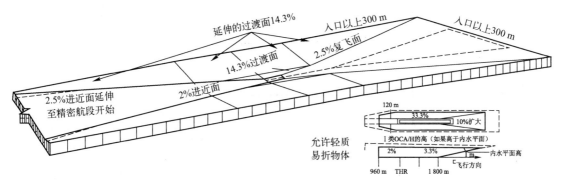

注：① 虚线表示内进近面、内过渡面和中止着陆面的延伸以适应Ⅱ类运行，在这种情况下Ⅰ类 OCA/H 高于内水平面高度，但低于 60 m；

　　② 这些面的规范见附件14；

　　③ 附件14内进近、内过渡和中止着陆面应用于Ⅰ、Ⅱ和Ⅲ类运行的障碍物评价。

图 8-3　基本 ILS 面

（1）起降带

起降带自跑道入口前 60 m 起至入口后 900 m 止，宽 300 m（跑道中线两侧各 150 m），是一个与跑道入口平面相重合的水平面。

（2）进近面

进近面从入口前 60 m 开始（与起降带端相接），起始宽度为 300 m。然后，沿跑道中线延长线按 15% 的散开率向两侧扩大。它由两部分组成：第一部分以 2% 的梯度向上延伸至高 60 m 处；第二部分接着以 2.5% 的梯度继续延伸至距跑道入口 12 660 m 处。

（3）复飞面

复飞面从入口之后 900 m 处开始，起始宽度为 300 m（跑道中线两侧各 150 m），以 2.5% 的梯度紧沿两侧的过渡面向上延伸到内水平面的高度（45 m），其散开率为 17.48%，然后改用 25% 的散开率向两侧扩张至距复飞面起始端 12 000 m 处（上升梯度仍为 2.5%）。

（4）过渡面

过渡面沿起降带、进近面和复飞面的侧边，以 14.3% 的梯度向上延伸到高 300 m 处。

Ⅱ类 ILS 进近除上述的各个面外，还增加了一个内进近面、内过渡面和着陆未成面，这些面的规定详见《国际民用航空公约》的附件 14。当Ⅱ类 OCH_{PS} 高于内水平面但低于 60 m 时，内进近面、内过渡面和复飞面应相应延伸，以适应Ⅱ类着陆对障碍物的评价。

2. 基本 ILS 面高度方程式

基本 ILS 面中各个面的高度方程如图 8-4 所示，根据图中给定的数据，可以计算出相邻的各个面的交点坐标，如表 8-3 所示。

表 8-3　基本 ILS 面中各个面的交点坐标

交　点		A	B	B'	C	C'	D	E	E'	F
坐　标	x	12 660	3 060	3 060	60	60	−900	−2 700	−2 700	−12 900
	y	±2 040	±600	±2 280	±150	±2 250	±150	±465	±2 250	±3 015
	z	300	60	300	0	300	0	45	300	300

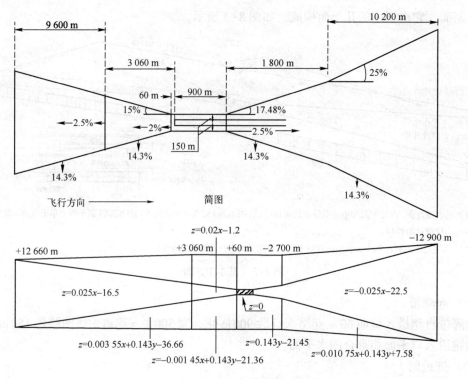

图 8-4　基本 ILS 面的高度方程

由这些交点坐标就可以导出每一个面的表达式，即该面的高度方程式。方程式中假定跑道是水平的，x、y 为障碍物所在位置的平面坐标，z 为该处基本 ILS 面的高。当计算时，y 值不考虑其正负（取绝对值）。这些方程式分列如下。

进近（1）面：

$$z = 0.02x - 1.2$$

进近（2）面：

$$z = 0.025x - 16.5$$

起降地带：

$$z = 0$$

复飞面：

$$z = -0.025x - 22.5$$

过渡（1）面：

$$z = -0.001\,45x + 0.143y - 21.36$$

过渡（2）面：

$$z = 0.003\,55x + 0.143y - 36.66$$

过渡（3）面：

$$z = 0.143y - 21.45$$

过渡（4）面：

$$z = 0.010\,75x + 0.143y + 7.58$$

3. 评价的步骤方法

用基本 ILS 面评价障碍物的基本步骤如下。

① 判断障碍物在基本 ILS 面的哪一个面内。根据基本 ILS 面各交点坐标，先画出基本 ILS 面的示意模板（平面坐标图），然后根据每一个障碍物的 (x, y) 坐标，判断它所在的面。

② 将障碍物的坐标 (x, y) 代入所在面的高度方程式，计算出该处 ILS 面高 z。

③ 比较障碍物高 h_O 与基本 ILS 面高 z，如果障碍物高大于基本 ILS 面高，说明障碍物穿透了基本 ILS 面，否则没有穿透。

例 8-1　已知障碍物 O_1 的坐标为 $(3\,500, 550)$，高 $h_{O_1} = 68\,\text{m}$；障碍物 O_2 的坐标为 $(-4\,200, -1\,525)$，高 $h_{O_2} = 282\,\text{m}$。判断障碍物是否穿透基本 ILS 面？

解：

评价障碍物 O_1：

① 根据障碍物 O_1 的坐标，利用 ILS 模板判断障碍物 O_1 在进近（2）面之下。

② 将 $x = 3\,500\,\text{m}$ 代入进近（2）面的高度方程式计算出基本 ILS 面高为

$$z = 0.025 \times 3\,500 - 16.5 = 71\,(\text{m})$$

③ 障碍物 O_1 高 $h_{O_1} = 68\,\text{m}$，小于基本 ILS 面高，所以没有穿透基本 ILS 面。

评价障碍物 O_2：

① 根据障碍物 O_2 的坐标判断障碍物 O_2 在过渡（4）面之下；

② 将 $x = -4\,200$、$y = 1\,525$（取绝对值）代入过渡（4）面的高度方程式，计算出基本 ILS 面高为

$$z = 0.010\,75 \times (-4\,200) + 0.143 \times 1\,525 + 7.58 \approx 180.5\,(\text{m})$$

③ 障碍物 O_2 高 $h_{O_2} = 282\,\text{m}$，大于基本 ILS 面高，所以穿透了基本 ILS 面。

在标准条件下，没有穿透基本 ILS 面的障碍物不加限制，而穿透基本 ILS 面中任何一个面的障碍物，就成为重要障碍物，必须使用 OAS 面对其进行进一步的评估。但属于表 8-4 所示的障碍物可以不予考虑。同时，对于那些为满足航行需要必须保持其功能的物体，只要有关当局确定，其穿透基本 ILS 面的部分质量小，而且底部易折，对航空器运行安全没有不利影响，也可以不予考虑。

表 8-4　在计算 OCA/H_{PS} 可忽略不计的障碍物

障　碍　物	入口以上最大高/m	至跑道中线的最短横向距离/m
GP（grownd plane cantenna，接地天线）	17	120
滑行中的航空器	22	150
在等待坪或在入口至入口前 250 m 之间滑行等待位置的航空器	22	120
在等待坪或在入口至入口前 250 m 之间滑行等待位置的航空器（只限于 I 类）	15	75

8.2.3　使用 OAS 面评价障碍物

OAS 面是在基本 ILS 面之上的一组障碍物评价面，它的大小取决于 ILS 进近的类型、设备安装的几何数据、航空器的大小等因素。它比使用基本 ILS 面评估障碍物要精确。因此，

对于穿透基本 ILS 面的障碍物，还必须使用 OAS 面作进一步评价。但必须要注意，基本 ILS 面是作为限制障碍物增长、确保机场净空的规划面，在跑道附近的某些位置，它要比 OAS 面更靠近跑道，因而 OAS 面并不能代替基本 ILS 面。

1. OAS 面的标准条件

① 航空器的尺寸：各类航空器的最大尺寸如表 8-5 所示。

表 8-5　各类航空器最大尺寸

航空器类型	翼展/m	机载 GP 天线到主轮的最大距离/m
H	30	3
A、B	60	6
C、D	65	7
D_L	80	8

② Ⅱ类 ILS 进近的飞行使用飞行指引仪。

③ 复飞上升梯度为 2.5%。

④ ILS 航道波束在入口的宽度为 210 m。

⑤ ILS 基准高（RDH）为 15 m（49 ft）。

⑥ 下滑角：最小 2.5°；最佳 3.0°；最大 3.5°（最大值仅Ⅱ、Ⅲ类 ILS 进近适用）。

⑦ 所有障碍物的高以跑道入口标高为基准。

⑧ 当Ⅱ类和Ⅲ类飞行时，附件 14 的内进近面、内过渡面和复飞面没有穿透。

当程序设计的实际条件与上述标准条件有不利的差别时，必须进行调整。调整的内容和方法将在后文阐述。

2. OAS 面的组成及其表达式

OAS 面由对称于精密进近航迹（ILS 航道）的六个斜面和包含入口的水平面（称为入口水平面）组成，如图 8-5 所示，这些斜面分别叫作 W 面、X 面、Y 面和 Z 面，各用一个线性方程式表示：

$$z = Ax + By + C$$

式中，x、y 为某一点的平面坐标，z 为该点所在位置的 OAS 面高（以入口标高为基准），A、B、C 为平面方程的常数。这些常数可根据 ILS 参数（航向台至入口距离 LOC/THR 和下滑角 θ）、进近类别（Ⅰ类、Ⅱ类和Ⅱ类自动驾驶）及其复飞爬升梯度，从专用的 OAS 常数表上查出，从而建立各个斜面的表达式，即高度方程式。

OAS 面的范围是组成 OAS 面的各个斜面上升到距跑道入口平面 300 m（Ⅰ类）或 150 m（Ⅱ类）高的边界线。

3. OAS 常数及修正

（1）OAS 常数表

OAS 面中 W 面、X 面、Y 面和 Z 面的 A、B、C 常数列于国际民航组织 8168 号文件附录的 OAS 常数表内。常数表中列出了Ⅰ类、Ⅱ类和Ⅱ类使用自动驾驶仪三种设备类型的 OAS 面的数据。Ⅲ类 ILS 进近使用Ⅱ类使用自动驾驶仪时的 OAS 面的数据。这些附表根据航向台至入口距离（LOC/THR）与下滑角（θ）的组合，分别列出了 LOC/THR 为 2 000～4 500 m（间隔为 200 m）、θ 为 2.5°～3.5°（间隔为 0.1°），以及复飞梯度为 2.0%、2.5%、3.0%、

4.0% 和 5.0% 的各类 ILS 进近在标准条件的 OAS 常数及其模板坐标。国际民航组织还开发了 OAS 面评估软件，可以直接通过软件得到所需的 OAS 面参数。

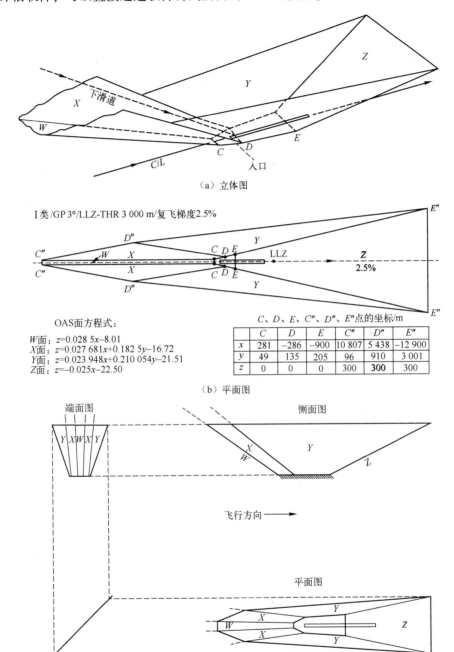

OAS面方程式：

W 面：$z=0.028\,5x-8.01$
X 面：$z=0.027\,681x+0.182\,5y-16.72$
Y 面：$z=0.023\,948x+0.210\,054y-21.51$
Z 面：$z=-0.025x-22.50$

C、D、E、C''、D''、E'' 点的坐标/m

	C	D	E	C''	D''	E''
x	281	−286	−900	10 807	5 438	−12 900
y	49	135	205	96	910	3 001
z	0	0	0	300	**300**	300

图 8-5　OAS 面的组成

当 LOC/THR 和下滑角为 OAS 常数表中所列数值的中间数值时，应使用下一个较低的距离和角度；当 LOC/THR 和下滑角在 OAS 常数表所列数值以外时，应使用所列数值相应的最大或最小数值。

（2）非标准条件对 OAS 常数的修正

在下列条件下必须对 OAS 常数进行强制性修正。国际民航组织 OAS 面评估软件所给参数无须修正。

① 当航空器尺寸大于标准条件时（半翼展、着陆轮至 GP 天线之间的垂直距离超过标准），应对 OAS 常数进行修正。修正的方法是利用下列公式修正 W 面、W^* 面、X 面和 Y 面的常数 C。

$$C_{W_{修}} = C_W - (t-6)$$
$$C_{W^*_{修}} = C_{W^*} - (t-6)$$
$$C_{X_{修}} = C_X - B_X P$$
$$C_{Y_{修}} = C_Y - B_Y P$$

式中：$C_{W_{修}}$，$C_{W^*_{修}}$，$C_{X_{修}}$，$C_{Y_{修}}$——修正后的 W 面、W^* 面、X 面和 Y 面的常数；

$\quad\quad\quad C_W$，C_{W^*}，C_X，C_Y——修正前的 W 面、W^* 面、X 面和 Y 面的常数；

$\quad\quad\quad t$——着陆轮至 GP 天线飞行路线之间的垂直距离；

$\quad\quad\quad P$——$\max\left\{\dfrac{t}{B_X}, S+\dfrac{t-3}{B_X}\right\} - \max\left\{\dfrac{6}{B_X}, 30+\dfrac{3}{B_X}\right\}$，其中 S 为航空器的半翼展。

② 当 ILS 基准高（RDH）小于 15 m 时，也应对 OAS 常数进行修正。修正的方法是利用下列公式修正 W 面、X 面和 Y 面的常数 C。

$$C_{修} = C + (RDH - 15)$$

③ 当 Ⅰ 类航向台航道波束在入口的宽度 l 大于 210 m 时，以航向台到入口的距离提供的 OAS 面就不适用了，在这种情况下，必须使用另外一种方法——碰撞危险模式（collision risk model，CRM）来评价障碍物。

例 8-2 程序设计参数为：下滑角 $\theta = 3°$，LOC/THR $= 3\,000$ m，$S = 32$ m，$t = 9$ m，RDH $= 14$ m。Ⅰ 类 ILS 进近，复飞上升梯度为 2.5%。求 W 面、X 面、Y 面、Z 面修正后的常数 C。

解：根据下滑角 $\theta = 3°$，LOC/THR $= 3\,000$ m，复飞梯度为 2.5%，使用国际民航组织软件可得到 OAS 面的参数，如图 8-6 所示。然后列表，如表 8-6 所示。

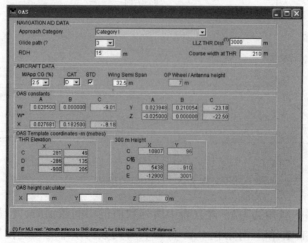

图 8-6 下滑角 $\theta = 3°$，LOC/THR $= 3\,000$ m 的 OAS 面参数

表 8-6　OAS 面的参数

	W 面	X 面	Y 面	Z 面
A	0.028 5	0.027 681	0.023 948	-0.025
B	0	0.182 5	0.210 054	0
C	-9.01	-18.18	-23.18	-22.5

① 修正航空器尺寸：

$$P = \max\left\{\frac{t}{B_X}, S+\frac{t-3}{B_X}\right\} - \max\left\{\frac{6}{B_X}, 30+\frac{3}{B_X}\right\}$$

$$= \max\left\{\frac{9}{0.182\ 5}, 32+\frac{9-3}{0.182\ 5}\right\} - \max\left\{\frac{6}{0.182\ 5}, 30+\frac{3}{0.182\ 5}\right\}$$

$$= \max\{49.32, 64.88\} - \max\{32.88, 46.44\}$$

$$= 64.88 - 46.44 = 18.44$$

$$C_{W修} = C_W - (t-6) = -9.01 - (9-7) = -11.01$$
$$C_{X修} = C_X - B_X P = -18.18 - 0.182\ 5 \times 18.44 \approx -21.55$$
$$C_{Y修} = C_Y - B_Y P = -23.18 - 0.210\ 054 \times 18.44 \approx -27.05$$

② 修正基准高（RDH）

修正 W 面、X 面和 Y 面的常数 C。

$$C_修 = C + (RDH-15)$$
$$C_{W修} = -11.01 + (14-15) = -12.01$$
$$C_{X修} = -21.55 + (14-15) = -22.55$$
$$C_{Y修} = -27.05 + (14-15) = -28.05$$

经修正后，OAS 各个面的方程式如下。

W 面：

$$z = 0.028\ 5x - 12.01$$

X 面：

$$z = 0.027\ 681x + 0.182\ 5y - 22.55$$

Y 面：

$$z = 0.023\ 948x + 0.210\ 054y - 28.05$$

Z 面不需要修正。

4. 评估步骤与方法

① 查表确定 OAS 面的参数。根据 LOC/THR 的距离、下滑角、进近类别和复飞梯度，从 OAS 常数表中找出 OAS 各个面的方程式及其各个点的坐标。

② 对于那些非标准条件，按前述方法对 OAS 面的有关常数 C 进行修正。

③ 借助 OAS 模板判断障碍物所在的面。在标准条件下，根据查表所得的 OAS 面各个点的坐标，在非标准条件下，则应通过计算建立起来的 OAS 方程式求出。绘出 OAS 模板，以便根据障碍物坐标判断其所在的面。有的障碍物可以明确地判断它在哪一个 OAS 面内，而

有的障碍物只判断它可能在哪两个或三个面内。

④ 将障碍物坐标 (x, y) 代入其所在面的方程式,解算出该处的 OAS 面高 (z 值)。对于那些可能在两个或三个面内的障碍物,则应分别计算出这两个或三个面的高,其中数值较大者就是障碍物所在的面。当计算 OAS 面高时,y 值不考虑其正负,取其绝对值计算。比较障碍物的高和其所在面的高,找出穿透 OAS 面的障碍物。

8.3 确定精密航段的最低超障高

精密航段的最低超障高 (OCH_{PS}),是制定精密进近最低着陆标准的主要依据。这个高度必须能够确保航空器在精密航段及其后的复飞中的飞行安全,因此,应在评估障碍物的基础上,计算出 ILS 精密航段的最低超障高 (OCH_{PS})。

8.3.1 评估障碍物

评估障碍物是要找出对精密航段飞行有影响的障碍物,评估的方法如下。

① 采用基本 ILS 面对位于基本 ILS 面范围内的各种障碍物进行评估,找出穿透基本 ILS 面的障碍物。

② 对穿透基本 ILS 面的障碍物,用 OAS 面再次进行评估。在进行评估前,需要检查是否满足 OAS 面标准条件,如果不满足,则需要根据 8.2 节所描述的方法进行 OAS 面参数的修正,然后用修正参数后的 OAS 面评估穿透基本 ILS 面的障碍物,找出既穿透基本 ILS 面,又穿透 OAS 面的障碍物。这些障碍物被称为重要障碍物。

8.3.2 障碍物分类

由于精密航段包括了进近下降和复飞爬升两种飞行状态,在这两种状态下,障碍物对飞行的影响是不同的。因此,在计算精密航段最低超障高 (OCH_{PS}) 之前,应先将那些既穿透基本 ILS 面,又穿透 OAS 面的所有重要障碍物,区分为进近障碍物和复飞障碍物,然后再将每一个复飞障碍物的高换算成当量进近障碍物的高 (复飞障碍物当量高),最后根据有关准则,计算出精密航段的 OCH_{PS}。

1. 鉴别进近障碍物与复飞障碍物

区分进近障碍物与复飞障碍物最简便的方法,就是以入口之后 900 m ($x=-900$) 为界,在此之前 ($x>-900$) 为进近障碍物,在此之后 ($x<-900$) 为复飞障碍物。由于在 $x=-900$ m 之前的某些障碍物,可能在复飞航迹之下,当航空器飞越这些障碍物时是在上升而不是在下降,因此这些障碍物如果划分为进近障碍物,将会造成最低着陆标准不必要的增大,不利于发挥机场运行效益 (对航行不利)。因此,比较有利的方法应当是:以通过入口之后 900 m 且平行于标称下滑道 GP 面的斜面 GP′ 为分界面,凡高于 GP′ 面的障碍物,都属于复飞障碍物;低于 GP′ 面的障碍物则属于进近障碍物,如图 8-7 所示。

GP′ 面的高度方程式为

$$z_{\text{GP}'} = (x+900) \times \tan\theta$$

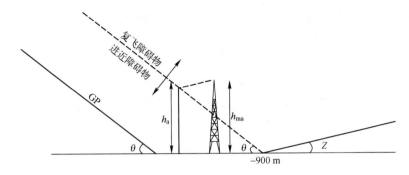

图 8-7　进近障碍物与复飞障碍物

将障碍物的 x 坐标代入上面的方程式，计算出该处的 GP′ 面高 $z_{GP'}$ 与障碍物高 h_O 比较即可鉴别该障碍物属于哪一类障碍物。如果 $h_O \leqslant z_{GP'}$，则属于进近障碍物；如果 $h_O > z_{GP'}$，则属于复飞障碍物。

例如，穿透基本 ILS 面和 OAS 面（在标准条件下）的障碍物 O 的坐标为（-360，280），高 $h_O = 21$ m。该处 $z_{GP'} = (-360 + 900) \times \tan 3° \approx 28.3$（m），$h_O < z_{GP'}$，表明该障碍物在 GP′ 面之下，属进近障碍物。

2. 计算复飞障碍物当量高

区分出进近障碍物和复飞障碍物之后，应当按下式将复飞障碍物高 h_{ma} 换算为复飞障碍物当量高 h_a：

$$h_a = \frac{h_{ma} \cot Z + x + 900}{\cot Z + \cot \theta}$$

式中：x——障碍物的横坐标；

θ——ILS 下滑道的下滑角（标准 3°）；

Z——OAS 面中 Z 面（ILS 面中复飞面）的倾斜角（标准复飞梯度 $\tan Z = 2.5\%$）。

例 8-3　在标准条件下，复飞障碍物 O 的坐标为（-1 500，-500），高 51 m，求复飞障碍物当量高。

解： 复飞障碍物当量高为

$$h_a = \frac{51 \times 40 + (-1\ 500) + 900}{40 + \cot 3°} \approx 24.4（\text{m}）$$

3. 确定控制障碍物

在穿透基本 ILS 面和 OAS 面的进近障碍物高和复飞障碍物当量高中，高度最大者，就是精密航段的控制障碍物。它对飞行的影响最大，所要求的超障高也最高，需要根据其高度来确定精密航段的 OCH_{PS}。

8.3.3　计算精密航段的 OCH_{PS}

为了保证安全飞越控制障碍物，OCH_{PS} 应在控制障碍物高度的基础上增加一个余量，这个余量称为高度损失或高度表余度（HL），即：

$$\text{OCH}_{PS} = h_O + \text{HL}$$

HL 是考虑到当航空器由最后进近的下降转为复飞上升时，航空器的惯性和空气动力性能及高度表误差等因素所引起的高度损失，它的数值如表 8-7 所示，该数值是按照航空器在规定的进近航迹上从 OCH_{PS} 高度上使用正常手操纵复飞程序的情况计算得到的，只适用于 Ⅰ、Ⅱ 类进近。

表 8-7 高度表余度

航空器类型	无线电高度表余度/m（ft）	气压高度表余度/m（ft）
A	13（42）	40（130）
B	18（59）	43（142）
C	22（71）	46（150）
D	26（85）	49（161）

如果没有既穿透基本 ILS 面，又穿透 OAS 面的障碍物，则取 $h_0 = 0$，即 $OCH_{PS} = HL$。

表 8-7 中没有列出的 E 类航空器及特定的入口速度 V_{at} 所要求的高度损失或高度表余度应按下式计算：

$$HL = 0.096V_{at} - 3.2(使用无线电高度表)$$

$$HL = 0.068V_{at} + 28.3(使用气压式高度表)$$

当遇下列情况时，表 8-7 中所列的数值应采用下述方法进行修正：

① 当机场标高大于 900 m（2 953 ft）时，每 300 m 标高应增加无线电高度表余度的 2%；

② 当下滑角大于 3.2°时，每超过 0.1°应增加无线电高度表余度的 5%。

例 8-4 已知：C 类航空器——机场标高为 1 650 m MSL，下滑角为 3.5°，无线电高度表余度 HL_1 为 22 m，气压高度表余度 HL_2 为 46 m。求修正后的无线电高度表余度 HL_1' 和气压高度表余度 HL_2'。

解： ① 对机场标高的修正为

$$\frac{1\ 650}{300} \times 22 \times 2\% = 2.42(m)$$

② 对下滑角的修正为

$$\frac{3.5° - 3.2°}{0.1°} \times 22 \times 5\% = 3.3(m)$$

总的修正为 5.72 m，取整应为 6 m，所以，

修正的无线电高度表余度为

$$HL_1' = 22 + 6 = 28(m)$$

修正的气压高度表余度为

$$HL_2' = 46 + 6 = 52(m)$$

8.3.4 精密航段 OCH_{PS} 的计算举例

例 8-5 已知条件如下。

（1）跑道：长度为 2 000 m；入口标高为 34 m（110 ft）；机场标高为 39.7 m（130 ft）。

（2）航空器：A 至 C 类，标准尺寸；复飞梯度为 2.5%；Ⅰ 类有飞行指引仪和自动驾驶仪。

（3）ILS 基准高（RDH）：15 m（50 ft）。

假设下滑道角度为 3°，入口到航向台 LOC 的距离为 2 400 m，跑道及障碍物位置如图 8-8 所示，障碍物的详细信息如表 8-8 所示。求 A 至 C 类航空器精密航段的 OCH_{PS}。

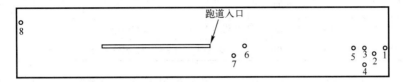

图 8-8　跑道及障碍物位置图

表 8-8　障碍物一览表

编　号	种　类	x/m	y/m	z（高于入口）/m
1	树	3 300	−50	71
2	树	3 100	−150	90
3	树	2 900	−50	70
4	树	2 900	−350	102
5	树	2 700	−50	67
6	山	650	0	16
7	山	450	−180	25
8	树	−3 520	435	70

解：

① 用基本 ILS 面评估障碍物，基本 ILS 面与障碍物位置关系如图 8-9 所示。评估结果如表 8-9 所示。

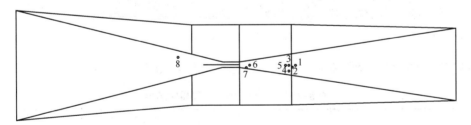

图 8-9　基本 ILS 面与障碍物位置关系图

表 8-9　用基本 ILS 面评估障碍物的结果

编号	种　类	相对坐标 x	相对坐标 y	障碍物高 /m	所在位置	高度公式	基本 ILS 面高/m	是否穿透
1	树	3 300	−50	71	进近（2）面	$z=x×2.5\%-16.5$	66.0	穿透
2	树	3 100	−150	90	进近（2）面	$z=x×2.5\%-16.5$	61.0	穿透
3	树	2 900	−50	70	进近（1）面	$z=x×2\%-1.2$	56.8	穿透
4	树	2 900	−350	102	进近（1）面	$z=x×2\%-1.2$	56.8	穿透
5	树	2 700	−50	67	进近（1）面	$z=x×2\%-1.2$	52.8	穿透
6	山	650	0	16	进近（1）面	$z=x×2\%-1.2$	11.8	穿透

编　号	种　类	相对坐标		障碍物高 /m	所在位置	高度公式	基本 ILS 面高/m	是否穿透
		x	y					
7	山	450	−180	25	进近（1）面	$z=x×2\%-1.2$	7.8	穿透
8	树	−3 520	435	70	复飞面	$z=-x×2.5\%-22.5$	65.5	穿透

② 用 OAS 面评估障碍物。通过 ICAO 有关软件得到 OAS 面参数，如图 8-10 所示。

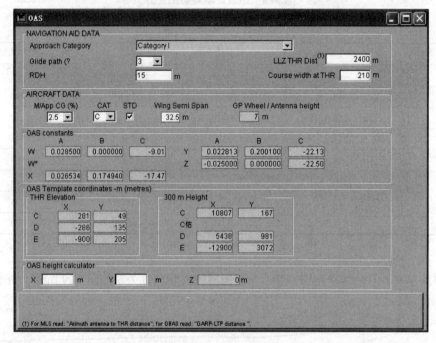

图 8-10　OAS 面参数

采用图 8-10 中的参数评估障碍物，评估结果如表 8-10 所示。

表 8-10　用 OAS 面评估障碍物结果

编　号	种　类	x/m	y/m	z（高于入口）/m	I 类 OAS 面			是否穿透
					W 面	X 面	Z 面	
1	树	3 300	−50	71	85.0	—	—	否
2	树	3 100	−150	90	—	91.0	—	否
3	树	2 900	−50	70	73.6	—	—	否
4	树	2 900	−350	102	—	120.7	—	否
5	树	2 700	−50	67	67.9	—	—	否
6	山	650	0	16	9.5	—	—	是
7	山	450	−180	25	—	26.0	—	否
8	树	−3 520	435	70	—	—	65.5	是

③ 穿透障碍物区分进近障碍物和复飞障碍物。根据图 8-11 可知，穿透障碍物中如果障碍物的 x 坐标小于-900，肯定是复飞障碍物，大于-900 时，如果障碍物高小于$(-900-x)\cdot\tan\theta$ 即为进近障碍物。障碍物 6 与障碍物 8 的类型如表 8-11 所示。

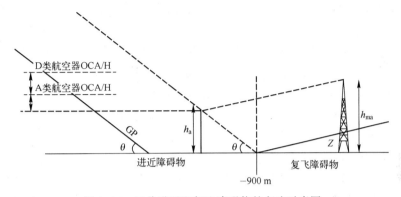

图 8-11 区分进近和复飞障碍物的方法示意图

表 8-11 障碍物 6 与障碍物 8 的类型

编 号	种 类	x/m	y/m	z（高于入口）/m	$(x+900)\cdot\tan\theta$	障碍物类型
6	山	650	0	16	81.2	进近障碍物
8	树	$-3\,520$	435	70	-137.3	复飞障碍物

④ 计算复飞障碍物当量高。只有 8 号障碍物为复飞障碍物，需要计算复飞障碍物当量高，计算如下：

$$h_a = \frac{h_{ma}\cot Z+(900+x)}{\cot Z+\cot\theta} = \frac{70\times\dfrac{1}{0.025}+\left[900+(-3\,520)\right]}{\dfrac{1}{0.025}+\cot 3°} \approx 3\,(\text{m})$$

进近障碍物和复飞障碍物中最高者为精密航段的控制障碍物，即 6 号障碍物为控制障碍物。

⑤ 计算 I 类 ILS 进近精密航段 OCH_{PS}。

A 类航空器：

$$OCH_{PS} = 障碍物高+HL = 16+40 = 56\,(\text{m})$$

小于 60 m，取 60 m。

B 类航空器：

$$OCH_{PS} = 障碍物高+HL = 16+43 = 59\,(\text{m})$$

小于 60 m，取 60 m。

C 类航空器：

$$OCH_{PS} = 障碍物高+HL = 16+46 = 62\,(\text{m})$$

大于 60 m。

8.4 起始进近航段

ILS 进近程序的起始进近航段从 IAF 开始，到 IF 终止。IF 必须位于 ILS 的航向信标的有效范围内。

为便于切入 ILS 航道，当采用直线和沿 DME 弧进近时，起始进近航迹与中间航迹的交角不应超过 90°（最好不超过 30°），以便在使用自动驾驶（自动耦合）进近时，自动驾驶与航向台信号耦合。当交角大于 70° 时，必须提供至少 4 km（2 NM）的转弯提前量，并通过一条 VOR 径向线、NDB 方位线、雷达向量或 DME 测距信息给出提前转弯点的位置，以便驾驶员操纵航空器提前转弯，能够正确地切入中间航迹。如果交角大于 90°，则应考虑使用反向程序、推测航迹程序或直角航线程序。

除推测航迹程序外，使用其他起始进近方式的精密进近程序，其起始进近航段除上述规定外，其余均使用非精密进近的有关准则。推测航迹程序将在后面的章节中加以介绍。

8.5 中间进近航段

8.5.1 航迹设置

ILS 进近程序的中间进近航段从切入 ILS 航道的一点（中间进近定位点 IF）开始，至切入下滑道的一点（最后进近定位点 FAP）终止，其航迹必须与 ILS 航道一致。

中间进近航段的长度等于航空器切入航向道至切入下滑道之间的距离。它应能使航空器切入下滑道之前稳定在航道上，最佳长度为 9 km（5 NM），最小长度取决于从起始进近航迹切入中间航迹的角度，如表 8-12 所示，但这些最小数值只在可用空域受限制时才使用。中间进近航段的最大长度取决于这个航段必须完全处于航向台有效范围之内，一般 IF 至航向台天线的距离不超过 46 km（25 NM）。

表 8-12 ILS 进近中间进近航段的最小长度

切入航向道的角度	A、B 类航空器/km（NM）	C、D 类航空器/km（NM）
0°~15°	2.8（1.5）	2.8（1.5）
16°~30°	3.7（2.0）	3.7（2.0）
31°~60°	3.7（2.0）	4.6（2.5）
61°~90°	3.7（2.0）	5.6（3.0）

8.5.2 保护区

使用直线进近程序的 ILS 进近程序，其中间航段保护区在 IF 处的宽度，由起始进近区的总宽度确定，而后逐渐均匀缩小至 OAS 模板中 $D-D''$ 线或 $D-D''$ 线的延长线在 FAP 或 FAF 处的宽度，如图 8-12 所示。保护区在 FAF（或 FAP）的总宽度 L 可以根据该点到跑道入口的距离及 OAS 模板中 D、D'' 的坐标求出。计算公式为

$$L=2\frac{y_{D''}-y_D}{x_{D''}-x_D}(x_{\text{FAF/FAP}}-x_D)$$

式中：$x_{D''}$，$y_{D''}$——D'' 点的坐标；

　　　x_D，y_D——D 点的坐标；

　　　$x_{\text{FAF/FAP}}$——FAF 或 FAP 点的 x 坐标。

中间进近保护区应分为主区和副区。在 FAP 处，最好提供一个定位点，这样，精密航段的 X 面和 Y 面终止于 FAF 定位容差区的最早点，并且在这一点之后 15% 斜面之下的障碍物，在计算精密航段的 OCH_{PS} 时，可以不予考虑，如图 8-12（a）所示。如果在 FAP 不能提供下降定位点，则精密航段延伸至中间进近区内（但不能延伸到该航段之外），如图 8-12（b）所示。

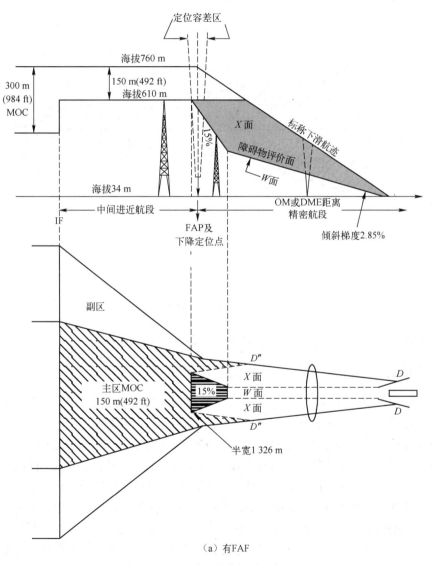

（a）有 FAF

图 8-12　ILS 进近的中间进近保护区

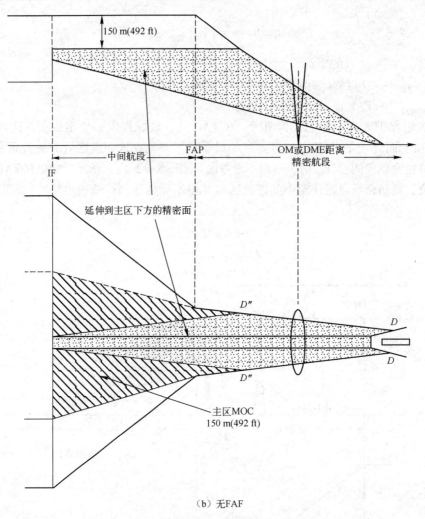

（b）无FAF

图 8-12 ILS 进近的中间进近保护区（续）

中间进近航段的超障要求与非精密进近的中间进近航段相同。

8.5.3 起始进近为反向或直角航线的中间进近区

如果起始进近使用反向或直角航线程序，航空器在完成反向或直角程序的机动飞行后，先切入 ILS 航道，再沿 ILS 航道切入下滑道，航迹引导由 LOC 提供。

中间进近保护区与非精密进近确定保护区的方法相似。在 FAF（或 FAP）处的宽度仍根据 OAS 模板中 $D\text{-}D''$ 线或其延长线在 FAF 处的宽度确定；保护区在距航向台 28 km 处的宽度为 ±9.3 km，每侧各一个主区和一个副区。保护区自 FAF 处延伸至反向或直角航线主区的最远边界。具体画法如图 8-13 所示。如果反向或直角航线主区的最远边界至航向台的距离超过 28 km，则在离航向台 28 km 以远，直至反向或直角航线主区的最远边界之间的中间进近保护区保持总宽度 ±9.3 km 不变。ILS 进近程序中间进近航段的其他准则与非精密进近的相同。

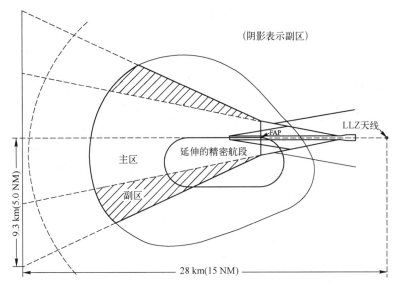

图 8-13　ILS 进近使用反向或直角航线程序的中间进近保护区

8.6　精密航段后的复飞

为了确保航空器在精密航段之后的复飞中能够安全地飞越复飞区里的所有障碍物，在计算出精密航段的最低超障高（OCH$_{PS}$）之后，应检查精密航段后的复飞（复飞最后阶段）的超障余度。

ILS 进近复飞最后阶段的准则是在一般准则的基础上，考虑到 ILS 精密进近的特点而进行了某些修正。例如，起始爬升点（SOC）的位置、复飞区的大小、直线复飞的超障余度，以及对 OCH$_{PS}$ 和复飞转弯高度的调整方法等，都与非精密进近的有所不同。下面将依据其特点说明检查 ILS 进近最后复飞的超障余度的有关问题。

8.6.1　确定起始爬升点的位置

为了检查最后复飞的超障余度，必须首先确定用于计算超障高的起始爬升点（SOC）。ILS 进近的复飞是在标称下滑道（GP）到达决断高的一点开始，考虑到下降转入上升的过渡，ILS 进近复飞的起始爬升点（SOC）是在 GP′斜面与"OCH$_{PS}$–HL"高度相交的一点。航空器最晚在这一点开始爬升，如图 8-14 所示。

SOC 点的横坐标（x_{SOC}）根据 GP′面的高度方程式 $z_{GP'}=(x+900)\times\tan\theta$ 求出，即

$$x_{SOC}=(OCH_{PS}-HL)/\tan\theta-900$$

8.6.2　直线复飞

ILS 精密航段是在 Z 面到达入口以上 300 m 的高为止，直线复飞的最后阶段从这一点开始。在这个距离上 Z 面的宽度，即 Y 面和 Z 面的 300 m 等高线交点 E'' 的 y 轴坐标 $y_{E''}$ 就是直线复飞最后阶段保护区的起始宽度，此后以 15°的扩展角向两侧扩张，没有副区，如图 8-15 所示。精密航段后的直线复飞不得要求航空器改变航向。

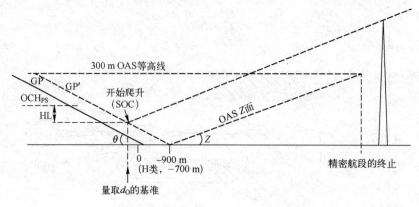

图 8-14 精密进近复飞的 SOC

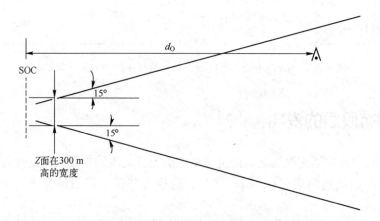

图 8-15 精密航段后的直线复飞最后阶段保护区

在直线复飞的最后阶段保护区内，各障碍物的高 h_0 应小于或等于复飞爬升面（Z'）的高（$z_{Z'}$），即

$$h_0 \leqslant (\text{OCH}_{PS} - \text{HL}) + d_0 \times \tan Z = z_{Z'}$$

如果直线复飞不能满足上述超障标准，可以采用提高复飞梯度的方法进行调整。但复飞梯度不得超过 5.0%。当调整复飞梯度时，精密航段的复飞梯度也与之同时改变。因此，复飞梯度的调整将带来 OAS 面参数的变化，在设计程序时，应检查这一变化对精密航段障碍物评估数据，以及保护区大小的影响。

当调整复飞梯度仍不能满足要求时，则应规定一个转弯，以避开影响飞行安全的障碍物。如果采用转弯复飞仍无法避开有危险的障碍物时，则必须增加 OCH_{PS}。

8.6.3 转弯复飞

1. 总则

转弯可规定在一个指定的 TP、一个指定转弯高或立即执行转弯。使用的准则取决于转弯点的位置（相对于精密航段正常终止的位置）。

（1）精密航段以后转弯

如果在精密航段正常终止距离以后转弯，可使用非精密进近指定高转弯复飞准则，但以下情况除外：

① 用（$OCH_{PS}-HL$）代替 OCH_{PS}；

② 由于 SOC 与 OCH_{PS} 有关，因此，当存在超高障碍物，需要调整 OCH_{PS}，以保证飞越障碍物所需的超障余度时，MAPt 的位置也将随之发生变化。

（2）精密航段以内转弯

如果规定一个指定高转弯，且转弯高与入口的高差小于 300 m；或者在一个指定 TP 转弯，而最早 TP 是在精密航段正常终止距离以内，则必须使用下文所述的准则。

2. 在一个与入口高差小于 300 m 的指定高度/高转弯

（1）在指定高度/高转弯的原因

规定到达一个指定高度/高转弯是为了避开以下两种有害障碍物：

① 在直线复飞方向必须避开的障碍物，如图 8-16 中的障碍物 O_4 所示；

② 在直线复飞航迹的正切方向，转弯后必须以适当的余度飞越的障碍物，如图 8-16 中的障碍物 O_3 所示。

在这种情况下，程序必须要求在开始转弯至规定航向或转向导航台之前上升至规定高度。

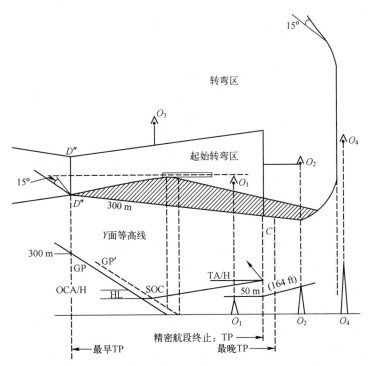

注：在转弯外侧阴影区 Y 面下面的障碍物，在计算转弯高度/高时不予考虑。

图 8-16　在指定高度/高转弯

（2）转弯高度/高

选择一个最晚 TP，使航空器能避开前方障碍物，而后在最晚 TP 之前相当于以最后复飞速度（或公布的最大复飞速度）加上 56 km/h 顺风飞行 6 s（驾驶员反应时间和压坡度时间）

的距离确定 TP。精密航段至转弯点终止。这样就可计算 OCA/H$_{PS}$ 和（OCA/H$_{PS}$-HL）。

最后确定 SOC 并用下式计算转弯高度/高（TA/H）：

$$TA/H=OCA/H_{PS}-HL+d_z×\tan Z$$

式中：d_z——SOC 至 TP 的水平距离。

如果 TP 位置与 SOC 一致，则在进近图中必须注明"尽可能立即转至×××航向或导航台"，并包括决定转弯要求的障碍物的位置和高的充分资料。

（3）保护区

起始转弯区是以 I 类进近的 Y 面的 300 m 等高线为界，即由 OAS 模板中 D'' 和 E'' 所围的区域，除非 TP 在精密航段终止之前。在后一种情况下，起始转弯区为由 OAS 模板中 D'' 和 TP 所围的区域，参见图 8-16。

转弯区的绘制按一般准则规定。

（4）超障余度

① 在起始转弯区的障碍物标高/高 h_0 必须满足：

$$h_0≤TA/H-50\ m(转弯大于 15°)$$

$$h_0≤TA/H-30\ m(转弯小于或等于 15°)$$

但位于转弯外侧的 Y 面下面的障碍物，在计算转弯高时可不予考虑。

② 在转弯区内及以后区域内的障碍物标高/高 h_0 必须满足：

$$h_0≤TA/H+d_0×\tan Z-MOC$$

式中：d_0——障碍物至起始转弯区边界的最短距离；

　　　MOC——50 m（转弯大于 15°）或 30 m（转弯小于或等于 15°），如有副区，MOC 从副区内边界向外逐渐减小至副区外边界时为零。

（5）转弯高度/高的调整

如果不能满足上述规定的准则，必须调整转弯高度/高。调整方法有以下两种。

① 调整转弯高度/高而不改变 OCA/H$_{PS}$：这就要移动 TP，从而要重画区域。

② 用增加 OCA/H$_{PS}$ 来提高转弯高度/高：其结果是飞越同一个 TP，转弯高度/高较高，转弯区保持不变。

3. 在指定 TP 转弯，最早 TP 在精密航段正常终止以前

如果规定在指定 TP 转弯，而最早 TP 在精密航段正常终止距离之前，则精密航段在最早 TP 终止，这就能计算 OCH$_{PS}$ 和 OCH$_{PS}$-HL，从而确定 SOC。

如果程序要求在指定 TP 实施转弯，则在程序中必须公布以下资料。

① TP：由一个定位点规定的 TP。

② 在没有航迹引导时，交叉的 VOR 径向、NDB 方位、DME 距离。

除了在最早和最晚 TP 根据 OAS 面的 Y 面在 300 m 等高线确定其宽度外，转弯区的画法使用非精密进近准则的规定，如图 8-17 所示。

障碍物高必须满足：

$$h_0<OCH_{PS}-HL+d_0×\tan Z-MOC$$

式中：d_0——d_z+障碍物至 K-K 线的最短距离，d_z 是 SOC 至最早 TP 的水平距离。

　　　MOC——50 m（转弯大于 15°）或 30 m（转弯小于或等于 15°）。

如果障碍物高超过这个数值，必须增加 OCH_{PS}，或者移动 TP 使之取得所要求的余度。

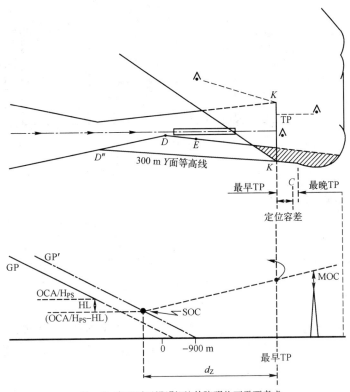

注：① 在 Y 面下（阴影区）的障碍物不需要考虑；
　　② $d_O = d_Z +$ 障碍物至 K–K 线的最短距离。

图 8-17　在指定 TP 转弯

8.7　只有航向台或 ILS 下滑台不工作

8.7.1　总则

只有航向台或 ILS 下滑台不工作的程序是一种非精密进近程序，除下列准则外，其他准则与非精密进近程序设计规定的准则相同。

8.7.2　中间进近航段

中间进近航段必须在 FAF 终止（外指点标或任何满足 FAF 要求的定位点），主区和副区的宽度必须满足 ILS 进近中间航段规定的准则，如图 8-18 所示，FAP 由 FAF 代替。

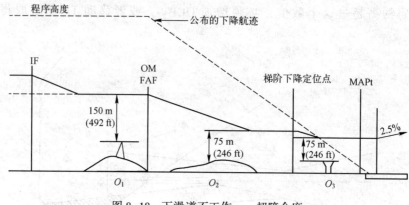

图 8-18　下滑道不工作——超障余度

8.7.3　最后进近航段

1. 航迹

最后进近航迹应与航向道一致，最后进近航段从 FAF 开始至 MAPt 终止，MAPt 不得在跑道入口之后。

2. 保护区

最后进近/起始复飞保护区是由 ILS I 类程序的 OAS 的 X 面外边界所确定的，从 FAF 起直至这些边界到达入口以上 300 m 高的距离，在这个距离以后，区域的宽度应等于 Y 面 300 m 等高线的宽度，如图 8-19 所示。

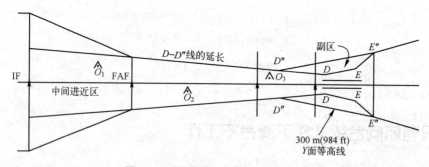

图 8-19　下滑道不工作——保护区

最后进近/起始复飞区的终点为根据一般准则（指点标用作复飞点）确定的过渡容差区的末端。在转弯复飞时，从过渡容差区的末端起使用转弯复飞的准则。直线复飞区由 Y 面的 300 m 等高线的宽度确定直至 E''，此后向外的扩张角增至 15°（见图 8-19）。前述的 X、Y 面可用基本 ILS 面的进近面和延伸的过渡面代替。在最后进近和复飞区，由直线连接 D''、D、E 和 E'' 作为副区。在没有下滑道时，必须假定一个 3° 下滑角以求得 300 m OAS 等高线。

3. 超障余度

在主区的 MOC 为 75 m，参见图 8-18，在副区，内边界的 MOC 等于主区的 MOC，而后向外均匀减小至外边界时为零。除了在副区内（OAS 面的 Y 面）只考虑穿透 Y 面的障碍物的情况以外，其余情况使用一般准则，包括满足要求的超障余度，且对山区按规定增加高度/

高的情况。

4. 下降梯度

在最后进近航段使用的下降梯度必须公布，它同样适用于下滑台故障时使用的进近程序。因此，在可能是 ILS 下滑道不工作的程序规定的下降梯度应与相应的 ILS 程序相同。

8.8　航向台偏置

8.8.1　航向道偏离跑道中线的使用

在有些机场，由于障碍物或台址问题，航向道无法与跑道中线一致，可以采用航向台偏置的方法解决上述问题（不能用偏置航向道作为降低噪声的措施）。当航向台偏置时，要求航向道的航线必须与跑道中线延长线相交，并且满足：

① 交角不大于 $5°$；

② 在交点处，标称下滑道的高（切入跑道中线的高）至少在入口以上 $55\,\mathrm{m}$。

这种程序应注明："航向道偏离×××度"（精确到 $0.1°$）。

8.8.2　总体布局

航向台偏置总体布局如图 8-20 所示。

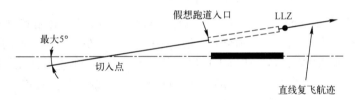

图 8-20　航向台偏置总体布局

8.8.3　超障余度

除下列准则外，其他准则与精密进近程序设计准则相同。

① 所有超障面和计算是基于与航向道对正的假想跑道，这条假想跑道在长度、入口标高和入口至切入点的距离与真跑道相同，而航向道的宽度和 ILS 基准高则为假想跑道入口的数据。

② 这种程序的 $\mathrm{OCA/H_{ps}}$ 必须不小于切入高度/高 $+20\,\mathrm{m}$（$66\,\mathrm{ft}$）。

第 9 章　推测航迹程序设计

9.1　总则

9.1.1　作用

推测（dead reckoning，DR）航迹程序是在空中交通较为繁忙，又由于航空器的进入方向或空域的限制，无法设计直线进近程序时，为了避免使用直角和反向程序而使用的一种进近程序。它因在起始进近航段中有一个无航迹引导的推测飞行段而得名。使用推测航迹程序可减少航空器切入跑道中线延长线的转弯角度。这种程序适用于具有相应设备的航空器在空中交通密度大的机场进近时使用。使用推测航迹程序的优势如下。

① 避免使用反向程序，以节省时间和空域。

② 为驾驶员提供一个简单且易于飞行的航线。一条设计合理的推测段可以使航空器在切入五边时，降低转弯半径偏大而错过切入时机的概率，这比使用按转弯提前量设置转弯定位点大角度转弯切入时，错过切入时机的概率要小得多。

③ 为空中交通管制（air traffic control，ATC）提供机动能力。通过设计不同长度的推测段，可以在不同速度的航空器同时到达时，便于空中交通管制员调整航空器的飞行间隔。如使用雷达引导，该程序作为在雷达荧光屏上提供一条切入最后进近航迹最佳飞行路线的基准。

推测航迹程序要求用两个 VOR 台或一个 VOR/DME 台确定推测段开始点的位置。最后进近和中间进近的航迹引导可以用 VOR、NDB 或 LLZ，本章仅介绍当以 LLZ 作为航迹引导台时，推测航迹的设计准则。此程序除以下规定外，其他按 ILS 精密进近准则设计。如果推测段的任何部分在最后进近航迹引导台的作用范围之外，则要求在最后进近航迹附近有一个用于归航的导航台。

9.1.2　程序设计使用的参数

① 航空器的速度：速度是确定航迹和保护区的最重要的参数。为了方便设计，考虑使用以下两种速度范围。

A、B 类航空器：指示空速（IAS）为 165~335 km/h（90~180 kt）。

C、D、E 类航空器：指示空速（IAS）为 335~465 km/h（180~250 kt）。

② 温度：（ISA+15）℃。

③ 高度：按海拔高度为 1 500 m（5 000 ft）和 3 000 m（10 000 ft）这两个高度来研究推测航迹程序设计。

④ 风速：必须使用全向风，风速为

$$W = (12H + 87) \text{ km/h}$$

但是对于推测段的直线部分，考虑使用在机场内的全向风，即 56 km/h（30 kt）。

⑤ 转弯坡度：25°或相当于 3(°)/s 转弯率的坡度，取较小者。

⑥ 飞行技术容差：驾驶员反应时间（0~6 s），建立坡度延迟时间（5 s），航向保持容差（±5°）。

⑦ 定位容差：按第 1 章的准则确定。

9.1.3　航迹结构

推测航迹程序有两种型式：U 型程序和 S 型程序。它们都由以下几个部分组成。

1. 起始进近第一段

它紧靠 IAF，其航迹由 VOR 径向线确定。为了限制推测段之前转弯开始点的容差，这段航迹的长度不应超过 56 km（30 NM）。

2. 推测段

在所有情况下，推测段与最后进近航迹的交角必须是 45°。推测段的最大长度为 19 km（10 NM），最小长度要满足航空器在顺风情况下能在开始转向最后进近之前完成从第一段至推测段的转弯。最小长度取决于推测航迹程序的型式。

3. 中间进近航段

中间进近航段从推测段切入中间进近航迹的一点开始，至 FAF（或 FAP）终止，要求有一个中间进近定位点。中间进近航段的最小长度要考虑在最不利的条件下，以 45°切入，且除 ILS 信号外没有其他开始转弯的指示，航空器能加入且稳定在中间进近航迹上。中间进近航段的长度取决于航空器的速度和高度，其数值如表 9-1 所示。

表 9-1　推测航迹程序中间进近航段的长度

高度/m（ft）	IAS/[km/h(kt)]	
	165~<335（90~<180）	335~465（180~250）
1 500（5 000）	11 km（6 NM）	17 km（9 NM）
3 000（10 000）	12 km（6.5 NM）	20 km（11 NM）

9.2　U 型推测航迹程序

9.2.1　航迹设置

1. 起始进近定位点的位置

推测航迹的起始进近定位点（IAF）可以是一个导航台或一个定位点，它必须位于一个以 FAP（或 FAF）为基准确定的扇区之外，如图 9-1 所示。该扇区的范围取决于航空器的速度和转弯开始点的定位方法。

2. 推测段之前转弯角度的限制

转弯开始点采用 VOR/VOR 交叉定位时，起始进近第一段与推测段的交角不应超过 105°，两条径向线的交角不小于 45°。

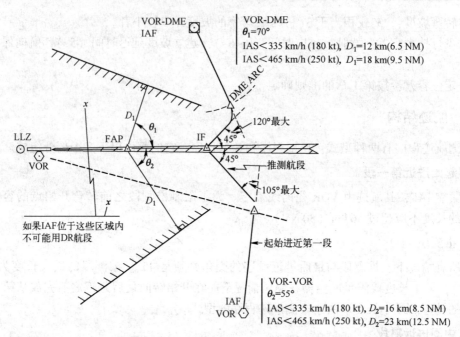

图 9-1 U 型推测航迹程序确定 IAF 的条件

转弯开始点采用 VOR/DME 交叉定位时，起始进近第一段与推测段的交角不应超过 120°。

3. 推测段的最小长度

推测段的最小长度取决于以下参数：

① 航空器速度；

② 转弯角度；

③ 转弯点的定位方法；

④ 高度；

⑤ 起始进近第一段的长度。

在各种情况下，推测段最小长度的数值如表 9-2 和表 9-3 所示。

表 9-2 当转弯开始点用 VOR/VOR 交叉定位时，推测段的最小长度

高度/m	IAS/[km/h(kt)]	转弯角度			
		≤45°	60°	90°	105°
1 500	165~<335 (90~<180)	10 km (5.5 NM)	11 km (6 NM)	12 km (6.5 NM)	12 km (6.5 NM)
	335~<465 (180~<250)	13 km (7 NM)	14 km (7.5 NM)	15 km (8 NM)	16 km (8.5 NM)
3 000	165~<335 (90~<180)	11 km (6 NM)	12 km (6.5 NM)	13 km (7 NM)	14 km (7.5 NM)
	335~<465 (180~<250)	15 km (8 NM)	16 km (8.5 NM)	18 km (9.5 NM)	19 km (10 NM)

表 9-3　当转弯开始点用 **VOR/DME** 定位时，推测段的最小长度

高度/m	IAS/[km/h(kt)]	转弯角度			
		≤45°	60°	90°	105°
1 500	165~<335 （90~<180）	6 km （3.5 NM）	8 km （4.5 NM）	9 km （5 NM）	10 km （5.5 NM）
	335~<465 （180~<250）	9 km （4.5 NM）	11 km （5.5 NM）	13 km （6.5 NM）	15 km （7.5 NM）
3 000	165~<335 （90~<180）	6 km （3.5 NM）	9 km （5 NM）	11 km （6 NM）	12 km （6.5 NM）
	335~<465 （180~<250）	9 km （5 NM）	11 km （6 NM）	15 km （8 NM）	18 km （9.5 NM）

注：当起始进近第一段的长度大于 19 km 时，表中数值应按超过部分的 10% 增加。例如，如果当第一段长度为 22 km 时，表列数值应增加 0.3 km。

9.2.2　保护区

U 型程序保护区画法如图 9-2 和图 9-3 所示，其中：起始进近第一段保护区按非精密进近准则确定，转弯区和推测段保护区的确定方法如下。

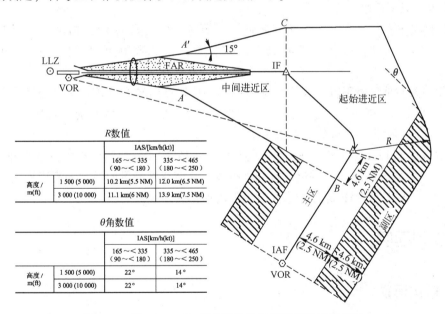

图 9-2　用 VOR/VOR 交叉定位的 U 型推测航迹保护区

（1）内边界

用直线连接在推测段一侧 OAS 模板 X 面上正切 FAP 的一点 A 和开始转弯点之前一个规定距离的 B 点，即为内边界。这个距离取决于转弯开始点的定位方法。

① 当开始点用 VOR/VOR 交叉定位时，该距离等于 4.6 km（2.5 NM）；

② 当开始点用 VOR/DME 交叉定位时，该距离等于 1.9 km（1.0 NM）。

R数值	IAS/[km/h(kt)]	
	165～<335（90～<180）	335～<465（180～<250）
高度/m(ft) 1 500(5 000)	9.3 km(5.0 NM)	10.2 km(5.5 NM)
3 000(10 000)	9.3 km(5.0 NM)	12.0 km(6.5 NM)

θ角数值	IAS/[km/h(kt)]	
	165～<335（90～<180）	335～<465（180～<250）
高度/m(ft) 1 500(5 000)	22°	14°
3 000(10 000)	22°	14°

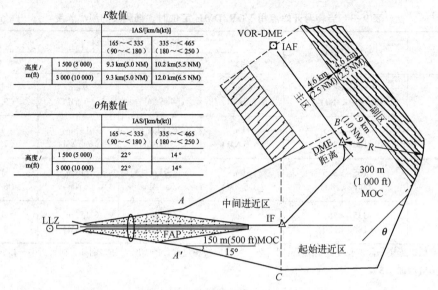

图 9-3　用 VOR/DME 交叉定位的 U 型推测航迹保护区

起始进近第一段的副区在确定转弯内侧的这条线终止。

（2）外边界

外边界由以下几段组成。

① 以转弯开始点为圆心，R 为半径画一条圆弧与第一段保护区相接。半径 R 取决于航空器的速度和高度，以及转弯开始点的定位方法，其数值可以从图 9-2、图 9-3 中查出。

② 作一条与推测段平行的直线与圆弧相切，从切点向转弯外侧作一条推测段的最大偏移边界线，此线与中间进近保护区延长线相交。θ 角为推测段的最大偏流加航向误差，其大小可按不同速度从图 9-2 和图 9-3 中查出。

③ 从 OAS 模板 X 面上正切 FAP 的一点 A'，以 15°的扩张角向外扩张，直至 IF 位置（C 点）。然后过 C 点作一条中间进近航迹的平行线，直至与推测段的最大偏流边界线相交。

保护区中从 IF 至 FAP 部分为中间进近航段保护区。

9.3　S 型程序

9.3.1　航迹设置

S 型推测程序的航迹设置如图 9-4 所示。S 型程序的航迹限制主要有以下两点。

① 起始进近航段第一段的末端，即航空器转向推测航迹的开始转弯点必须为一个定位点，其定位容差不得超过±3.7 km（±2.0 NM）。

② 推测段的最小长度应为以下两个数值之一：转弯开始点为 VOR/VOR 交叉定位点——9 km（5 NM），或转弯开始点为 VOR/DME 交叉定位点——7 km（4 NM）。

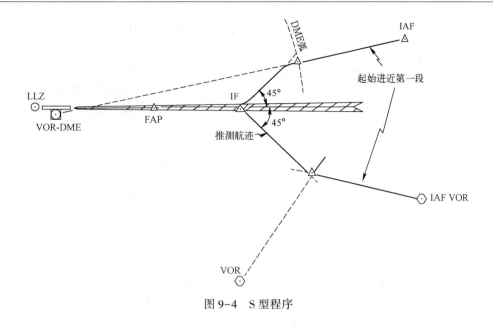

图 9-4　S 型程序

9.3.2　保护区

　　S 型程序的保护区根据转弯开始点定位方法的不同而有所差异，如图 9-5 和图 9-6 所示，其中，起始进近第一段保护区按非精密进近准则确定，转弯区和推测段保护区的画法如下。

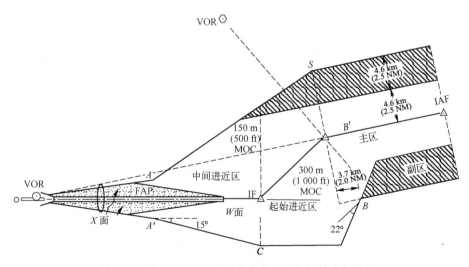

图 9-5　用 VOR/VOR 交叉定位的 S 型推测航迹保护区

　　（1）外边界

　　从起始进近第一段的副区外边界上正切转弯开始点的一点（S 点），与 OAS 模板 X 面上正切 FAP 的一点（A 点）之间连接一条直线。

　　（2）内边界

　　内边界由以下几段组成。

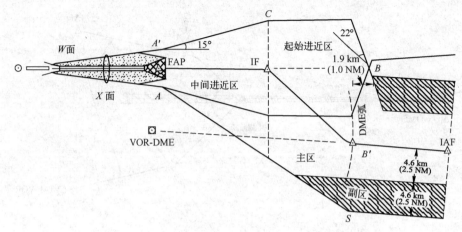

图 9-6　用 VOR/DME 交叉定位的 S 型推测航迹保护区

① 在第一段上距转弯开始点 1.9 km（开始点用 VOR/DME 交叉定位）或 3.7 km（开始点用 VOR/VOR 交叉定位），确定一点 B，由此点按 22°（航向误差与最大偏流之和）向推测段外侧扩大，得到最大偏移边界线。

② 从 OAS 模板 X 面上正切 FAP 的一点 A′，以 15°的扩张角向外扩张，直至 IF 位置（C 点）。然后过 C 点作一条中间进近航迹的平行线，直至与推测段的最大偏移边界线相交。

保护区中从 IF 至 FAP 部分为中间进近航段保护区。

第 2 篇
PBN 程序设计

第 10 章　基于性能导航的基本概念

10.1　基于性能导航的发展

传统飞行方式要依靠地面导航设施提供无线电指引信息飞行，导航精度与至导航台的距离呈线性关系，并且在实际飞行过程中导航信号容易受到地形、电离层活动等影响。航迹规划受导航台布局的影响，直接限制了航迹设计的灵活性，空域不能被充分利用。随着机载设备的发展，尤其是飞行管理系统（FMS）的应用，使得航空器可以不依赖导航信号的指引飞行。只要在起飞前输入起飞机场位置、目的地机场位置及中间至少一个需要经过的航路点位置坐标，FMS 就能根据飞行需要，以及导航信号准确地计算出航空器在飞行过程中任何一个时刻的位置，并根据导航数据库中的计划数据、导航信息、航空器性能参数进行综合分析运算，确定航空器的飞行航向、速度及上升/下降角度，发送指令至自动驾驶设备，实现准确飞行。

10.1.1　区域导航

区域导航（RNAV）首次出现于 19 世纪 60 年代的美国，得益于为驾驶员提供的增强的导航功能。早期的 RNAV 允许具备适当设备的航空器使用用户自定的航迹，避免了主要依赖陆基导航设施引导飞行。但大部分早期的 RNAV 系统依然需要地基导航设备的信号作为信号源以计算航空器的位置。19 世纪 70 年代，美国联邦航空管理局看到了提高导航能力带来的优势，公布了针对具备 RNAV 能力航空器的一系列航路，建立了具有大概 156 条高空航路段的全美范围的 RNAV 航路系统，运营人使用区域导航点对点的飞行。但这些小范围的飞行不足以支持针对区域导航的效益分析，因此在 1983 年 1 月，美国联邦航空管理局取消了绝大部分高空 RNAV 航路，只保留了阿拉斯加范围内的 RNAV 航路，而且至今还在使用，主要原因是在那个地区缺乏陆基导航设施。

随后 40 年的技术发展使得导航系统精度提高，这给用户提供了更好的条件直飞两个航路点。尤其 GPS 的出现，为区域导航航路的设计、终端区仪表程序的建立和空域设计都提供了更大的灵活性。当 GPS 与已有的 RNAV 系统兼容后，持续的航道引导可以为更长的航路飞行提供定位，这是以前基于陆基系统不能实现的。在技术进步的支持下，美国联邦航空管理局在美国东部、东南和西南地区进行了 RNAV 航路的飞行验证，验证结果显示了 RNAV 航路的潜在优势，并在全国范围逐渐建立了高空 RNAV 航路网络。20 世纪 90 年代美国已经建立了很多基于 GPS 的区域导航航路和机场飞行程序，出台了一系列的规范文件将区域导航作为美国航路飞行的主要方式，同时欧洲也进行了很多区域导航运行的研究与实践。

10.1.2　所需导航性能

随着区域导航应用范围的不断扩大，人们意识到区域导航在灵活设计航迹、提高飞行精度、减少地面导航设施投入等方面有很大的优势，并扩大了人类飞行范围，提高了空域利用率。因此，未来航行系统（FANS）特别委员会将区域导航纳入新航行系统发展规划中。同时，FANS 特别委员会意识到，过去多年来，最常用来表明所需导航能力的方法是强制配备某种设备，这就制约了对现代机载设备的最佳利用。为了克服这一问题，委员会提出了所需导航性能能力（RNPC）概念，即不强调使用哪种设备，只要能够达到性能规定要求即可。未来空中航行系统将所需导航性能能力确定为在相应包容度水平下，沿指定或选定航迹的侧向偏离参数和沿航迹定位精度参数。所需导航性能能力概念得到国际民航组织理事会的批准，并指定审查间隔总概念专家组（RGCSP）对其做进一步审议。1990 年，审查间隔总概念专家组注意到能力和性能有明显区别，并且空域规划依赖于测定的性能，而非固有的设计能力，因此将所需导航性能能力改为所需导航性能（RNP），并于 2003 年指定了所需导航性能和特别运行要求研究小组（RNP SORSG）负责 RNP 相关问题，所需导航性能（RNP）为在一个空域运行时所需导航性能精度的一种表述，无具体导航设备的要求，只要能够通过持续监控及在位置不确定时提供报警确保精确性即可。

RGCSP 进一步发展了 RNP 概念，将其扩展成为对规定空域内运行所需导航性能的说明，并建议特定的 RNP 类型应定义空域内所有用户应具有的导航性能，使之与空域内所能提供的导航能力相匹配。正如同 FANS 特别委员会所设想的，RNP 类型将由一个单一的精度数值来明确。

自 20 世纪 90 年代起，区域导航也在欧洲、日本开始使用，但全世界范围内各个区域使用区域导航的精度要求不同，且 RNP 与 RNAV 的系统功能与应用、对导航所使用导航源、机载设备能力的要求及相关术语不统一，这就造成在全世界范围使用区域导航受到局限。

10.1.3 基于性能导航

RGCSP 小组就 RNP 与 RNAV 系统功能和应用方面的关系达成了共识，并提出了基于性能导航（PBN）的概念，使在全球范围内的实施成为可能。

在 2003 年 9 月，ICAO 召开的第 11 届空中航行会议中提议推动解决区域导航存在的各类问题；2004 年成立了专门研究小组，并提出了 PBN 的概念，统一了已有的区域导航并开始制定相应的规范；2007 年 9 月，ICAO 在第 36 届大会上正式要求各缔约国在 2009 年年底前完成 PBN 实施计划，计划于 2016 年完成全部实施工作，以全球一致和协调的方式从传统飞行模式完全过渡到 PBN；2008 年 ICAO 发布了《基于性能导航手册》，用以规范有关技术标准，指导各国具体实施 PBN。PBN 出现后，以前的区域导航规范将逐渐废止，PBN 是区域导航的重要发展阶段，为全世界统一区域导航规范提供了指导，导航方式将以统一、协调的方式过渡至 PBN 阶段。根据空域使用需求和航空器性能的不同，PBN 包含两类规范，分别为 RNAV 规范和 RNP 规范，每类规范包括多种不同精度要求的具体准则。

随着 PBN 技术的日益成熟，我国从 1998 年开始进行了区域导航的验证与应用，使我国具备了系统、广泛地开展 PBN 技术应用的条件。为适应国际新技术应用和发展的需要，中国民航局在 2009 年 7 月制定了符合我国民航实际的 PBN 实施路线图，明确我国飞行程序和航路飞行以 PBN 为主要导航方式，由终端区、进近、航路逐步推进，并采取实验、验证、推广的步骤稳步实施，要求到 2016 年，国内民航机场全部完成 PBN 飞行程序设计并投入使用。目前我国大部分终端区已经实施了 PBN 飞行，几乎所有的机场具备了 PBN 飞行程序，且在我国西部建立了区域导航航路。本书仅介绍 PBN 相关概念及飞行程序设计规范。

10.1.4　空域概念的革新

为了改进航空运行环境，充分发挥通信、导航、监视等技术对空域运行的支持能力，促进全球空域协调一致地发展，同时为空域规划人员提供空域规划的指导，ICAO 提出了新的空域概念。空域概念阐述了空域规划在战略层次应达到的目标，例如提高安全性，增加空中交通容量，减少环境影响等，如图 10-1 所示。

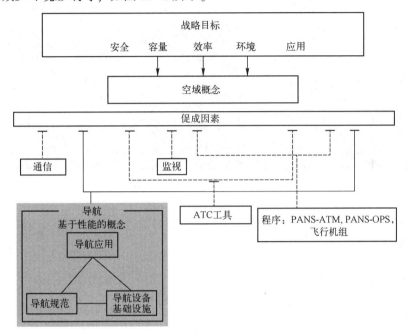

图 10-1　ICAO 空域概念

战略目标对空域设计的总体起着推动作用，这些目标通常根据空域用户、空中交通管理、机场、环境及机场所在地方政府政策的需求来确定，空域概念和运行概念的功能是对这些需求做出响应，以满足这些目标。最常见的目标有安全、容量、效率、环境友好和易进入性，例如，RNP 仪表进近程序的设计可以成为提高安全水平的一种方式，即减少可控飞行撞地（CFIT），机场增建跑道以提升容量，继而引发空域概念发生变化（需要新的标准仪表离场和标准仪表进场方法），优化离场和进场飞行剖面的用户要求可使飞行更加省油，并提高效率。

空域概念下的通信、导航、监视及空中交通管理（ATM）要求是为了达到以上战略目标需要的支持条件，明确了空域设计、规划应统一考虑通信、导航、监视、空中交通管理的能力，其中将 PBN 作为实现空域目标的主要导航方法。

10.2　导航系统与性能要求

PBN 利用可用的导航设施提供的定位信息，通过飞行管理计算机（FMC）或飞行管理系统（FMS）计算位置偏差及应飞航迹，控制航空器沿任意期望的航迹飞行。目前可以使用的导航设施有星基 GNSS 系统，陆基 VOR、DME，以及机载的 INS/IRS，如图 10-2 所示。

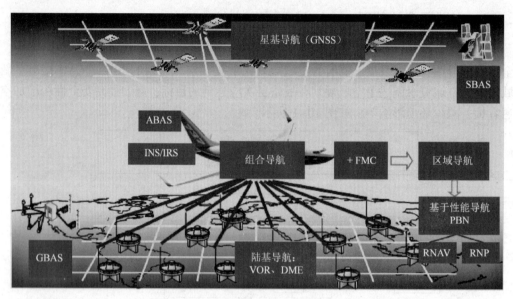

图 10-2　PBN 导航方式的实现

　　基于性能导航避免了传统导航方式要求的沿陆基导航设施无线电信号飞行的限制，在星基或陆基设施覆盖范围内实现灵活飞行。

10.2.1　定位方式

　　定位是 PBN 的一个关键环节，采用何种方式定位，直接影响到 PBN 的定位精度和应用范围。目前，PBN 可采用的定位方式主要有以下几种。

1. VOR/DME 定位方式

　　VOR/DME 定位方式是通过测量航空器与地面 VOR/DME 台的方位、距离的方法确定航空器的当前位置，如图 10-3 所示。由于 VOR/DME 定位精度的原因，VOR/DME 台在 PBN 中只作为 RNAV 类规范航路至终端区阶段的导航源，支持航路和进场阶段的定位。

2. DME/DME 定位方式

　　DME/DME 定位方式是通过测量航空器与两个或两个以上地面 DME 台的距离来确定航空器的位置，如图 10-4 所示。DME/DME 定位方式可以达到较高的定位精度，支持 RNAV 类导航规范的航路、终端区内除最后进近阶段的定位。

3. 惯性导航系统定位方式

　　惯性导航系统（INS/IRS）是不依赖于外部导航源的一种自主导航系统，陀螺仪是其关键部件。借助陀螺的定轴性和进动性能得到航空器的俯仰角度、姿态等信息，惯性导航组件也能够感应到航空器在各个方向的加速度，对加速度进行一次时间积分可以得到速度，再次积分可以得到距离，只要有航段的起始坐标、航向，就可以计算出航空器当前的位置。惯性导航不依赖于外部导航源，是非常有效的导航方式，特别是对于无陆基设施的洋区和大陆偏远地区来说是一种重要的导航手段。但是由于存在与时间相关的累积误差（理论上 2 NM/h），使得其在导航过程中必须在一段时间内使用其他导航设施的信号进行校准。因此短程航行的飞行惯性导航系统精度较高，尤其在地面导航设施充足的区域，但在洋区及大陆偏远地区随着飞行时间的推移，误差较大，因此 PBN 导航时主要作为备用设备。

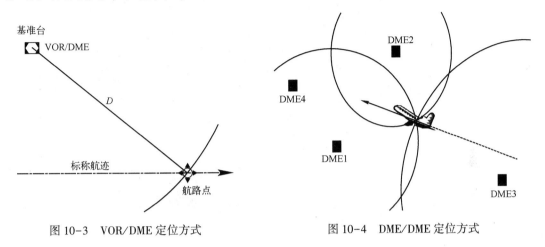

图 10-3　VOR/DME 定位方式　　　　图 10-4　DME/DME 定位方式

4. GNSS 定位方式

GNSS 的全称是全球导航卫星系统，它是泛指所有达到国际民航组织技术标准的卫星导航系统，如美国的 GPS、中国的北斗卫星导航系统、俄罗斯的 Glonass 等，以及相关的增强系统，如美国的 WAAS（广域增强系统）、日本的 MSAS（多功能运输卫星增强系统）等，还涵盖在建和以后要建设的其他卫星导航系统。GNSS 是包含一个或多个星座，能够提供定位、测速和授时的卫星导航系统，截至目前能够提供长期稳定运行支持的星座是 GPS 星座。

GNSS 可以支持 RNAV 和 RNP 两类导航规范，且目前是 RNP 这类导航规范的唯一定位方式。

10.2.2　机载设备

1. PBN 系统要求

PBN 系统旨在通过可重复和可预测的航迹定义，达到适合于应用要求的特定精度水平。PBN 系统通常将来自传感器的信息，如大气数据、惯性参考、地基导航和卫星导航，以及内部数据库的输入数据和机组人员键入的数据进行综合处理，以进行导航、飞行计划管理、引导与控制、显示和系统控制，如图 10-5 所示。

机载导航传感器是进行导航的基础。区域导航系统既有单一类型导航传感器的系统，如图 10-6 所示，也有多类型导航传感器的系统，如图 10-7 所示，还可以与其他系统，如自动油门和自动驾驶仪/飞行指引仪相连，如图 10-8 所示，从而能够进行更自动化的飞行运行和性能管理。尽管在结构和设备方面存在差异，区域导航设备包含的基本功能类型是相同的。

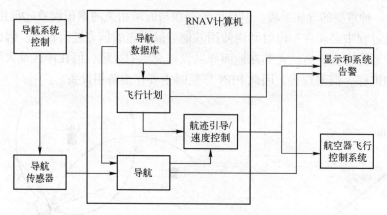

图 10-5　基本 PBN 系统功能

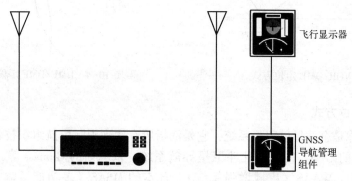

图 10-6　PBN 系统（单一类型导航传感器）

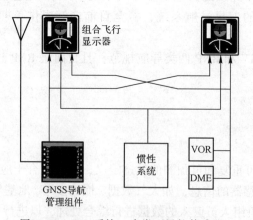

图 10-7　PBN 系统（多类型导航传感器）

　　虽然可以使用单一类型导航传感器，如使用全球导航卫星系统进行导航，但是绝大多数机载导航系统使用的是多类型导航传感器。这些系统使用包括全球导航卫星系统、测距仪、甚高频全向无线电信标和惯性导航系统等多种导航传感器来计算航空器的位置和速度。各类传感器实施的方式可能有所不同，但系统的计算参数通常来源于可用的最精确的定位传感器。

　　（1）导航

　　导航功能包括导航信号的接收，航空器位置、速度、航迹角、垂直航迹角、偏航角、磁

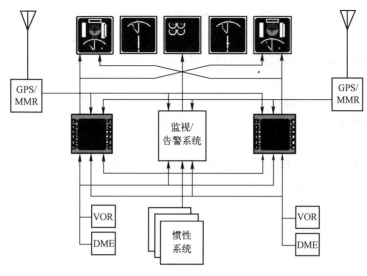

图 10-8　PBN 系统复合型

差、气压修正高度，以及风向和风级等数据的计算。导航信号的接收不仅可以进行无线电自
动调谐，还可以进行人工辅助调谐。

　　由于各类导航传感器技术和设备所具有的能力和特性不同，各类传感器提供的导航数据
存在差异，因此 PBN 系统要确认每个传感器数据的有效性，并在多传感器系统中确认各类
数据的一致性。全球导航卫星系统数据在被用于导航定位和速度计算之前，要经过完好性和
精确性检查。测距仪和甚高频全向无线电信标数据在被用于 FMC 无线电更新之前，要经过
一系列的合理性检查。对于多传感器的 PBN 系统，如果不能将 GNSS 用于计算位置/速度，
则系统可以自动选择诸如 DME/DME 或 VOR/DME 这类次级优选更新模式。如果这些无线电
更新模式不能使用或已被取消，那么系统就会自动转为惯性导航系统。

　　（2）飞行计划管理

　　PBN 系统的飞行计划功能利用导航数据库和导航信号生成引导功能所用的侧向和垂直
预定飞行航迹。飞行计划的一个重要方面是在不参照任何地面导航设备的情况下，使用纬度
和经度详细描述飞行计划航迹的航路点及高度。

　　更为先进的 PBN 系统包括性能管理能力，使用空气动力学和发动机推力模型计算航空
器性能，并能够满足空中交通管制各种限制的垂直飞行剖面。性能管理功能需要使用燃油流
量、机翼位置、发动机数据和沿计划航迹的限制、高度、空速、马赫数、温度、垂直速度、
飞行过程及驾驶员输入的信息。

　　另外，PBN 系统也可以为航路点、终端和进近程序及起飞和目的地提供飞行进程信息，
包括预计到达时间和所需飞行距离，这对于空中交通管制进行战术和计划协调很有帮助。

　　（3）引导与控制

　　PBN 系统既能够为航空器提供水平引导，又能提供垂直引导。PBN 系统计算连接飞行
计划相邻航路点的最短或大圆航迹（通常称之为"航段"）和这些航段之间的转弯过渡，通
过将航空器当前位置和方向与标称航迹相对比，计算出飞行航迹误差。水平引导功能依据航
迹误差，生成用来控制航空器沿标称航迹飞行的引导指令。垂直引导功能用于控制航空器在

飞行计划限制的范围内沿垂直剖面飞行。水平和垂直引导功能的输出信息，是对显示系统和飞行引导系统发出的机动动作指令，以及对显示系统和/或自动推力系统发出的推力或速度指令，以保证航空器沿飞行计划航迹飞行。

（4）显示和系统控制

显示和系统控制为系统初始化、飞行计划、航迹偏离、过程监视、主动引导控制和导航数据显示提供各种手段，以使飞行机组人员掌握飞行情况。

除上述功能外，PBN 系统中的 RNP 子系统还须具备以下功能：

① 水平曲线航迹的飞行能力（固定半径转弯航段控制）；

② 最后进近航段垂直引导；

③ 性能监视与告警功能。

根据系统的安装、结构和布局的不同，RNP 子系统可以采用不同的形式提供性能监视和告警功能，包括：对所需和预计的导航系统性能的显示和指示；未能达到 RNP 要求时，对系统性能的监视和向机组人员告警；按设置的 RNP 显示侧向航迹偏差，并与独立的导航完好性监视和告警相结合。

2. 导航性能

PBN 结合了之前的 RNP 和 RNAV 运行概念，将在特定的空域概念下导航系统（包括机载导航系统和陆基/星基导航设施）所需的性能明确为精度、完好性、连续性和可用性要求，不再指定具体的导航设施类型。PBN 概念实现了从基于陆基传感器导航到基于性能导航的转变。PBN 运行前，应检查导航系统的性能是否符合导航规范的要求。

精度是指飞机在 95% 的飞行时间内，系统总误差（纵向和侧向）不超过要求的精度。例如 RNAV 1，要求飞机在 95% 飞行时间内，纵向和侧向误差不超过 1 NM。

完好性是当系统发生故障，系统信号不能用于导航定位时，系统向用户提供及时报警的能力。

连续性是指在运行期间（航空器一个飞行过程），导航系统连续服务（不出现非正常中断）的能力。

可用性是指在导航过程中，导航系统为机组或自动驾驶仪，或其他飞行管理系统，提供可靠导航信号的能力。

连续性和可用性是所有导航系统的必要条件，对于 GNSS 的完好性增强措施包括机载完好性增强系统（ABAS）、星基增强系统（SBAS）和地基增强系统（GBAS），ABAS 包括接收机自主完好性监测（RAIM）和飞机自主完好性监测（AAIM）。

RAIM 是通过增加接收多余的观测卫星，利用 GNSS 的冗余信息，对 GNSS 的多个导航解进行一致性检验，从而达到完好性监测的目的。RAIM 不需要外部辅助手段，因而简便易行、成本较低。另外，它是在接收机终端进行的监测，从监测到应用不会有其他误差和干扰引入，从而保证了完好性监测结果的有效性。但要求机载接收机视界范围内有 5 颗以上几何分布较好的卫星，否则无法进行完好性判断。其中只有 5 颗卫星时可通过故障监测实现完好性监测，有 6 颗以上卫星时可通过故障监测和排除功能来增强完好性。美国批准具有 RAIM 功能的航空器在洋区或边远地区可作为主要导航系统，在本土航路、终端区和非精密进近可作为辅助导航系统。

　　AAIM 主要利用其他导航系统信息实现监测，可通过 GNSS/IRS、GPS/高度表、GPS/VOR/DME、GPS 多普勒导航雷达等组合实现。当前较好的方式是采用 GPS 组合导航，GNSS 和 IRS 具有很好的互补性，两者组合可得到比单独使用 GNSS 更高的导航定位精度，并增强系统的完好性。

　　在 SBAS 中，用户接收的增强信息来自星基发射机。SBAS 由地面监测站、主控站、地面地球站及同步轨道通信卫星组成。监测站测量所有可见卫星的伪距值，并完成部分完好性监测，监测数据经数据网络传送到主控站，主控站对监测数据进行处理，产生校正数据和完好性数据，这些数据通过地空数据链发送到同步轨道通信卫星，再由卫星转发到用户接收机。当前的星基增强系统包括美国的广域增强系统（WAAS）、欧洲的静地重叠卫星完好性监测（EGNOS）和日本的多功能通信卫星（MSAS）等。SBAS 能满足陆地航路、非精密进近和类精密进近的完好性要求。

　　GBAS 是利用两个 GPS 接收机测量的位置信息（或距离信息）及其他导航信息的相关性来消除大部分卫星时钟误差、星历误差及大气延迟误差，可大大提高导航定位精度。通过 GNSS 测距信号提供本地数据和校正数据，来提高导航定位的精确度，使校正数据的精度、完好性、连续性满足所需服务等级的要求。GBAS 除能向视界范围内的航空器提供差分校正信号外，其空间信号还能提供机场场面活动的监视服务，能有效缩短系统完好性告警时间。

10.3　PBN 可用的导航规范

　　导航规范的要求是进行合格审定和运行审批的基础。导航规范详尽地说明了沿特定航路、程序或在规定空域内航空器的区域导航系统及保障设施的各项要求，这些飞行需要根据导航规范获得审批。要求包括：

（1）区域导航系统在精度、完好性、连续性和可用性方面所需具备的性能；

（2）为达到所需性能，飞行管理系统需要具备的功能；

（3）整合到飞行管理系统中的可用于达到所需性能的导航传感器；

（4）为达到区域导航系统上述性能应具备的飞行机组人员操作程序和其他程序。

目前可用的导航规范如图 10-9 所示。

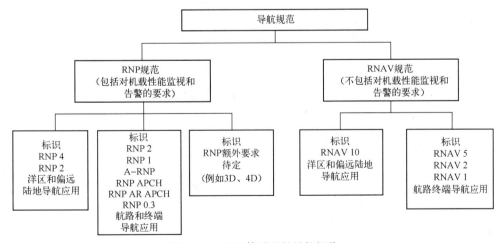

图 10-9　PBN 体系下的导航规范

　　PBN 的导航规范用 RNAV x 或 RNP x 表示，其中"x"为一数字时表示在指定航迹上运行的所有航空器至少在 95% 的飞行时间里，可以达到 x 海里的侧向导航精度要求。

　　RNP 规范和 RNAV 规范的区别在于，RNP 规范要求航空器具备机载性能监视与告警能力，而 RNAV 类规范不需要此方面的要求，但某些 RNAV 规范要求使用地面监视设备提供监视告警服务。机载性能监视与告警是决定导航系统是否符合 RNP 应用必要安全水平的主要因素，它与侧向和纵向导航性能相关，并且能够帮助机组发现导航系统没有达到或不能保障 10^{-5} 的导航完好性要求。RNP 系统改善了运行的完好性，在安全、运行和效率方面提供显著的效益。

　　在 PBN 这些导航规范中，Advanced-RNP（A-RNP）是国际民航组织制定的可变精度，且适用于所有飞行阶段的导航规范。

　　每类导航规范对机载设备和星基/陆基导航设施、空域运行环境的具体要求如表 10-1 所示。

表 10-1　PBN 各类导航规范实施基本要求

导航规范		导航设备	航段类型	旁切转弯需求	RNP 值/NM	总系统容差/NM	通信要求	监视要求	间隔要求
RNAV 10	洋区航路	GNSS-INS	—	—	—	≤10	语音	—	最小间隔 50 NM
RNP 4	洋区航路	GNSS	CF-DF TF	旁切	4	≤4	语音/CPDLC+ADSC	—	50 NM 或 30 NM
RNAV 5	陆地航路	VOR/DME DME/DME GNSS	—	—	—	≤5	语音	程序管制	30 NM
							语音	空中交通服务	18 NM
RNAV 1	航路/进离场/起始/中间进近	DME/DME GNSS	IF CF TF DF VA VM VI CA FA FM	旁切	1	≤1	语音	雷达覆盖（或 FOSA 飞行运行安全评价）	雷达间隔
RNAV 2	航路/进离场	DME/DME GNSS		旁切	1	≤2	语音	雷达覆盖	雷达间隔最小 8 NM
RNP 1	进离场/起始/中间进近	GNSS		旁切	1	≤1	—	—	遵循 Doc. 4444
RNP APCH	起始/中间/最后进近/复飞	GNSS	IF TF DF	旁切	1&0.3（最后进近和复飞）	≤1；≤0.3（最后进近和复飞）	—	—	遵循 Doc. 4444
RNP AR	起始/中间/最后进近/复飞	GNSS	IF CF TF DF VA VM VI CA FA FM RF	旁切	0.1～0.3	≤(0.1～0.3) 中的指定值	—	—	遵循 Doc. 4444
RNP 2	航路	GNSS	IF CF TF DF VA VM VI CA FA FM RF	旁切	2	≤2	与运行因素相关	—	遵循 Doc. 4444
A-RNP	所有飞行阶段	GNSS	IF CF TF DF VA VM VI CA FA HM FM RF	旁切	0.1～2	≤(0.1～2) 中的指定值	语音/CPDLC	—	遵循 Doc. 4444
RNP 0.3（直升机）	所有飞行阶段	GNSS	IF CF CA DF TF VA VM FM VI	旁切	0.3	≤0.3	—	—	遵循 Doc. 4444

各类导航规范分别适用于不同的飞行阶段，要求如表 10-2 所示。

表 10-2　导航规范应用范围

导航规范	飞行阶段							
	航路（洋区/偏远陆地）	航路（陆地）	进场	进近				离场
				起始	中间	最后	复飞①	
RNAV 10	10	0	0	0	0	0	0	0
RNAV 5②	0	5	5	0	0	0	0	0
RNAV 2	0	2	2	0	0	0	0	2
RNAV 1	0	1	1	1	1	0	1	1
RNP 4	4	0	0	0	0	0	0	0
RNP 2	2	2	0	0	0	0	0	0
RNP 1③	0	0	1	1	1	0	1	1
Advanced RNP (A-RNP)④	(2)⑤	2 or 1	1	1	1	0.3	1	1
RNP APCH⑥	0	0	0	1	1	0.3⑦	1	0
RNP AR APCH	0	0	0	1~0.1	1~0.1	0.3~0.1	1~0.1	0
RNP 0.3⑧	0	0.3	0.3	0.3	0.3	0	0.3	0.3

① 表中的复飞阶段是指 SOC 后能够取得 50 m MOC（40 m CATH）之后的复飞部分；

② RNAV 5 是一个航路导航规范，可以用于 30 NM 以外进场起始的阶段，并且高度在 MSA 以上；

③ RNP1 规范限于在 30 NM 以内的进场、离场、起始进近、中间进近、复飞（SOC 以后）的航段，距机场基准点（ARP）30 NM 以外，系统告警精度值切换至 2 NM；

④ A-RNP 不仅支持表中所列精度标准，还允许可变 RNP 侧向导航精度；

⑤ 可选的——要求更高的连续性；

⑥ RNP APCH 规范有两类，A 类通过 GNSS 和气压垂直导航实现，B 类通过星基增强系统实现（如 SBAS）；

⑦ RNP 0.3 适用于 RNP APCH A 类；

⑧ RNP 0.3 主要用于直升机程序设计。

第 11 章 PBN 程序航迹设计的特殊要求

11.1 航路点及航段要求

11.1.1 航路点类型与命名

采用 PBN 导航方式最大的优点就是不依靠地面导航设施的信号来规定航路航线，而是使用基于坐标的定位点来规定航路航线，这样在航路规划时就不受导航台布局的限制。在 PBN 程序中，定位点统称为航路点（way-point），它是用于确定一条区域导航航线或确定使用区域导航的航空器的飞行航迹而规定的地理位置点，航路点分为旁切航路点（fly-by way-point）和飞越航路点（fly-over way-point）两种，如图 11-1 和图 11-2 所示。终端区内的航路点多数为旁切航路点。航路点位置以大地坐标系 WGS-84 经纬度表示，并载入机载导航数据库。

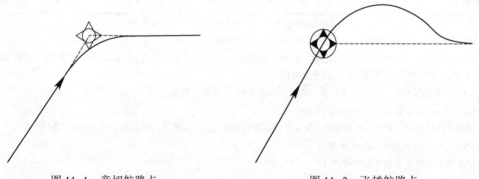

图 11-1 旁切航路点   图 11-2 飞越航路点

① 旁切航路点是要求在到达该点以前转弯使航空器切入下一段航路或程序的航路点。
② 飞越航路点是加入下一段航路或程序而飞越该点再开始转弯的航路点。

航路点的定位容差区是相对于标称航迹对称的矩形区域。定位容差由基于 95% 概率可容度（2σ）的沿航迹容差 ATT 和偏航容差 XTT 确定，如图 11-3 所示。

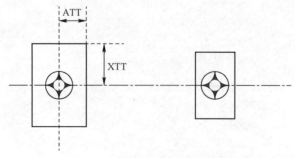

图 11-3 RNAV 航路点定位容差

用于支持 PBN SIDs、STARs 和仪表进近程序的航路点须由一个唯一的、五个字母的、可发音的名称码命名，或者用一个由字母和数字组成的五字代码命名。

当机场具有正式指定的四字代码时，该机场特有的航路点须由字母和数字组成的五字代码命名。使用由字母和数字组成的五字代码命名时，所采用的五字代码应适用于国内所有的机场，五字代码中的数字不超过 3 个，字母须取自机场标志符。实际航路点应用格式和规则须在国家 AIP 中公布，航路点名称在其使用的终端区内须独一无二，但不能保证做到全球独一无二，因此所有命名为五字代码的航路点，应该明确地在 AIP 中作为终端航路点列出。

11.1.2　航路点精度与误差

PBN 航路点的定位误差用系统总误差（TSE）表示，TSE 主要由三部分构成：导航系统误差（NSE）、飞行技术误差（FTE）和航迹定义误差（PDE），如图 11-4 所示。

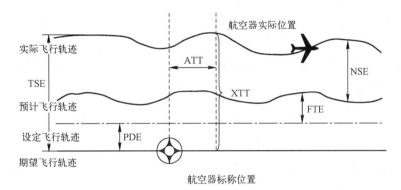

图 11-4　PBN 水平导航误差的构成

通常使用平方和根的方法计算 TSE：

$$TSE = \sqrt{NSE^2 + FTE^2 + PDE^2}$$

NSE 包括地面或星基和机载接收系统的总系统误差，使用不同的导航源，NSE 确定方法不同，对 DME/DME 导航系统使用精度（DTT）表示 NSE。

FTE 是对驾驶员（或自动驾驶仪）保持航迹时产生误差的预计，基于 PBN 的区域导航极大地利用了机载导航设备的能力，使得 FTE 保持在一个比较小的范围内，而且 PBN 是基于性能导航而非基于设备的导航方式，所以 FTE 与导航源无关（见表 11-1）。在飞行程序设计中，所使用的各个飞行阶段的不同规范需要考虑的 FTE 的规定如下：

① 对 RNAV 来说，FTE 为所需导航精度的一半；

② 对 RNP 来说，RNP≥0.5 时，FTE 为 RNP 值的一半，当 RNP≤0.5 时，FTE 为 463 m（0.25 NM）。

表 11-1 飞行技术误差 (FTE)

飞 行 阶 段	FTE (95%) 导航规范具体要求
航路 (距离目的地或离场机场 ARP≥30 NM)	RNAV 5: 4 630 m (2.5 NM) RNP 4: 3 704 m (2 NM) RNAV 2: 1 852 m (1 NM) RNAV 1: 926 m (0.5 NM) RNP 1: 926 m (0.5 NM)
终端区 (距离目的地或离场机场 ARP<30 NM)	RNAV 2: 1 852 m (1 NM) RNAV 1: 926 m (0.5 NM) RNP 1: 926 m (0.5 NM) RNP 2: 1 852 m (1 NM) RNP APCH: 926 m (0.5 NM)
最后进近点	RNP APCH: 463 m (0.25 NM)
复飞点	RNP APCH: 926 m (0.5 NM)

注: A-RNP 根据不同精度值使用不同 FTE。

PDE 是导航数据库的定义的预期航迹与导航系统确定的航迹之间的误差, 通常可以忽略不计。

为了方便计算和使用, 航路点的误差被分解为侧向误差 (XTT) 和沿航迹误差 (ATT), 沿航迹误差不包括 FTE。

$$XTT = TSE = \sqrt{NSE^2 + FTE^2 + PDE^2}$$

$$ATT = \sqrt{NSE^2 + PDE^2}$$

11.1.3 航段长度

由于区域导航不需要按照陆基导航设施提供的方位信号进行航迹引导, 而是根据已知的航段两个端点坐标, 由飞行管理计算机 (FMC) 计算航空器应飞的航向和距离, FMC 从导航数据库逐个读取要飞的航路点, 控制航空器飞行。

一个航段通过两个航路点进行定义, 为防止转弯航路点之间距离不足, 造成导航系统可能错过转弯后航路点, 应考虑两个相邻航路点之间的最短距离, 称为最短稳定距离 (MSD)。航段两端的航路点有四种组合方式:

① 两个旁切航路点;

② 先旁切航路点, 后飞越航路点;

③ 两个飞越航路点;

④ 先飞越航路点, 后旁切航路点。

另外, 还必须考虑航段的特殊情况, 即 "DER 至离场第一个航路点"。

最短稳定距离可以使用查表和计算两种方法确定, 下面将介绍其计算方法。

在分别计算两个航路点所需最短稳定距离的基础上可确定航段的最短稳定距离, 如图 11-5 所示。

1. 飞越航路点的最短稳定距离

飞越航路点对前一航段无转弯稳定距离要求, 但对转弯后航段距离有要求。为了计算最短稳定距离, 飞越转弯可分为:

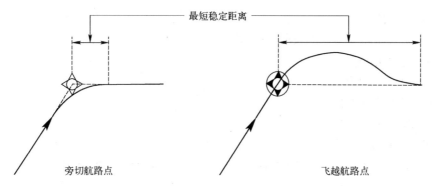

图 11-5　航路点的最短稳定距离

① 在飞越点开始改入转弯;

② 以 30° 的切入角切入下一航段;

③ 在转弯后应飞航向上改出转弯;

④ 考虑 10 s 的改坡度延迟时间。

根据以上因素,将转弯稳定过程分解为 5 个部分,如图 11-6 所示。

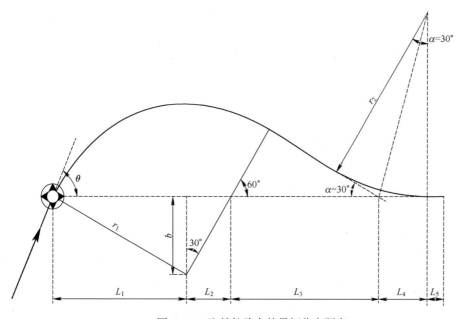

图 11-6　飞越航路点的最短稳定距离

$$\text{MSD} = L_1 + L_2 + L_3 + L_4 + L_5$$

$$L_1 = r_1 \times \sin\theta$$

$$L_2 = r_1 \times \cos\theta \cdot \tan\alpha$$

$$L_3 = r_1 \times \left[1/\sin\alpha - 2\cos\theta/\sin(90°-\alpha) \right]$$

$$L_4 = r_2 \times \tan(\alpha/2)$$

$$L_5 = c \times V \quad \text{或} \quad L_5 = 5V(\text{H 类})$$

式中：V——真空速；

  α——切入航向与下一航段的 30° 夹角；

  θ——转弯角度；

  c——10 s 改坡度时间；

  r_1——改入转弯半径；

  r_2——改出转弯半径。

飞越转弯计算使用的坡度如下：

① 在改入转弯计算时，根据飞行阶段的不同，分别取 15°、20° 或 25°；

② 在改出转弯计算时，取 15°。

参数计算中，如果航向改变量小于 50°，θ 按 50° 计算；对 H 类航空器，如果航向改变量小于 30°，θ 按 30° 计算。

2. 旁切航路点的最短稳定距离

旁切航路点对前后航段都有转弯稳定距离要求。将转弯稳定过程分解为两个部分，如图 11-7 所示。

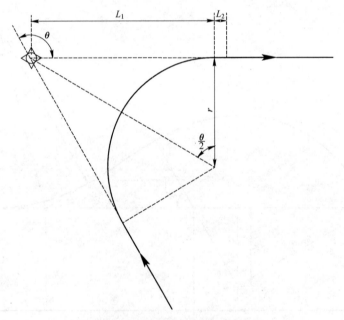

图 11-7　旁切航路点的最短稳定距离

L_1 为航路点和转弯开始位置之间的距离；L_2 是考虑 5 s 的改坡度延迟时间飞行距离（H 类航空器为 3 s）。旁切航路点对前后航段要求相同长度的稳定距离。

$$MSD = L_1 + L_2$$

$$L_1 = r \times \tan(\theta/2)$$

$$L_2 = c \times V \quad 或 \quad L_2 = 3V（H 类）$$

式中：V——真空速；

c——5 s 建立坡度时间；

r——转弯半径；

θ——转弯角度。

旁切转弯计算使用的坡度为：在改入转弯计算时，根据飞行阶段的不同，分别取 15°、20°或 25°。

参数计算中，如果航向改变量小于 50°，θ 按 50°计算；对 H 类航空器，如果航向改变量小于 30°，θ 按 30°计算。

3. 两个相邻转弯点之间的最短稳定距离

（1）两个旁切航路点

分别计算航段起始航路点（WP_1）、结束航路点（WP_2）的最短稳定距离 A_1 和 A_2，故航段 $MSD = A_1 + A_2$。

（2）先旁切航路点，后飞越航路点

计算航段起始航路点（WP_1）的最短稳定距离 A_1，由于第二个航路点是飞越航路点，故航段 $MSD = A_1 + 0 = A_1$。

（3）两个飞越航路点

计算航段起始航路点（WP_1）的最短稳定距离 B_1，因为第二个航路点是飞越航路点，故航段 $MSD = B_1 + 0 = B_1$。

（4）先飞越航路点，后旁切航路点

计算第一个航路点（WP_1）的最短稳定距离 B_1 和第二个航路点（WP_2）的最短稳定距离 A_2，故航段 $MSD = B_1 + A_2$。

如果为直线航段（无转弯），也有最短距离限制，如表 11-2 所示。

表 11-2　受限于一个非转弯航路点的航段的最短距离限制

飞 行 阶 段	至航路点的最短距离 D
航路（距离场或目的地 ARP>30 NM）	9.3 km（5.0 NM）
STAR/起始进近（距离场或目的地 ARP<30 NM）	5.6 km（3.0 NM）
最后进近/SID［<15 NM（ARP）］	2.8 km（1.5 NM）
SID/MA［15~30 NM（ARP）］	5.6 km（3.0 NM）

注：当最短稳定距离大于 D 时，D 取最短稳定距离。

11.2　航迹终止码

11.2.1　航迹终止码的概念

所有 PBN 系统使用的导航数据都存储在导航数据库中，飞行控制系统通过读取导航数据库的数据控制航空器飞行。为了使设计人员设计的程序能够被导航系统正确地解析，航空工业编码标准 ARINC 424 被用于航迹的编码。这些编码用于定义程序的每一个航段，从起飞至加入航路的位置，以及从航空器脱离航路至程序结束的位置，目前要求 PBN 程序必须进行编码并存储至导航数据库中。

飞行程序是由一系列定位点和航段连接而成的航迹。从设计要素的分析可以看出，飞行程序的每个航段主要由以下元素描述：

① 航段导航方式；

② 航段终止并切入下一航段的条件，即① 定位点 [名称、坐标或定位方式和经过该点方式（飞越/旁切）]，② 指定高度或无线电限制（DME 距离弧、径向线）；

③ 航行限制（高度、速度、转弯方向）；

④ 使用的导航设施。

其中最主要的是航段导航方式和终止条件，航空界为终端区程序开发的"航迹与终止条件"的概念，规定了飞行程序依据标准的航迹终止码进行存储，航迹终止码描述了航段的导航方式和终止条件，即精确描述了航空器在某一航段的飞行方式。使用航迹终止码不但可以对飞行程序进行规范化描述，还可以将飞行程序信息转化为二进制代码输入到记载导航数据库（NB），由飞行管理系统（FMS）实施飞行程序的运行。

每个航迹终止码包含两个字母，第一个字母代表航段导航方式，第二个字母表示航段终止方式，如表 11-3 所示，每个航段的终止条件同时作为下一航段的起始条件，从而连续而完整地完成对飞行程序的编码描述。

表 11-3　航迹终止码字母含义

第一个字母 （导航方式）	含　　义	第二个字母 （终止方式）	含　　义
A	沿 DME 弧至	A	规定高度
C	沿航线至	C	规定的沿航迹距离
D	直飞至	D	指定 DME 距离
F	自定位点开始沿规定航向飞行至	F	定位点
H	实施等待程序	I	截获
I	起始位置	M	人为终止
P	程序转弯	R	规定径向线
R	保持固定转弯半径至		
T	沿预定航迹至		
V	保持航向至		

可以看出，航迹共有四种几何构型：直线（C、D、F、T、V）、圆弧（A、R）、等待程序（H）和程序转弯（P）。航迹的终止时机可以分为固定的点（F）、无线电限制信号（D、I、R）、距离限制（C）、高度限制（A）和人工接管（M）。

11.2.2　PBN 程序可用的航迹终止码

航迹终止码目前共有 23 个，PBN 程序设计中可用到 11 种航迹终止码并附加一个额外的航迹终止码 IF。对所有 PBN 程序可用编码的含义如表 11-4 所示。

表 11-4　PBN 程序可用编码

编　码	含　义	编　码	含　义
IF	起始定位点	HM	等待至手动结束
TF	定位点至定位点的航迹	CA	沿×××航向至高度
RF	至定位点的半径	FM	定位点至手动结束
DF	直飞定位点	VA	沿×××航向至高度
FA	定位点至高度	VM	沿×××航向至手动结束
CF	沿×××航向至定位点	VI	沿×××航向切入

（1）IF（initial fix）

IF 是航线或过渡航线的起始航路点。IF 本身并不构成一段预期航迹，而是用于连接其他的航迹从而描述预期航迹。通常进场和进近程序的起点编码为 IF（注意 IF 不是中间进近定位点）。

（2）TF（track between fix）

TF 是两个航路点间的直线航段，如图 11-8 所示，也是应用最广泛的航迹终止码。TF 航段由两个航路点之间的大圆航线确定。TF 航段要求前一航段的终结点必须是航路点（F）或者是一个起始定位点（IF），如 CA 后不能接 TF。

（3）DF（direct to fix）

DF 用于确定一个从航空器当前航迹（未指定位置）开始直飞至指定定位点/航路点的航段，如图 11-9 所示。DF 航迹终止码无法提供可预测的、可重复的飞行航迹，在应用中航迹变化也很大。DF 确保从转弯点（飞越航路点）或者从一个转弯高度飞行至下一个航路点的航迹距离最短。

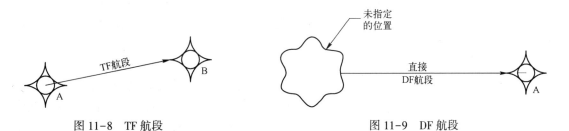

图 11-8　TF 航段　　　　　　　　　　　图 11-9　DF 航段

（4）CA（course to an altitude）

CA 用于规定航空器沿固定航线飞行至指定高度，如图 11-10 所示。CA 航段的终点为一个不确定的位置。在执行 CA 航段时，航空器可以修正偏流的影响。编码时应给出航线角。

（5）CF（course to a fix）

CF 用于规定航空器沿固定航线飞行至指定航路点，如图 11-11 所示。CF 最初是最后进近航段唯一可以使用的航迹终止码，目前仍有区域导航系统有此要求。通常在离场和复飞程序中 CA 或 FA 后使用 CF，可以有效地限制航段的发散。CA/CF 组合可以有效地减少起始离场的环境影响。

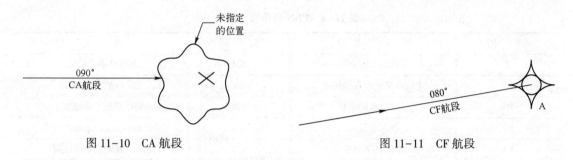

图 11-10　CA航段　　　　　　　　　图 11-11　CF 航段

（6）FA（course from a fix to an altitude）

从定位点沿航线至某高度。FA 用于描述从一个定位点/航路点保持指定航线角（修正风的影响）飞至一个指定高度或以上的航段，如图 11-12 所示。高度点位置不固定。由于终点不可知，FA 航段不提供可预测、可重复的飞行航迹。

（7）FM（course from a fix to a manual termination）

从定位点至手动终止。FM 航段在航段终止于雷达引导时使用，如图 11-13 所示。航空器保持规定航线飞行，直至驾驶员介入，需要给出航线角。

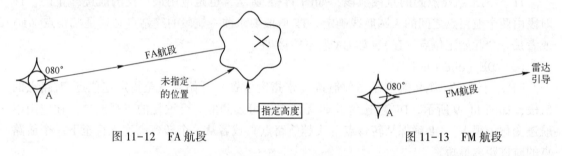

图 11-12　FA 航段　　　　　　　　　图 11-13　FM 航段

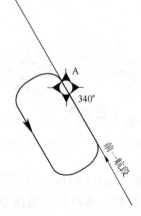

图 11-14　HM 航段

（8）HM（holding/racetrack to a manual termination）

HM 用于确定由驾驶员人工操作终止等待航线，如图 11-14 所示。

（9）RF（constant radius arc to a fix）

固定半径至定位点。RF 航段是一个规定转弯中心的一个弧形航迹，该航段终止于某一航路点。该弧线航段的起始点为前一航段的终止航路点，如图 11-15 所示。弧线航段末端的航路点、该航段的转弯方向及转弯中心点由导航数据库提供，转弯半径由 PBN 系统计算得到。RF 可以为在 2°~300°之间的任何角度转弯确定唯一弧线。RF 航段仅在 RNP 规范中使用。

RF 航段是 RNP AR 导航规范对航空器的最低要求，也可以作为 RNP1、RNP 0.3、RNP APCH 规范的一项可选功能。这种能力能够使飞机执行 RNP1、RNP 0.3、RNP APCH 程序时在起始和中间进近航段、复飞的最后阶段、标准仪表离场和标准仪表进场时使用 RF 转弯，但不可用于最后进近或复飞的起始或中间阶段。如果在最后进近需要使用 RF 航段，必须使用 RNP AR 规范。这两类应用中 RF 航段的功能是一样的，不同在于审批要求，适用于 RNP AR 的 RF 航段审批更严格。

（10）VA（heading to an altitude）

VA 常用于离场，规定为沿跑道方向直线爬升至一个指定高度，如图 11-16 所示。VA 仅用于平行离场有航向要求的起始阶段。

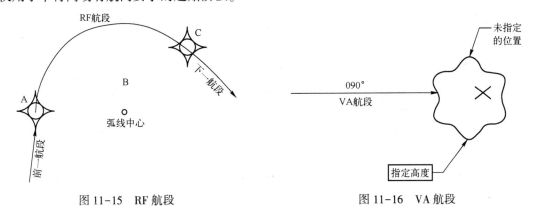

图 11-15 RF 航段   图 11-16 VA 航段

（11）VI（heading to an intercept）

VI 用于规定航空器沿指定航向至切入下一航段，如图 11-17 所示。要求给出航向角。

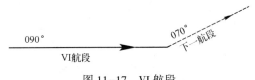

图 11-17 VI 航段

（12）VM（heading to a manual termination）

沿规定航向至手动终止。雷达引导的范围都可以按 VM 航段编码，如图 11-18 所示。其功能与 FM 相同。航空器保持规定航向飞行，直至驾驶员介入。要求给出航向角。

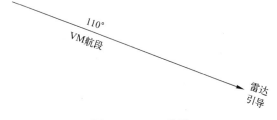

图 11-18 VM 航段

11.2.3 航迹终止码的应用

不同的航迹终止码分别适用于不同的飞行航段，如表 11-5 所示。在程序设计选择航迹终止码时还应考虑航空器的导航性能、航路点类型、超障要求等。

表 11-5 各个航段的可用的航迹终止码

PBN 程序	起 始 航 段	后 继 航 段
SID	CA、CF、VA、VI	CF、DF、FM、HA、RF、TF、VM
STAR	IF	CF、DF、FM、HM、RF、TF、VM

续表

PBN 程序	起 始 航 段	后 继 航 段
进近（指最后进近航段）	IF	CF，TF，RF
复飞	CA，CF，DF，FA，HA，HM，RF，VI，VM	CF，DF，FM，HM，RF，TF，VM

　　从程序设计的角度，SID 最有效的起始航迹终止码是 CA 或 CF。根据 ARINC 424，虽然也允许 FA 作为一个起始 SID 航段，其生成与 CA 相同的地面航迹，但并不适合于在离场起始阶段完全依赖 IRU/INS 输入的航空器的运行。在这种情况下，IRU 会导致航空器在一个低高度（低于 400 ft）就转弯。对于平行离场，如果要求航空器在起飞之后遵从某个航向，而不是某个航迹时，可以使用 VA。为了尽量减少重复的编码（旧 RNAV 系统中的很多数据库的存储量都小于 200 KB），相邻的两平行跑道的 SID 编码可同时编码为 VA。

　　如果进近使用雷达引导的方式，可使用 FM 或 VM，终止于"开放 STARs"。航迹（FM）或航向（VM）的选择依据 ATC 的具体要求。

　　RF 仅用于航空器装备的系统兼容 ARINC 424-17 及更新版本的 RNP 程序。

　　前一航段使用的航迹终止码会影响后一航段的飞行，因此前后两航段的编码应相互匹配。为了保证整条飞行程序的可操作性，对编码的衔接有一定的要求。表 11-6 给出了航迹终止码的衔接限制，表中阴影部分为不可用的衔接方式。例如前一航段编码为 CA 时，不能连接 TF 航段。

表 11-6　航迹终止码的衔接要求

当前航段 ＼ 下一航段	IF	CA	CF	DF	FA	FM	HM	RF	TF	VA	VI	VM
CA						▨	▨	▨	▨	▨		▨
CF	▨				▨			▨		▨	▨	
DF	▨				▨			▨		▨	▨	
FA	▨				▨			▨		▨	▨	
FM	▨	▨			▨			▨		▨	▨	
HM	▨	▨			▨			▨		▨	▨	
IF	▨	▨			▨			▨		▨	▨	
RF	▨	▨			▨			▨		▨	▨	▨
TF	▨	▨			▨			▨		▨	▨	
VA	▨	▨			▨			▨	▨			▨
VI	▨	▨			▨			▨		▨	▨	
VM	▨	▨			▨			▨		▨	▨	

① 只有当第一个航段的终止点计划为飞越点时，才可以使用 CF/DF 或 DF/DF 排列，否则需要采用另外的编码。

② 只有当 FA、HA、HF 或 HM 航段各末端的高度限制不相同时才用 IF 航段编码。

③ 只有从最后进近的开始位置才允许 IF/RF 组合。

　　飞行程序编码除以上要求外，还应符合以下基本要求：

　　① FA、CA 和 VA 航段后面应该跟 DF 或 CF（建议用 DF）航段；

　　② 飞越点的 TF 航段后面须跟 TF 或 CF 航段；

③ 如果程序要求飞越点之后是 DF 航段，那么前一个航段须编码为 CF 或 DF；

④ 旁切航路点之后不能衔接 DF 航段；

⑤ RF 航段起点和末端的航路点不编码为飞越点。

11.2.4　使用各航迹终止码所要求提供的数据

为每条程序编码后，在提交给数据库供应商时应提供各编码所需的信息，例如 TF 编码要提供两个航路点的精确坐标。各航迹终止码所需的信息如表 11-7 所示。

表 11-7　各航迹终止码所需的信息

航迹终止码	航路点名称	飞越	转弯方向	推荐的导航台	距导航台距离	距导航台方位	磁航迹角	航段长度	高度限制1	高度限制2	速度限制	垂直航径角	圆弧中心
CA			0				√		6		0		
CF	√	1	0	√	√	√	√		0	0	0	0	
DF	√	1	0	0	0	0			0	0	0		
FA	√		0	√	√	√	√		6		0		
FM	√		0	√	√	√	√				0		
HA	√		0	0	0	0	√		6		0		
HF	√		0	0	0	0	√	√			0		
HM	√		0	0	0	0	√	√			0		
IF	√			0	0	0			0		0		
RF		0	√	0		2	3	5	0	0	0	0	√
TF	√	0	0	0	0	0	0	0	0	0	0	0	
VA			0				4		6		0		
VI		0	0				4		0	0	0		
VM	0		0				4		0		0		

注：√——必须提供；

　　0——选择性提供；

　　1——仅对 CF/DF 和 DF/DF 组合是必须提供的；

　　2——提供转弯前航迹角；

　　3——提供改出转弯航迹角；

　　4——要求提供航向，不是航迹角；

　　5——提供沿航迹距离；

　　6——所提供高度为"在……或以上"；

　　阴影表示与该航迹终止码无关的数据。

为了使程序准确无误地编码到机载导航数据库中，在对程序进行描述时只能对本航段规定有关的限制，不能涉及下一航段。其中，高度和速度限制只能在航段结束点规定，并且任何应用于程序的特殊限制的详细资料必须予以公布。

在 PBN 程序设计时，应结合航迹终止码的类型选择标称航迹，以防止发生所设计的航迹无法编码的情况。

第 12 章 基于 GNSS 的离场程序设计

GNSS 可以支持的导航规范有 RNAV 5、RNAV 2、RNAV 1、RNP 1、A-RNP、RNP APCH、RNP AR APCH 和 RNP 0.3（针对于直升机程序）。在进场/进近、离场程序中，只要满足导航规范的要求，不同阶段可以使用不同导航规范，例如进场使用 RNP 1（或 RNAV 1）后进近使用 RNP APCH。

PBN 程序设计与传统程序设计流程类似，主要有四个主要步骤：航迹设计、保护区绘制、障碍物评估及航迹调整，且使用相同的设计参数（如速度参数、转弯参数、气象数据等），在障碍物评估与航迹调整方面也使用与传统程序类似的设计方法。

但由于导航方式的差异，程序设计时存在以下几方面不同：在航迹设计时不要求像传统程序类似的航迹引导，但要考虑航迹终止码；在保护区绘制时由于导航方式较传统程序发生了变化，所以保护区宽度及绘制方式与传统程序不同，且保护区宽度与所使用的导航规范有关。

以下将介绍基于 GNSS 的 PBN 程序各个航段的设计方法。

12.1 直线离场程序设计

12.1.1 航迹设置

PBN 直线离场程序的航迹设置准则与传统程序相同，即起始离场航迹与跑道中线方向相差在 15°以内为直线离场。航空器在航迹调整前应保持跑道方向至少达到跑道之上 120 m 高。离场程序中的两航路点之间要符合航段最短稳定距离的限制，离场的起始航段是假想航路点（DER）与其后第一个航路点之间的航段，也要符合最短稳定距离的限制。

对于离场第一个航路点为旁切航路点时，最短稳定距离为：航空器直线飞行至 120 m 高的距离（若使用 3.3%的梯度，距离为 3.5 km）+航路点的纵向容差（ATT）+旁切航路点的最短稳定距离（A_1），如图 12-1 所示。

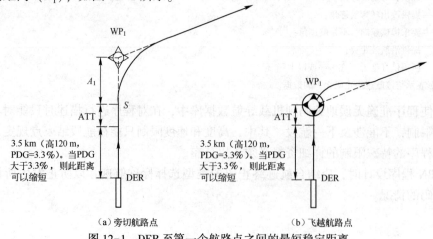

（a）旁切航路点 　　　　　（b）飞越航路点

图 12-1　DER 至第一个航路点之间的最短稳定距离

对于离场第一个航路点为飞越航路点时，最短稳定距离为：航空器直线飞行至 120 m 高的距离（若使用 3.3% 的梯度，距离为 3.5 km）+ 航路点的纵向容差（ATT），如图 12-1 所示。

对离场起始航段最短稳定距离的计算方法，转弯离场同样适用。

12.1.2　保护区

1. 导航模式

根据不同的飞行阶段，航空器的飞行管理系统有三种导航模式，即航路模式、终端模式和进近模式，如图 12-2 所示，不同的导航模式对应不同的飞行阶段和导航精度，使得保护区宽度也不同。

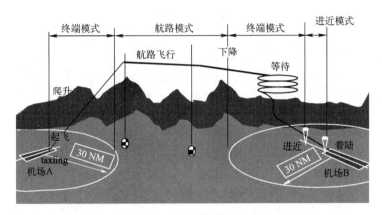

图 12-2　导航系统模式及范围

（1）航路模式

航路模式的范围是机场基准点 30 NM 半径以外的飞行阶段，航空器保持侧向精度的告警限为 2 NM，告警响应时间为 1 min。

（2）终端模式

进场进近时，终端模式的范围为机场基准点 30 NM 半径以内，至 FAF 位置结束。复飞和离场时，终端模式的范围为从起飞开始至机场基准点 30 NM 结束。终端模式航空器保持侧向精度的告警限为 1 NM，告警响应时间为 10 s。

（3）进近模式

进近模式从 FAF 位置开始，至复飞点结束。航空器保持侧向精度的告警限为 0.3 NM，告警响应时间为 10 s。

2. 航路点定位容差

PBN 程序定位容差使用 XTT 和 ATT 表示，不同的导航规范由于其导航精度不同，使得定位容差取值不同。在同一导航规范下，不同的导航模式定位容差也不同。在离场阶段，航空器首先采用终端模式飞行，在距 ARP 30 NM 处转换为航路模式，XTT 和 ATT 取值如表 12-1 所示。

表 12-1　不同导航规范的保护区参数（离场）

导航规范		RNP	FTE	IMAL	ATT	XTT	BV	1/2 AW
RNP 4	航路/STAR/SID［>30 NM（ARP）］	4	2	—	3.2	4	2	8
RNAV 5	航路	—	2.5	2	2.01	2.51	2	5.77
RNP 2	航路/SID［>30 NM（ARP）］	1	1	—	1.6	2	2	5
RNP 1	SID［>30 NM（ARP）］	1	0.5	—	0.8	1	2	3.5
	SID［<30 NM（ARP）］	1	0.5	—	0.8	1	1	2.5
	SID［<15 NM（ARP）］	1	0.5	—	0.8	1	0.5	2
RNAV 2	航路/SID［>30 NM（ARP）］	—	1	2	1.6	2	2	5
	SID［<30 NM（ARP）］		1	1	0.8	1	1	2.5
	SID［<15 NM（ARP）］		1	1	0.8	1	0.5	2
RNAV 1	航路/SID［>30 NM（ARP）］		0.5	2	1.6	2	2	5
	SID［<30 NM（ARP）］		0.5	1	0.8	1	1	2.5
	SID［<15 NM（ARP）］		0.5	1	0.8	1	0.5	2
A-RNP（2 NM）	航路（洋区、偏远地区）	2	1	—	1.6	2	2	5
A-RNP（1 NM）	航路（洋区、偏远地区）SID［>30 NM（ARP）］	1	0.5	—	0.8	1	2	3.5
	SID［<30 NM（ARP）］	1	0.5	—	0.8	1	1	2.5
	SID［<15 NM（ARP）］	1	0.5	—	0.8	1	0.5	2
RNP 0.3	航路/SID［>30 NM（ARP）］	0.3	—	—	0.24	0.3	—	1.45
	SID［<30 NM（ARP）］	0.3	—	—	0.24	0.3	—	1.15
	SID［15 NM（ARP）］	0.3	—	—	0.24	0.3	—	0.8

注：SID［<30 NM（ARP）］的范围为 15~30 NM（ARP）。

3. 保护区绘制方法

直线离场保护区的绘制方法如下。

① 初始离场阶段保护区的画法与传统程序相同，即切跑道起飞末端（DER）位置处保护区宽度为跑道中心线两侧各 150 m，然后以跑道中心线或标称航迹为依据向两侧各扩张 15°。

② 根据所采用的导航规范及所在位置，确定航段两端航路点的定位容差，确定保护区半宽。在离场程序设计时，DER 作为离场开始的位置，为了方便绘制保护区，将 DER 假想为一个航路点，保护区宽度如表 12-2 所示。

表 12-2　DER 假想航路点保护区半宽

程序使用导航规范	保护区半宽
RNAV 2	如果有 DME 更新：4.19 km（2.26 NM）否则：3.704 km（2.00 NM）
RNAV 1	如果有 DME 更新：3.111 km（1.68 NM）否则：3.704 km（2.00 NM）
RNP1	3.704 km（2.00 NM）

③ 连接航段起点和终点处保护区宽度，确定直线段保护区，副区原则适应于直线段的保护区，标称航迹两侧保护区各一半是主区，一半是副区。

④ 根据航路点确定的直线段保护区与初始离场航段保护区重叠部分作为直线离场保护区。

⑤ 在离场航迹距离 ARP 15 NM 和 30 NM 位置处，保护区需要扩大。扩大的方法为从距离 ARP 15 NM 和 30 NM 位置点的定位容差最早点处，沿标称航迹按 15°角向两侧扩张，直至达到下一航段保护区宽度。

离场航迹保护区确定方法如图 12-3 和图 12-4 所示。

例 12-1　使用 RNAV 1 规范的离场程序，查表 12-1 可得：

① 保护区半宽在距离 ARP 15 NM 以内为 2 NM；

② 在距离 ARP 15~30 NM 为 2.5 NM；

③ 在距离 ARP 30 NM 以外为 5 NM。

请画出直线离场保护区。

解：保护区从距离 ARP 15 NM、ARP 30 NM 位置之前 ATT 处开始以 15°扩张，直至宽度达到要求，保护区如图 12-3 所示。

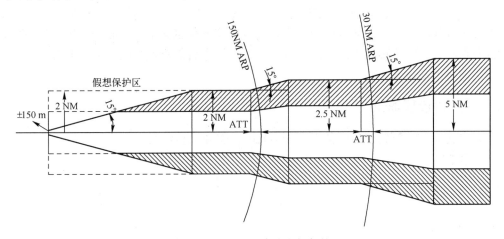

图 12-3　RNAV 1 直线离场保护区

PBN 直线离场起始阶段航迹与跑道中心线也可以有 15°以内的角度偏差，如图 12-4 所示。

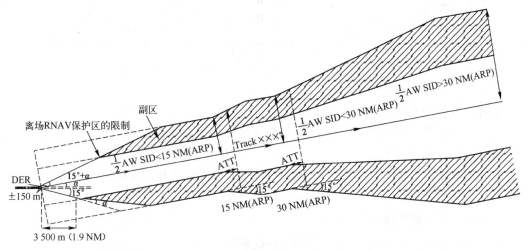

图 12-4　直线离场保护区（偏置情况）

12.1.3 超障与爬升梯度计算

PBN 离场程序的障碍物评价方法与传统程序一致，标准爬升梯度为 3.3%，使用 OIS 面评估。如果有障碍物穿透 OIS 面，则可以使用提高爬升梯度的方法保证超障余度。在主区，DER 处的 MOC 为零，此后 MOC 按照沿飞行方向水平距离的 0.8% 增加；副区原则与传统程序一致。如果由于障碍物原因造成较大爬升梯度，则进行调整。

12.2 指定点转弯离场程序设计

离场航迹与跑道中线方向相差大于 15°为转弯离场。PBN 转弯离场可以分为指定点转弯、指定高转弯及固定半径（RF）转弯三种方式，其中指定点转弯包括在旁切航路点转弯和在飞越航路点转弯。

无论何种转弯方式，离场各个航路点处的容差和保护区宽度计算方法都与直线离场相同。同传统程序一致，保护区也分为转弯之前的转弯起始区（直线部分）和转弯区两部分，直线部分保护区与直线离场划设方法一致，转弯及转弯后部分保护区应考虑转弯航路点类型和转弯后航迹的航迹终止码。

12.2.1 航迹设置要求

指定点转弯离场的转弯角度范围为 5°～120°，但如果转弯回至本场一个航路点，可以不受 120°的限制。

12.2.2 保护区

1. 保护区参数

① 高度：采用指定点转弯离场时，用机场标高加上以 10% 的爬升梯度从 DER 至转弯点所爬升的高度。

② 温度：相当于上述高度上的（ISA+15）℃。

③ 指示空速：设计离场程序使用航空器分类速度表 1-1 内所列各类航空器的最后复飞速度增加 10%（由于起飞时重量增加）。但是如果要求避开障碍物可使用较低速度，但最低不得小于表 1-1 中列出的中间复飞速度增加 10%，并要在程序中说明"离场转弯最大指示空速限制为×××km/h（kt）"。

④ 真空速：TAS=K×IAS。

⑤ 风：如有统计风的资料，可用最大 95% 概率的全向风，如没有风的资料则应使用 56 km/h（30 kt）的全向风。

⑥ 转弯坡度：平均转弯坡度为 15°（适用于指定高度转弯和指定点转弯）。

⑦ 飞行技术误差 C：驾驶员反应时间（3 s）+建立坡度（3 s），即 6 s 的飞行距离。

2. 转弯点为飞越航路点的保护区

转弯前直线段保护区画法与直线离场保护区相同。

在绘制离场飞越航路点保护区的转弯区时要注意转弯后航迹的编码方式，通常使用 CF

和 DF 两种方式。最早转弯位置 K–K 线，位于标称转弯航路点之前 ATT 的位置，最晚转弯位置位于标称转弯航路点后 ATT+C 的位置。

1）转弯后的航迹终止码为 CF

（1）转弯外边界的主区

① 分别从转弯最晚位置处直线保护区主区两端点（p_1、p_2）和转弯最早位置保护区内侧（p_3）位置画风螺旋线；

② 作转弯后标称航迹的保护区；

③ 作外侧风螺旋线（主区）的切线，且与转弯后航迹呈 30°向内收缩（或 15°向外扩张），如图 12-5 所示，与转弯后标称航迹的直线保护区主区相连接。

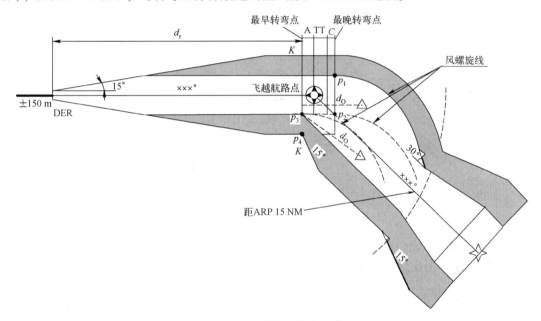

图 12-5　飞越转弯后使用 CF 航迹

（2）转弯外边界的副区

转弯外边界的副区保持转弯之前的副区宽度沿主区外边界直至与转弯后直线保护区副区相交。

（3）转弯内边界的主区

从转弯最早位置 K–K 线主区边界点（p_3）开始，作与转弯后标称航迹呈 $A/2$ 角向内收缩（或 15°向外扩张）的线，与转弯后航迹保护区主区相连。

（4）转弯内边界的副区

从 K–K 线保护区外边界点（p_4）开始，作与转弯后标称航迹呈 $A/2$ 角向内收缩（或 15°向外扩张）的线，与转弯后航迹保护区副区相连。

2）转弯后的航迹终止码为 DF

（1）转弯外边界的主区

① 当转弯角度≤90°时：转弯外边界风螺旋线始于转弯最晚位置（标称转弯航路点之后 ATT+C 位置），分别从转弯最晚位置处直线保护区主区两端点（p_1、p_2）和转弯最早位置保

护区主区两端点（p_3、p_4）位置画风螺旋线；在转弯后航路点（WP）作风螺旋线切线，并作为最大保护区的标称航迹（最晚标称航迹）；以最晚标称航迹线为基准画直线保护区；作风螺旋线的切线且与最晚标称航迹呈30°向内收缩（或15°向外扩张），与直线保护区主区相连接，如图12-6所示。

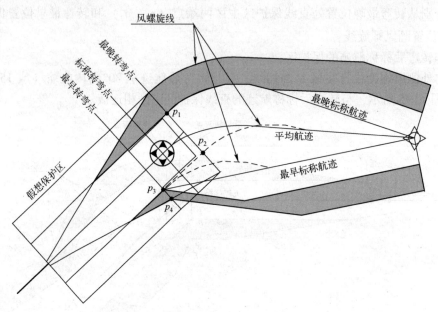

图12-6　飞越转弯后接DF航迹（转弯角度≤90°）

②当转弯角度>90°时：转弯外边界风螺旋线始于转弯最晚位置（标称转弯航路点之后ATT+C位置），分别从转弯最晚位置处直线保护区主区两端点（p_1、p_2）和转弯最早位置保护区主区两端点（p_3、p_4）位置画风螺旋线；先作转弯最晚位置（p_1、p_2）两风螺旋线（主区）的公切线（线1）；从转弯后航路点（WP）作风螺旋线切线，并作为最大保护区的标称航迹（最晚标称航迹）；以最晚标称航迹线为基准画直线保护区；作风螺旋线的切线且与最晚标称航迹呈30°向内收缩（或15°向外扩张），与直线保护区主区相连接，如图12-7所示。

（2）转弯外边界的副区

转弯外边界的副区保持转弯之前的副区宽度沿主区外边界直至与转弯后直线保护区副区相交。

（3）转弯内边界的主区

①当转弯角度>75°时：从主区与K-K线交点（p_4）和转弯后航路点的连线作为转弯最早标称航迹；作转弯最早标称航迹的直线保护区；然后从p_4点作与最早标称航迹成15°（向外扩张）的直线，与直线保护区主区相连。

②当转弯角度≤75°时：从主区与K-K线交点（p_3）和转弯后航路点的连线作为转弯最早标称航迹；作转弯最早标称航迹的直线保护区；从p_3点作与最早航标称迹成15°（向外扩张）的直线，与直线保护区主区相连。

（4）转弯内边界的副区

画法与主区画法类似，以p_5点或p_6点（以保护区最大为原则）作与转弯最早标称航迹

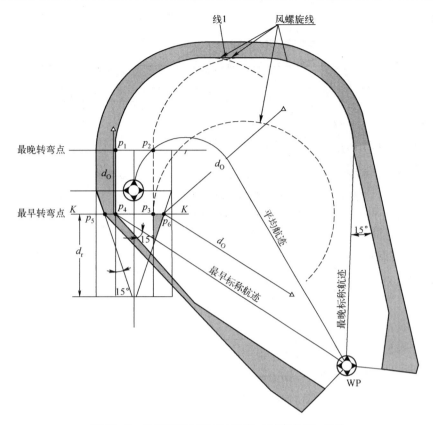

图 12-7　飞越转弯后接 DF 航迹（转弯角度>90°）

成 15°（向外扩张）的直线，与转弯最早标称航迹直线保护区副区相连接。

3. 转弯点为旁切航路点的保护区

在旁切航路点转弯时，航空器需要提前转弯，转弯提前量为 $r \cdot \tan (A/2)$，标称开始转弯点为 S 点，如图 12-8 所示。最早转弯位置（K-K 线）位于 S 点前 ATT 处，最晚转弯位置位于 S 点后 ATT+C 处（C 为 3 s 的驾驶员反应延迟）。

最早转弯位置之前的直线段保护区画法与直线离场保护区相同。

（1）转弯外边界的主区

① 当转弯角度≤90°时：分别从转弯最晚位置保护区主区边界点（p_1、p_2）画风螺旋线，转弯最晚位置位于标称航路点之前，距其 $r \times \tan (A/2)$ −ATT+C 位置处开始，r 为转弯半径；作与转弯前航迹平行的风螺旋切线（线 1）；作与转弯后航迹平行的风螺旋切线（线 2），线 1、线 2 相交与风螺旋线连接的区域确定为转弯外侧主区外边界；转弯后，用与转弯后标称航迹呈 30°收敛角（向内收缩）或与转弯后标称航迹呈 15°（向外扩张）的直线将转弯保护区主区和随后航段保护区主区相连，如图 12-8 所示。

② 当转弯角度>90°时：分别从转弯最晚位置保护区主区边界点（p_1、p_2）和转弯最早位置内侧保护区主区边界点 p_3 画风螺旋线；作与转弯前航迹平行的风螺旋切线（线 1）；作与转弯前航迹垂直的风螺旋切线（线 2），线 1 和线 2 相交，并与风螺旋线连接的区域确定为转弯外侧主区的外边界；转弯后，用与转弯后标称航迹呈 30°收敛角（向内收缩）或与转

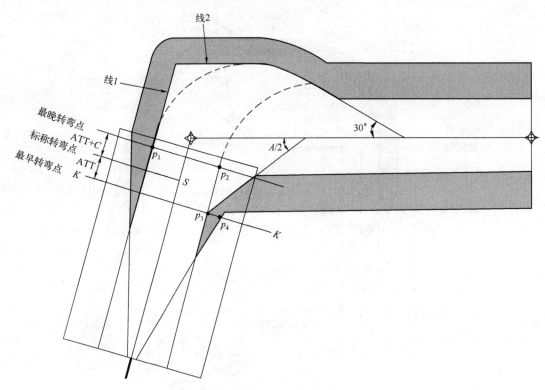

图 12-8　旁切转弯（转弯角度≤90°）

弯后标称航迹呈 15°（向外扩张）的直线（线 3）将转弯保护区主区和随后航段保护区主区相连，如图 12-9 所示。

（2）转弯外边界的副区

转弯外边界的副区保持转弯之前的副区宽度，并沿主区外边界直至与转弯后直线保护区副区相交。

（3）转弯内边界的主、副区

内边界主、副区分别从转弯最早位置 K-K 线与保护区边界交点 [p_3、p_4 或 p_5、p_6（保护区最大原则）] 作与转弯后标称航迹呈 A/2 角向内收缩（或 15°向外扩张），并与转弯后航迹保护区主区相连。

12.2.3　超障与爬升梯度计算

1. 转弯点之前直线离场段保护区

指定点转弯离场转弯最早位置（K-K）之前的障碍物，使用直线离场障碍物评估方法评价。

2. 转弯区

转弯区内障碍物的高度应满足下列要求：

$$H_0 \leq (d_r + d_0) \times \text{PDG} + H - \text{MOC}$$

式中：d_r——从 DER 至 K-K 线（最早 TP）的水平距离；

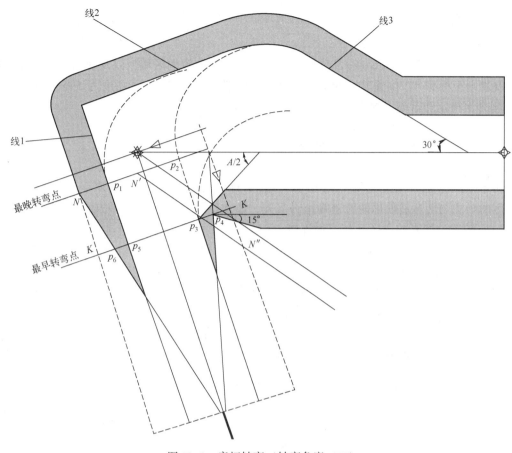

图 12-9　旁切转弯（转弯角度>90°）

d_0——从障碍物至 K-K 线的最短距离；

PDG——公布的程序设计的梯度；

H——OIS 面在 DER 的高（5 m 或 16 ft）；

MOC——$\max\{(d_r+d_0)\times 0.8\%, 75\text{ m}\}$。

若不满足上述要求，需要调整，调整方法与传统离场程序方法相同。

12.3　指定高度转弯离场程序设计

12.3.1　航迹设置要求

指定高度转弯离场在指定高度处无转弯角度限制，在确定转弯高度时应充分考虑航空器转弯后有足够的距离，以保证航空器能够顺利地切入转弯后的航迹。

12.3.2　保护区

1. 保护区参数

进行 IAS 至 TAS 转换时，高度采用指定的转弯高度，其他参数与指定点离场一致。

2. 保护区

1）转弯起始区

转弯起始区包括从 DER 或入口内 600 m 处开始 300 m 宽的区域，以及使用直线离场保护区绘制准则至标称 TP 位置的区域，标称 TP 点位置为从 DER 处（高度为 5 m）以一定的 PDG 爬升至指定转弯高度的位置。

$$TH = 5 + d_r \times PDG$$

式中：d_r——DER 至 TP 标称位置的距离。

2）转弯区

转弯区从标称 TP 位置开始，最晚 TP 位置为标称转弯位置+飞行技术误差（C）。转弯保护区的画法与转弯后使用的航迹终止码有关，通常使用 DF 和 CF 两种方式。

（1）转弯外边界的主区（转弯后连接 DF 航段）

① 转弯外边界风螺旋线开始于转弯最晚位置，分别从转弯最晚位置处直线保护区主区两端点（p_1、p_2）画风螺旋线。

② 从转弯后航路点（WP）作风螺旋线切线作为最大保护区的标称航迹（最晚标称航迹）；

③ 以最晚标称航迹线为基准画直线保护区；

④ 作风螺旋线的切线且与最晚标称航迹呈 30°向内收缩（或 15°向外扩张），并与直线保护区主区相连接，如图 12-10 和图 12-11 所示。

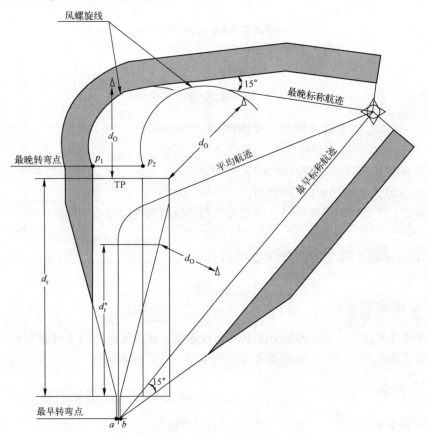

图 12-10 指定高度转弯后使用 DF 航迹

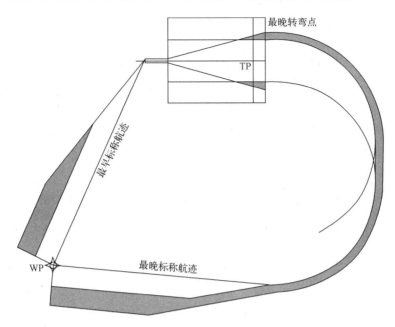

图 12-11　指定高度转弯后使用 DF 航迹（副区小）

（2）转弯外边界的副区（转弯后连接 DF 航段）

转弯外边界的副区保持转弯之前的副区宽度沿主区外边界直至与转弯后直线保护区副区相交。

（3）转弯内边界的保护区（转弯后连接 DF 航段）

① 当转弯角度>75°时：以转弯后航路点（WP）与最早转弯位置（a 点）（DER 或跑道以内 600 m 处转弯起始区边界点）连线作为最早标称航迹；作最早标称航迹的直线保护区；从 b 点作与最早航迹成 15°（向外扩张）的直线，并与直线保护区主区/副区相连。

② 当转弯角度≤75°时：以转弯后航路点（WP）与最早转弯位置（b 点）（或跑道以内 600 m 处转弯起始区边界点）连线作为最早标称航迹；作最早标称航迹的直线保护区；从 b 点作与最早航迹成 15°（向外扩张）的直线，并与直线保护区主区/副区相连。

（4）转弯外边界的主区（转弯后连接 CF 航段）：

① 分别从转弯最晚位置处直线保护区主区两端点（p_1、p_2）位置画风螺旋线；

② 作外侧两风螺旋线（主区）的公切线（线 1）；

③ 作转弯后标称航迹的保护区；

④ 作与转弯后标称航迹成 30°向内收缩（或 15°向外扩张）的外侧风螺旋线切线（线 2）（以保护区最大为原则），如图 12-12 所示，与转弯后标称航迹的直线保护区主区相连接。

（5）转弯外边界的副区（转弯后连接 CF 航段）：转弯外边界的副区保持转弯之前的副区宽度，并沿主区外边界直至与转弯后直线保护区副区相交。

（6）转弯内边界的主区（转弯后连接 CF 航段）：在转弯内侧，主区边界始于最早转弯位置（a 点或 b 点，以保护区最大为原则），按照与转弯后标称航迹成一半转弯角（A/2）的角度向内收缩（或与转弯后标称航迹成 15°向外扩张）的方法与转弯后标称航迹直线保护区相连接。

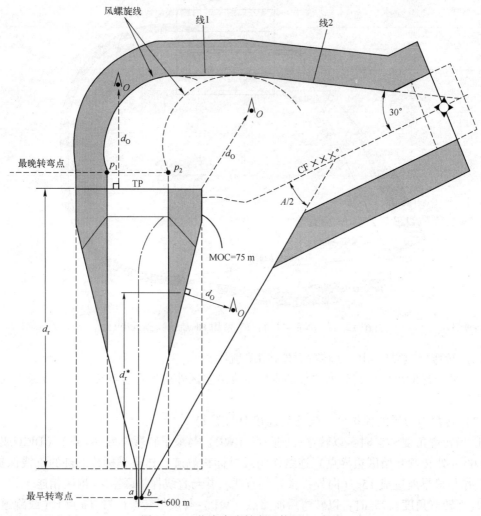

图 12-12　指定高度转弯后使用 CF 航迹

12.3.3　超障与爬升梯度计算

1. 转弯起始区

使用直线离场的方式进行评估，同时障碍物的标高/高（H）还必须满足下列要求：

$$H \leqslant \text{TA/H} - 75 \text{ m}$$

2. 转弯区

障碍物的标高/高（H）必须满足下列要求：

$$H \leqslant \text{TA/H} + d_0 \times \text{PDG} - \text{MOC}$$

式中：d_0——障碍物至转弯起始区边缘上最近点距离，如图 12-12 所示。

　　MOC——超障余度。主区 MOC 为：① $(d_r + d_0) \times 0.8$ 与 75 m 之间的较大值（对转弯点 TP 以后的障碍物）；② $(d_r^* + d_0) \times 0.8$ 与 75 m 之间的较大值（对转弯点 TP 以前的障碍物）。副区 MOC 为：副区内边界 MOC 等于主区 MOC，按线性减小至副区的外边界时为零。

若不满足上述要求，需要调整，可以使用提高爬升梯度、向离场方向移动转弯点而提高转弯高度的方法。

12.4　固定半径转弯离场程序设计

固定半径（RF）转弯离场的设计遵照修改后的直线离场设计准则进行，因此设计方法与直线离场有很多类似的地方。

12.4.1　航迹设置与参数

从 DER 到 RF 航段的第一个航路点的最短距离为 1 852 m（1 NM），但航空器转弯高度不得低于场压 120 m。采用 RF 航段离场，起始离场的编码顺序应为 IF/TF/RF/TF 或者 IF/TF/RF/RF/TF。

RF 转弯可使用的角度范围为 2°~358°，其转弯是一个固定半径的弧形航迹，如图 12-13 所示，固定半径转弯航迹由以下三个元素确定：

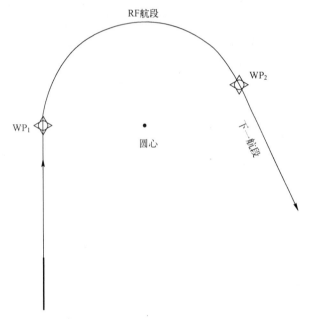

图 12-13　RF 转弯

① 转弯起始点和转弯终止点；
② 圆心位置；
③ 转弯半径 r。
转弯半径 r 计算公式如下：

$$r = \frac{(V+V_{\mathrm{W}})^2}{127\,094 \times \tan\theta}$$

式中：V——最大真空速，基于航空器转弯航迹最高高度、机场温度与标准大气温度偏差的修正，单位为 km/h；

　V_w——转弯航迹最高高度的最大风速，使用全向风，风速可使用表 12-3 中的风速，也可使用 ICAO 标准风（$12H+87$）或当地 95%概率风；

　θ——为了定义所需转弯航迹规定的最大坡度角（$\leqslant25°$），转弯坡度角为 25°时，不得在低于机场标高 400 ft 转弯。

表 12-3　RF 航段计算使用风速

高度高于机场标高	风速/(km/h)	风速/kt
$\leqslant152\,m$（500 ft）	19	10
152 m（500 ft）<~305 m（1 000 ft）	37	20
305 m（1 000 ft）<~610 m（2 000 ft）	56	30
610 m（2 000 ft）<~915 m（3 000 ft）	74	40

转弯半径 r 不得小于入航和出航航迹所用 RNP 值的两倍或入航和出航航迹保护区半宽。

以基于标称半径计算得出的弧线长度作为航迹的长度，再以不低于 10%的梯度计算离场阶段 RF 航段起始、终止位置高度（为了计算 TAS 和风速）。如果在转弯过程中需要限速，如果可行的话，限速应规定在 RF 航段的末端（SID 和复飞）、RF 航段的起始位置（进场和进近）。

12.4.2　保护区

1. 保护区参数

RF 航段保护区的半宽基于 XTT 和 BV 值，具体数值如表 12-1 所示。

在起始离场阶段，如果使用 GNSS 作为导航源，则沿航迹航路点的 ATT 应缩减（如果基于其他导航源，则不应缩减 ATT），且与保护区半宽成比例。

$$缩减\ ATT=x\times\left(\frac{ATT-120}{\frac{1}{2}AW-150}\right)\times\tan15°+120$$

式中：$\frac{1}{2}AW$——航路点处保护区半宽；

　x——从 DER 至航路点的距离；

　ATT——航路点处的 RNP 精度值；

　120——DER 处缩减的 ATT 值，m。

2. 基本保护区

RF 航段基本保护区如图 12-14 所示。

① 转弯外边界的主区：以 O 点为中心（RF 圆心），半径为 $\left(r+0.75XTT+\frac{BV}{2}+0.05\right)$ NM 的圆弧，与相邻直线航段主区边界相连，如图 12-14 的 A 点和 C 点连线所示。

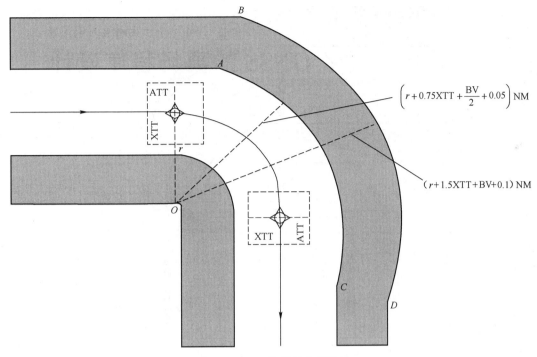

图 12-14　RF 航段基本保护区

② 转弯外边界的副区：副区的外边界以 O 点为圆心，半径为 $(r+1.5\mathrm{XTT}+\mathrm{BV}+0.1)\,\mathrm{NM}$ 的圆弧，与相邻直线航段副区边界相连，如图 12-14 的 B 点和 D 点连线所示。

③ 转弯内边界的主区：以 O 点为中心（RF 圆心），半径为 $r-\left(0.75\mathrm{XTT}+\dfrac{\mathrm{BV}}{2}\right)$，与相邻直线航段主区内边界相连。

④ 转弯内边界的副区：以 O 点为中心（RF 圆心），半径为 $r-(1.5\mathrm{XTT}+\mathrm{BV})$，与相邻直线航段副区内边界相连。

3. RF 航段离场保护区

RF 作为离场转弯部分，其保护区如图 12-15 所示。

在离场阶段，航空器从 DER 位置开始能够保持较高的精度，保护区从切 DER 位置处依然使用 150 m 宽度，15°角扩张的方法，最终与基本保护区相接。直线部分设计准则使用直线离场方法至 RF 起始点之前 ATT 位置处。

1）转弯外侧保护区边界

外边界风螺旋线圆弧从转弯最晚位置（转弯点后 ATT+3 s 的驾驶员反应距离）开始，结束于与 RF 航段保护区半宽一致或距离 RF 结束点还有 15°航迹角的位置，如图 12-15 中 a_1 点所示，从 a_1 点后作与转弯后标称航迹成 15°扩张角的直线与 RF 航段保护区相连。

外边界风螺旋圆弧的半径为

$$r_{\mathrm{t}}=r_{\mathrm{s}}+\left(2\pi r_{\mathrm{s}}\,\frac{\alpha}{360}\right)\tan 15°$$

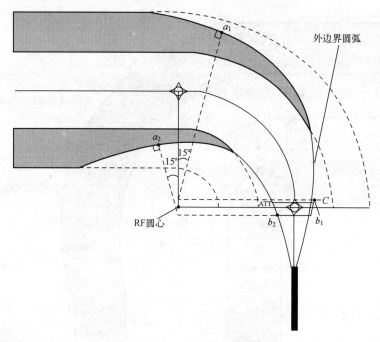

图 12-15　RF 航段离场保护区

式中：r_s——线性扩张保护区外侧（b_1点）在 RF 航段开始位置至 RF 圆心的距离；

　　　α——航迹改变的角度。

　2）转弯内侧保护区边界

　　内边界风螺旋线圆弧从转弯最早位置（转弯点前 ATT）开始，结束于距离 RF 结束点超过 15°航迹角的位置，如图 12-15 中 a_2 点所示，从这之后作与转弯后航迹呈 15°扩张角的直线与 RF 航段保护区相连。

　　内边界风螺旋圆弧的半径为

$$r_t = r_s - \left(2\pi r_s \frac{\alpha}{360} \right) \tan 15°$$

式中：r_s——线性扩张保护区内侧（b_2点）在 RF 航段开始位置至 RF 圆心的距离；

　　　α——航迹改变的角度。

12.4.3　障碍物评估

　　RF 航段转弯离场障碍物评估使用类似于直线离场使用的 OIS 面，如图 12-16 所示，这里的 OIS 面是覆盖 RF 航段保护区，且随着离场航迹距离按照 2.5% 的梯度上升的面。在计算 RF 航段的 OIS 面高度时，离场航迹距离是基于半径为（r−186 m）的弧线长度，r 为标称RF 航段的半径。

$$MOC = d_r \times 0.8\%$$

式中：d_r——DER 至障碍物所在位置的距离。

　　如果计算出的 MOC ≤ 90 m，则需降低 OIS 面高度。降低 OIS 面的方法为：保持最早 RF 航段 OIS 面的高度，直到机体尺寸的保护余度 BG 能够被达到。

　　从 RF 航段开始点最早位置处改平，直到与标准 OIS 面的垂直间隔达到 BG，后按 2.5%

的梯度继续爬升直至 RF 航段终止点最晚位置。OIS 改平高度为

$$D×0.8\%+BG$$

式中：BG——航空器半翼展×$\sin(\alpha+5°)$，其中航空器半翼展为 40 m（132 ft），α 为坡度角。

如果障碍物穿透 OIS 面，则需要调整，调整方法与传统直线离场的调整方法相同。

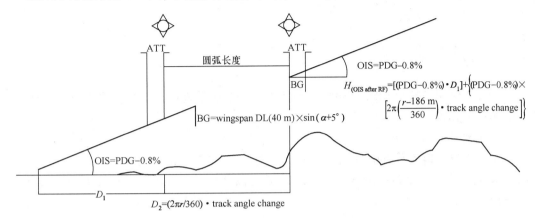

图 12-16　RF 航段 OIS 面剖面图

第 13 章　基于 GNSS 的非精密进近程序设计

13.1　进近类型

综合分析区域导航和 PBN 程序的导航特点，根据最后进近是否具备垂直引导可将进近类型分为以下几种。

（1）非精密进近（NPA）

有水平引导，但无垂直引导的仪表进近程序。传统非精密进近可以使用 NDB、VOR、LOC、雷达作为引导设备；RNAV 非精密进近可以使用基本 GNSS（具体要求参见 ICAO DOC9613）。

（2）精密进近（PA）

沿最后进近下降轨迹，提供水平和垂直引导的进近程序。传统精密进近可以使用 ILS、MLS、精密进近雷达支持。可以支持 RNAV 精密进近程序的系统有 GBAS 和 SBAS。目前 GBAS 支持的进近程序（GLS）能达到Ⅲ类精密进近精度要求。

（3）类精密进近（APV）

在最后进近段同时有水平引导和垂直引导，但引导精度未达到精密进近和着陆要求的进近程序。目前支持这类进近程序的技术有气压垂直引导（Baro-VNAV）、星基增强系统（SBAS）。

13.2　T 型、Y 型设计概念与终端区进场高度

13.2.1　T 型、Y 型设计概念

PBN 程序由于不受陆基导航设施布局的限制，航空器在进场航段能够根据需要灵活地调整航空器的航向和位置，因此绝大多数进近程序都采用直线起始进近方式。国际民航组织为了使进近程序规范化，提出了 T 型和 Y 型进近程序构型。

T 型和 Y 型程序的基本构成为：对正跑道的最后进近航段、中间进近航段和最多三条起始进近航段，包括跑道延长线上的直线起始进近航段和位于两侧的偏置起始进近航段。T 型或 Y 型布局可以保证从任何方向进场的航空器直接进入程序，以航空器到达 IAF 的进入角度确定每个起始航段的进入区，如图 13-1 和图 13-2 所示，MSD 为最短稳定距离。

侧方的起始进近航段航迹与中间进近航段航迹有 70°~90°的夹角。这种布局保证了从终端进入区内时在 IAF 的航迹改变不超过 110°。如果一侧或两侧没有办法设置 IAF，则不能全向直接进入，这时，可在某一 IAF 处设置等待航线，以便加入程序，如图 13-3 所示。

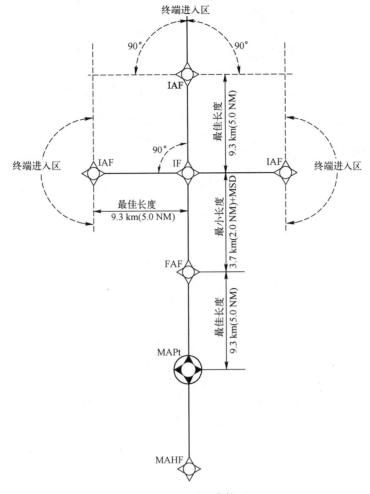

图 13-1　T 型程序构型

　　T 型或 Y 型程序设计概念可以将机场的起始进近航段限制在三条之内，实现全方位的直接进入，避免使用反向程序，提高程序运行的效率，无论是 RNAV 程序还是 RNP 程序都可以使用这种设计概念。

　　T 型和 Y 型程序中，IAF、IF 和 FAF 应为旁切航路点。

　　T 型和 Y 型程序具有基本一致的程序结构，提高了飞行的准确性，支持全方位的直接进入而避免使用反向程序，很多机场使用这两种方式，但由于机场建设的复杂和多样性，T 型和 Y 型程序并不能适合所有机场的情况，因此不是 PBN 程序的强制进近方式。

13.2.2　终端区进场高度

　　为了配合 T 型和 Y 型程序构型，PBN 程序设计时增加了终端进场高度（TAA）以对 MSA 进行了补充完善。使用 T 型和 Y 型程序时应提供 TAA，但如果有合适的 MSA，则可以用 MSA 代替 TAA。但在适用 GNSS 导航情况下，MSA 应为基于机场基准点的单一全向扇区。

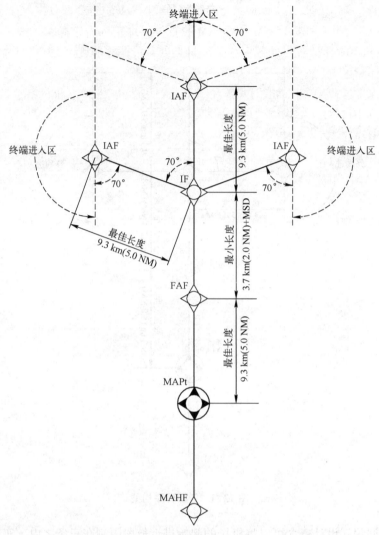

图 13-2   Y 型程序构型

1. TAA 的范围及划分方法

TAA 的最低高度范围在以仪表进近所基于的 IAF 为圆心、46 km（25 NM）为半径的扇区内使用，如图 13-4 和图 13-5 所示。

TAA 扇区的外边界由半径为 46 km（25 NM）的圆弧确定。圆弧分别以三个 IAF 中的每一个 IAF 为圆心（在没有中间的起始进近航段时，分别以两个侧方 IAF 和 IF 为圆心）。

TAA 扇区的侧边界由左侧起始航段和右侧起始航段的延长线确定，每个 TAA 扇区周围均有一个 9 km（5 NM）的缓冲区，见图 13-4 和图 13-5。

考虑到地形变化、运行限制或下降梯度过大，可以再规定一条圆形边界（或称为"梯级下降弧"），将 TAA 分成两个子扇区，从而使位于内侧的子扇区的安全高度降低。每个 TAA 扇区限设一条梯级下降弧。为避免子扇区过小，梯级下降弧距圆弧中心定位点和 25 NM 的 TAA 扇区边界均不得小于 19 km（10 NM），如图 13-6 所示。

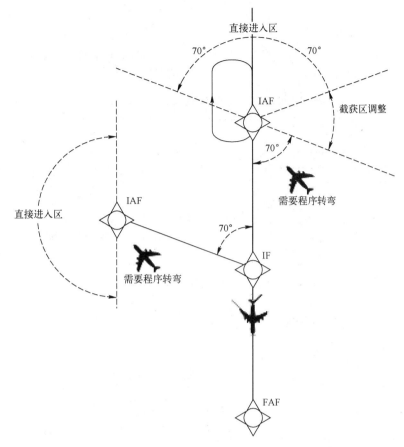

图 13-3　无偏置起始段（适用于反向程序）

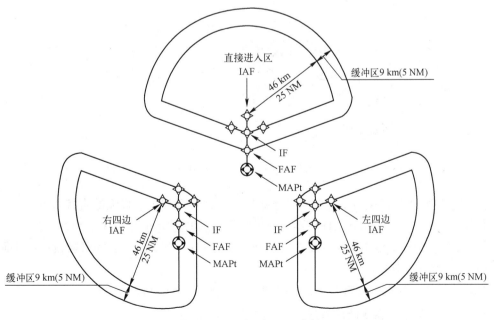

图 13-4　Y 型程序 TAA 布局

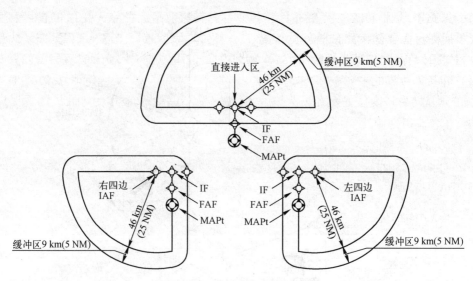

图 13-5　T 型程序 TAA 布局

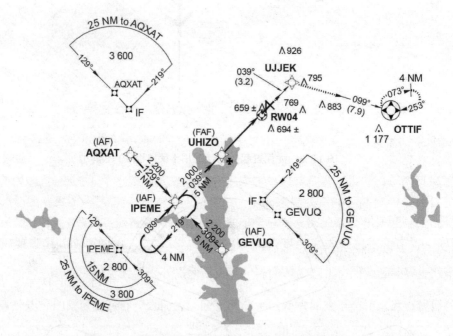

图 13-6　无中间起始进近航段、具有梯级下降弧的 TAA

直接进入 TAA 扇区也可沿径向划分子扇区。任何包含梯级下降弧的直接进入 TAA 子扇区，其最小范围不得小于 45°。任何不包含梯级下降弧的直接进入 TAA 子扇区，其最小范围不得小于 30°。为了不增加程序的复杂性，任何左侧和右侧的 TAA 扇区只能设梯级下降弧，不得再划分径向子扇区。

毗邻的梯级下降弧和毗邻的子扇区之间的缓冲区宽度为 9 km（5 NM）。

2. TAA 扇区最低高度计算方法

TAA 各扇区最低高度等于该扇区及其相应缓冲区内最高障碍物的标高加上一个最小超

障余度（MOC），然后以 50 m（或 100 ft）向上取整。平原机场最小超障余度为 300 m；山区机场的最小超障余度应予以增加，最大增加至 600 m（在计算山区机场最低扇区高度时，最小超障余度通常取 600 m）。

3. TAA 的公布

进近图的平面图应使用表示 TAA 基准点（IAF 或 IF）的符号，自基准点的半径和 TAA 扇区边界的方向标出 TAA。每个 TAA 扇区在平面图上的符号位置和方位应根据进近程序的进场方向绘制，并标注所有 TAA 的最低高度及梯级下降弧。

每个 TAA 扇区的 IAF 用航路点名称标识，以方便驾驶员对照进近程序进行识别。IAF 名称和 TAA 扇区边界到 IAF 的距离标注在 TAA 扇区图标的外侧圆弧上。必要时，TAA 扇区符号也以"IF"字样标出中间定位点的位置，但不标注 IF 的航路点名称，以防与 TAA 基准点混淆，如图 13-7 所示。

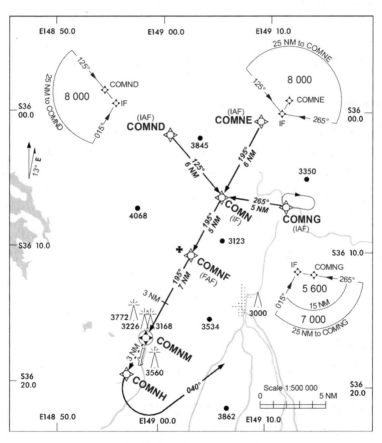

图 13-7　TAA 划设及标注

13.3　PBN 进近程序设计

进近程序使用基本 GNSS 的规范为 RNP APCH、RNP 1、RNAV 1、A-RNP、RNP AR

APCH。在这些导航规范中，适用于最后进近的导航规范有 RNP APCH 和 RNP AR APCH，两者都是由 GNSS 支持的导航规范，但 RNP AR APCH 为一类精度更高的，需要特殊审定的规范，两者设计方法不同。本节所讲的非精密最后进近为 A 类 RNP APCH 规范（参见表 10-2）。

13.3.1 航迹设置

1. 进场航段

进场航段航迹设置无特殊要求，但 PBN 导航方式为航迹设计提供了良好的灵活性，比较容易实现 90°以内的转弯，因此在无其他限制条件时，最好保持 90°以内的转弯。

2. 起始进近航段

非精密进近程序，起始进近航迹和其他起始航迹之间的切入角度不应该大于 120°。最好避免在航路点的转弯大于 90°。如果需要大于 90°的转弯，应该通过设立多个航路点或使用 RF 航段来处理。

对于使用 GNSS 导航的起始进近航段，起始进近航段最佳长度为 9 km（5 NM）［H 类，6 km（3 NM）］。

3. 中间进近航段

对于基于 GNSS 的非精密进近程序，只要可能，中间进近航段应该对正最后进近航段。如要求在 FAF 转弯，则旁切转弯角度不得超过 30°（H 类，60°）。如果中间航段包含一个 RF 航段，且 RF 航段在 FAF 处结束，则需要 RF 航段的航迹角度改变不超过 45°，且转弯半径不小于 4.72 km（2.55 NM），此种情况不允许飞越转弯。

在 IF 有旁切转弯的中间进近航段由两部分组成：转弯部分和随后的最后进近航路点之前的直线部分。直线部分的长度是变化的，但不得小于 3.70 km（2.00 NM）。这允许航空器在飞越最后进近航路点之前得以稳定。转弯部分的长度需要考虑在 IF 处的转弯角度所对应的最小稳定距离，参见 11.1.3 节。

当在中间航段使用 RF 时，包含曲线和直线航段的总长度不得小于 3.70 km（2 NM）及大于 18.5 km（10 NM）。

4. 最后进近航段

最后进近航迹应该与跑道中线对正，如不可能，若能够满足下列条件可以使用直线进近方式，如图 13-8 所示。

① 航迹与跑道中线延长线相交，A、B 类航空器交角 θ 不得大于 30°，C、D 类航空器交角 θ 不得大于 15°，且交点距跑道入口不得小于 1 400 m；

② 航迹与跑道中线延长线不相交，在距跑道中线延长线 1 400 m 处，航迹与跑道中线延长线的横向距离不得大于 150 m。

最后进近航段最佳长度为 9.3 km（5.0 NM）［H 类，3.7 km（2.0 NM）］，但通常不应该超过 18.5 km（10.0 NM）。最后航段的最小长度及 FAF 与跑道入口之间的距离不得小于 5.6 km（3.0 NM），H 类除外。

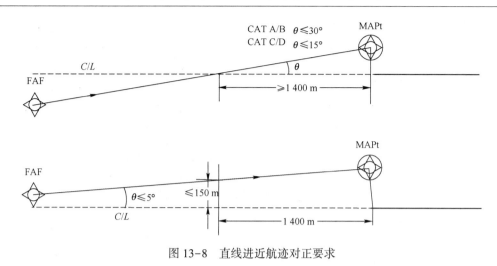

图 13-8　直线进近航迹对正要求

13.3.2　保护区

1. 进场进近航段航路点精度与直线保护区

进场进近航段航路点精度与直线保护区计算方法与前述的离场航段一致（参见 12.1 节）。

进场进近航段航路点精度与保护区半宽同样与导航系统模式有关，一些特殊位置处的保护区半宽需要计算：

$$\frac{1}{2}AW = 1.5 \times XTT + BV$$

其中，BV 为缓冲值，是考虑导航系统模式转换、精度变化而造成的保护区宽度改变，如表 13-1 所示。在计算保护区半宽时，ATT 和 XTT 及 BV 按以下规则选择：当 BV 发生改变时，要使用前一阶段的 BV 值，当 XTT 发生改变时，要使用较小的 XTT 值。

表 13-1　保护区计算 BV 取值

飞 行 阶 段	BV（CAT A—E）	BV（CAT H）
航路\离场\进场 ［≥30 NM（ARP）］	3 704 m（2.0 NM）	1 852 m（1.0 NM）
终端区 ｛STARs/IAF/IF ［<30 NM（ARP）］ 或 SID/MA ［15~30 NM（ARP）］｝	1 852 m（1.0 NM）	1 296 m（0.7 NM）
最后进近	926 m（0.5 NM）	648 m（0.35 NM）
SID/MA ［<15 NM（ARP）］	926 m（0.5 NM）	648 m（0.35 NM）

注意在进场进近航段，保护区宽度在距离 ARP 30 NM 的位置和 FAF 位置会发生变化，保护区改变使用 30°向内收缩的方法，如图 13-9 所示。副区原则适用。

例 13-1　某机场使用 RNAV 1 进场，进场进近部分航迹在距离 ARP 30 NM 以外，部分航迹在距离 ARP 30 NM 以内。求保护区半宽。

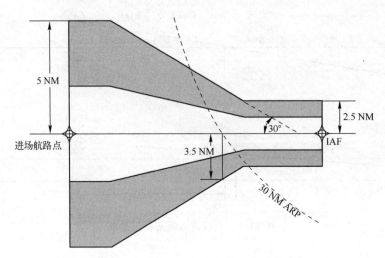

图 13-9　进场进近航段保护区缩减方法

解：查表 13-2，可知，

在距离 ARP 30 NM 以外航路点处保护区半宽为 5 NM；

在距离 ARP 30 NM 以内航路点保护区半宽为 2.5 NM；

在距离 ARP 30 NM 位置处保护区半宽为：$1.5 \times XTT + BV = 1.5 \times 1 + 2 = 3.5$（NM）。

保护区如图 13-9 所示，距离 ARP 30 NM 位置处保护区半宽为 3.5 NM，使用与标称航迹成 30° 的方法连接之前和之后的保护区。

例 13-2　计算 RNP APCH 最后进近航段各个航路点位置精度及保护区半宽，并画出保护区。

解：RNP APCH 最后进近航段各个航路点位置精度及保护区半宽如表 13-2 所示。

保护区如图 13-10 所示。

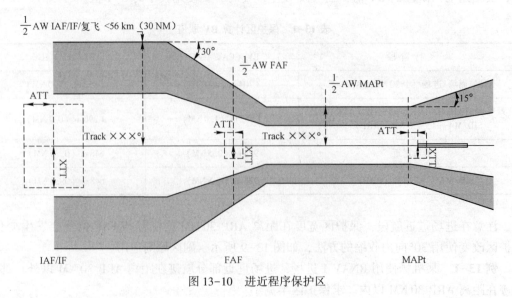

图 13-10　进近程序保护区

表 13-2　不同导航规范的保护区参数（进场进近航段）

导航规范		RNP	FTE	IMAL	ATT	XTT	BV	$\frac{1}{2}$AW
RNP4	航路/STAR[>30 NM(ARP)]	4	2	—	3.2	4	2	8
RNAV 5	航路	—	2.5	2	2.01	2.51	2	5.77
RNP 2	航路/STAR[>30 NM(ARP)]	1	1	—	1.6	2	2	5
RNP 1	STAR/MA[>30 NM(ARP)]	1	0.5	—	0.8	1	2	3.5
	STAR/IAF/IF/MA[<30 NM(ARP)]	1	0.5	—	0.8	1	1	2.5
	MA[<15 NM(ARP)]	1	0.5	—	0.8	1	0.5	2
RNAV 2	航路/STAR[>30 NM(ARP)]	—	1	2	1.6	2	2	5
	STAR[<30 NM(ARP)]	—	1	1	0.8	1	1	2.5
RNAV 1	航路/STAR/MA[>30 NM(ARP)]	—	0.5	2	1.6	2	2	5
	STAR/IAF/IF/MA[<30 NM(ARP)]	—	0.5	1	0.8	1	1	2.5
	MA[<15 NM(ARP)]	—	0.5	1	0.8	1	0.5	2
RNP APCH	IAF/IF/MA[<30 NM(ARP)]	1	0.5	—	0.8	1	1	2.5
	FAF	0.3	0.25	—	0.24	0.3	0.5	1.45
	MAPt	0.3	0.25	—	0.24	0.3	0.5	0.95
	MA[<15 NM(ARP)]	1	0.5	—	0.8	1	0.5	2
A-RNP (2 NM)	航路（洋区、偏远地区）	2	1	—	1.6	2	2	5
A-RNP (1 NM)	航路（洋区、偏远地区）STAR/MA[>30 NM(ARP)]	1	0.5	—	0.8	1	2	3.5
	STAR/IAF/IF/MA[<30 NM(ARP)]	1	0.5	—	0.8	1	1	2.5
	MA[<15 NM(ARP)]	1	0.5	—	0.8	1	0.5	2
A-RNP (0.3 NM)	FAF	0.3	0.25	—	0.24	0.3	0.5	1.45
	MAPt	0.3	0.25	—	0.24	0.3	0.5	0.95
RNP 0.3	航路/STAR/MA[>30 NM(ARP)]	0.3	—	—	0.24	0.3	—	1.45
	STAR/MA/IAF/IF/MA[<30 NM(ARP)]	0.3	—	—	0.24	0.3	—	1.15
	MA[15 NM(ARP)]	0.3	—	—	0.24	0.3	—	0.8

注：MA<30 NM（ARP）的范围为 15～30 NM（ARP）。

2. 转弯保护区

类似于传统飞行程序设计方法，PBN 进场进近航段的转弯保护区使用连接圆弧的方法或风螺旋线的方法来确定，除此以外还有 RF 航段转弯，其保护区绘制方法与 RF 转弯离场一致，此处不再叙述。连接圆弧的方法应用于在 IAF 或 IF 转弯小于或等于 30°或在 FAF 转弯小于或等于 10°，其他情况都应使用风螺旋线的方法。

1）圆弧保护区

（1）外边界

前一航段和后一航段各自的主区和副区外边界由圆弧衔接。边界连接点位于各航段从航路点到外边界的垂线处。每个圆弧的中心是两边界点间直线的垂直平分线与前一航段垂线相交的点，如图 13-11 所示。当前一航段和后一航段的宽度相同时，圆弧的中心是航路点，半径为保护区半宽。

（2）内边界

转弯内边界由航路点前、后主区和副区分别连接确定，转弯内侧通过 a 点、b 点连接两航段保护区。a 点为从航路点画下一航段航迹的垂线，与前一航段保护区主区的交点，b 点为从航路点画前一航段航迹的垂线，与后一航段保护区主区的交点。同样的方法适用于连接转弯内侧副区边界，见图 13-11。

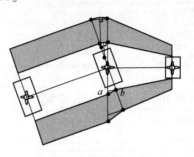

图 13-11　圆弧保护区

进场进近航段通常使用 TF 航段，转弯点可以是 fly-by 航路点也可以是 fly-over 航路点，以下就两种航路点转弯介绍风螺旋线保护区的绘制方法。在画转弯保护区之前需要先确定转弯最早、最晚位置，最早、最晚位置的确定方法与离场中航路点转弯确定方法相同。

由于 PBN 的灵活性，一般转弯角度都可以容易地控制在 90°以内，因此以下将主要介绍 90°以内的转弯保护区画法，如图 13-12 所示，大于 90°转弯的保护区画法如图 13-13 所示。转弯提前量为 $r\tan(A/2)$，则标称开始转弯点为 S 点，最早转弯位置（K-K 线）位于 S 点前距离为 ATT 处，最晚转弯位置位于 S 点后距离为 ATT+C 处（C 为相应于驾驶员反应延迟）。

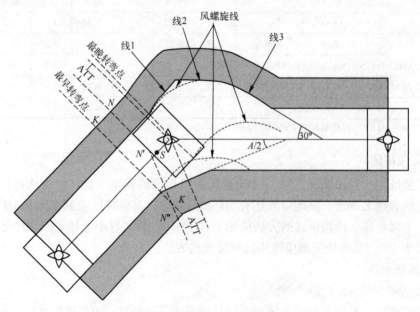

图 13-12　旁切航路点转弯，转弯角度小于 90°

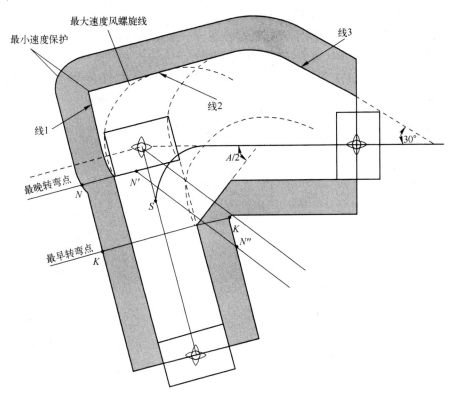

图 13-13　旁切航路点转弯，转弯角度大于 90°

2）风螺旋线保护区（旁切航路点转弯）

（1）转弯外边界的主区

① 从转弯最晚位置主区两边界点、转弯最早位置内侧主区边界点分别作风螺旋线，如图 13-12 所示；

② 作与转弯前标称航迹平行的线切风螺旋线（线 1）；

③ 作与转弯后标称航迹平行的线切风螺旋线（线 2），线 1、线 2 相交且与风螺旋线连接的区域确定为转弯外侧主区外边界；

④ 用与转弯后标称航迹呈 30°（向内收缩）或与转弯后标称航迹成 15°（向外扩张）的直线（线 3）将转弯保护区主区和随后航段保护区主区相连。

（2）转弯外边界的副区

转弯外侧副区保持转弯之前副区宽度，并沿主区外边界直至与转弯后直线段保护区相交。

（3）转弯内边界

内边界主区、副区分别从转弯最早位置 K-K 线与保护区边界交点（保护区最大原则），作与转弯后标称航迹成 A/2 角向内收缩（或 15°向外扩张）的直线，并与转弯后航迹保护区主区相连。

3）风螺旋线保护区（飞越航路点转弯）

在绘制飞越航路点转弯保护区时要注意转弯后航迹的编码方式，进场进近通常使用 TF 和 DF 两种方式。

（1）转弯外边界的主区（编码为 TF）

① 转弯外边界风螺旋线开始于转弯最晚位置，分别从转弯最晚位置处直线保护区主区两端点和转弯最早位置保护区内侧位置画风螺旋线；

② 作外侧风螺旋线（主区）的切线，且与转弯后航迹成 30° 向内收缩（或 15° 向外扩张），并与转弯后标称航迹的直线保护区主区相连接，如图 13−14 所示。

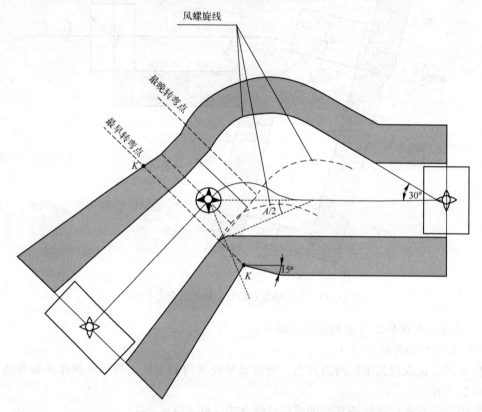

图 13−14　飞越航路点转弯后使用 TF 航迹

（2）转弯外边界的副区（编码为 TF）

转弯外边界的副区保持转弯之前的副区宽度，并沿主区外边界直至与转弯后直线保护区副区相交。

（3）转弯内边界的主、副区（编码为 TF）

内边界主、副区分别从转弯最早位置主、副区边界点作与转弯后标称航迹成 $A/2$ 角的直线（向内收缩的直线）且与转弯后保护区主、副区相连，或与转弯后航迹成 15°（向外扩张）且与转弯后航迹保护区主、副区相连。

（4）转弯外边界的主区（编码为 DF）

① 转弯外边界风螺旋线开始于转弯最晚位置，分别从转弯最晚位置处直线保护区主区两端点和转弯最早位置保护区内侧主区端点位置画风螺旋线；

② 以转弯后航路点与转弯最外侧风螺旋线的切线的连线作为最晚标称航迹，以此航迹线为基准画直线保护区；

③ 作风螺旋线的切线且与此最晚标称航迹成 30° 向内收缩（或 15° 向外扩张）的直线，

并与直线保护区主区相连接，如图 13-15 所示。

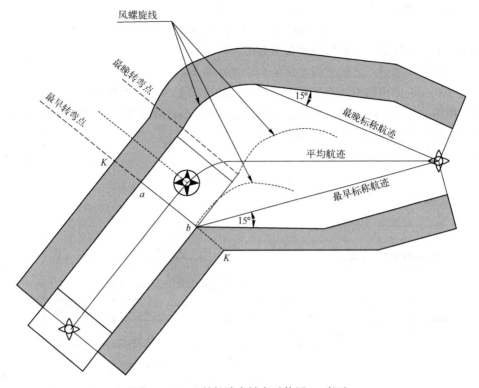

图 13-15　飞越航路点转弯后使用 DF 航迹

（5）转弯外边界的副区（编码为 DF）

转弯外边界的副区保持转弯之前的副区宽度，并沿主区外边界直至与转弯后直线保护区副区相交。

（6）转弯内边界的主区（编码为 DF）

① 从 K-K 线转弯和外侧保护区主区的相交位置点（a 点或 b 点，以保护区最大为原则）与转弯后航路点连线作为转弯最早航迹，作此最早航迹的直线保护区；

② 从 a 点作与最早航迹成 15°（向外扩张）的直线，并与直线保护区主区相连。

（7）转弯内边界的副区（编码为 DF）：画法与主区画法类似，起始点在 K-K 线保护区内或外边界点，作与转弯最早航迹成 15°（向外扩张）的直线，并与最早航迹直线保护区副区相连接。

13.3.3　超障评估与下降梯度计算

1. 最早下降位置

最早下降位置由 N-N'-N'' 线的位置确定。对于下降点为旁切航路点，最早下降点并不是在最早转弯点，N-N'-N'' 线是最早下降位置，它作为障碍物评估时航段的分界。在航路点之前，距离等于 ATT 处，N-N' 线垂直于前一航段。N'-N'' 线在前一航段方向距角平分线垂直距离等于 ATT 的位置。两条线的交点标注为 N'。障碍物至下降最早点的距离是从 N-N'-N'' 线沿角平分线垂线量取，如图 13-12 和图 13-13 所示。

如果近距障碍物位置距离 $d_0 \leqslant 9.3\,\text{km}$（$5.0\,\text{NM}$），在确定旁切航路点后的航段最低高度/高（MA/H）时不必考虑，但障碍物的高度/高 h_0 应满足：

$$h_0 \leqslant \text{OCA/H} - \text{MOC} - d_0 \times 15\%$$

式中：OCA/H——航路点之前航段的最低超障高度/高；

MOC——航路点之前航段主区的最小超障余度；

d_0——障碍物沿垂直于转弯角平分线的方向至 $N\text{-}N'\text{-}N''$ 线的距离。

PBN 程序的各个阶段与传统程序使用相同的 MOC 和超障准则，但评估障碍物的范围是以 $N\text{-}N'\text{-}N''$ 线为界限（见图 13-16 和图 13-17）。

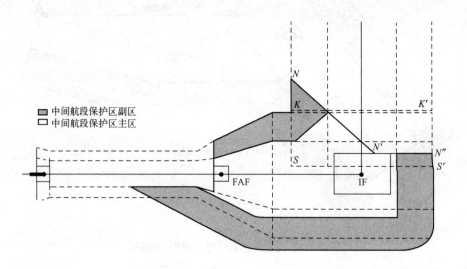

图 13-16 中间进近航段保护区

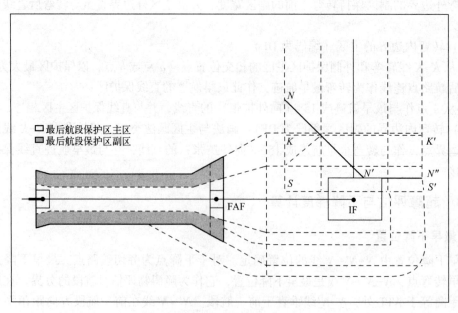

图 13-17 最后进近航段保护区

2. 下降梯度

PBN 程序中的进场进近程序与传统程序的超障评估方法基本一致，但 PBN 运行方式更精确，航空器的转弯、下降主要由 FMS 控制，因此计算下降梯度时下降航迹的长度使用精确计算方法，如图 13-18 所示。

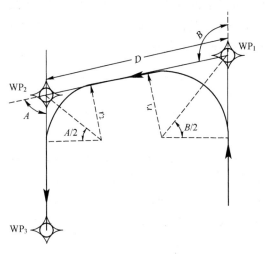

图 13-18　PBN 进场进近下降距离

$$下降梯度 = \Delta h / \mathrm{TRD}$$

$$\mathrm{TRD} = D - r_1 \times \tan \frac{B}{2} - r_2 \times \tan \frac{A}{2} + r_1 \times \frac{B\pi}{360} + r_2 \times \frac{A\pi}{360}$$

式中：D——航段直线长度；

　　　B——WP$_1$ 点转弯角度；

　　　A——WP$_2$ 点转弯角度；

　　　r_1——WP$_1$ 转弯半径；

　　　r_2——WP$_2$ 转弯半径。

PBN 程序与传统程序使用相同的下降梯度要求。

13.4　非精密复飞程序设计

PBN 导航方式下的复飞程序可以使用的导航规范有 RNAV 1、RNP 1、A-RNP、RNP APCH、RNP AR APCH、RNP 0.3。复飞的起点是复飞点，终点可以为加入航路、盘旋等待或 IAF。

13.4.1　复飞点要求

PBN 复飞程序的复飞点（MAPt）应当规定为飞越航路点。

如果最后进近对正跑道，则 MAPt 必须位于入口或入口以前。如果最后航段没有对正跑道，则 MAPt 最佳位置在最后进近航迹与跑道中线延长线交点处。如果有必要，MAPt 可以从跑道入口向 FAF 方向移动，但在 MAPt 处［沿标称航迹以 5.2% 的下降梯度（3°下滑角）

或以公布的更大的下降梯度计算〕的高度/高不得高于 OCA/H，当为了一些原因必须要移动 MAPt 时，应当提高 OCA/H。

13.4.2　航迹设置

根据初始复飞航迹转弯角度是否超过 15°，复飞可以分为直线复飞和转弯复飞两种，转弯复飞可以使用指定点（旁切航路点和飞越航路点）、指定高度及 RF 航段转弯复飞。

各航段长度要满足最短稳定距离的要求。

13.4.3　保护区

复飞航段航路点精度与保护区半宽计算方法与前述离场阶段一致。

1. 直线复飞保护区

直线复飞保护区从最早复飞点（标称 MAPt 之前 ATT 处）开始，以 MAPt 处保护区半宽为基础以 15° 角开始扩张，直至达到最早下一航路点处的宽度。在复飞距离 ARP 15 NM 和 30 NM 的位置点，保护区需要扩大。扩大的方法为从距离 ARP 15 NM 和 30 NM 位置点的定位容差最早点处，沿标称航迹按 15° 角向两侧扩张，直至达到下一航段保护区宽度，如图 13-19 所示。

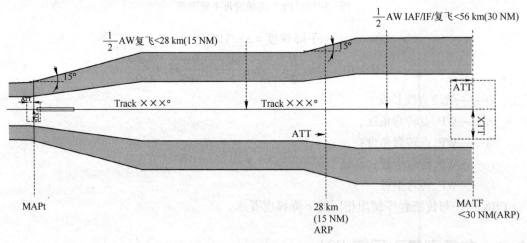

图 13-19　直线复飞保护区

2. 转弯复飞保护区

PBN 复飞保护区也分为转弯之前的转弯起始区（直线部分）和转弯区两部分，直线部分保护区与直线复飞划设方法一致，转弯及转弯后部分保护区应考虑转弯航路点类型和转弯后航迹的航迹终止码。

由于复飞点必须为飞越航路点，指定高度转弯可以使用 FA 连接 DF 或 CF 航段，指定点转弯可以使用 TF 连接 DF（飞越航路点转弯）或 CF 航段。复飞保护区绘制方法可参照离场保护区画法，如图 13-20、图 13-21、图 13-22 所示。

PBN 复飞航段障碍物评估方法与传统程序一致。

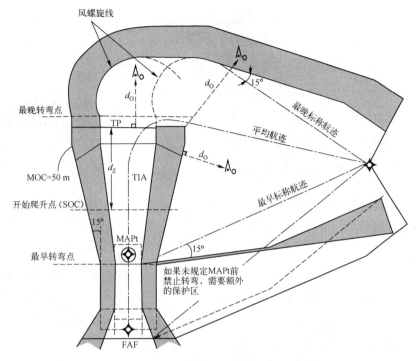

图 13-20　在指定高度转弯后连接 DF 航段

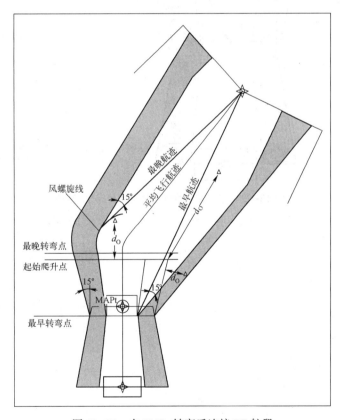

图 13-21　在 MAPt 转弯后连接 DF 航段

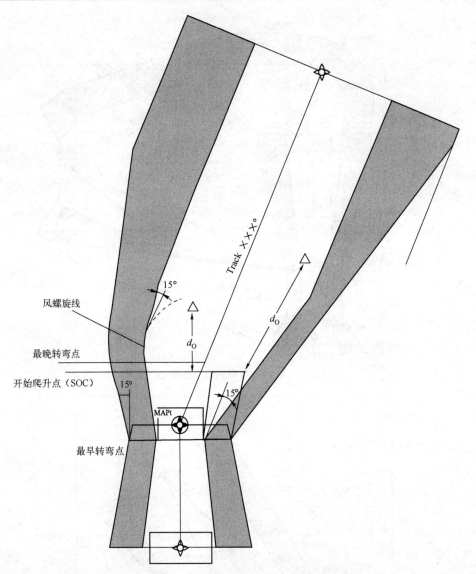

图 13-22　在 MAPt 转弯后连接 CF 或 TF 航段

第 14 章　气压垂直导航程序设计

14.1　气压垂直导航的原理

气压垂直导航（Baro-VNAV）是一种综合导航方式，它是利用机载导航设备精确定位的能力，确定航空器至跑道入口的距离，然后根据规定的垂直航迹角（VPA，通常为3°）计算出航空器在最后进近航段各点应飞的高度，从而建立一条连续的垂直航迹。由航空器机载计算机根据气压高度表提供的信息，计算出航空器的实际高度，与标称垂直航迹相比较，从而引导航空器保持在稳定的垂直航迹上。Baro-VNAV 进近在飞行仪表显示方式上与仪表着陆系统相同，因此对于驾驶员而言飞行方法是相同的。气压垂直导航要求航空器具备 RNP 运行能力和能够提供气压高度的高度表或大气数据系统，无其他地基导航设施或机载设备要求，绝大多数具备机载 RNP 系统的航空器都能够完成气压垂直导航进近，因此气压垂直导航进近程序可以作为 ILS 精密进近程序的备份。

Baro-VNAV 进近程序属于具有垂直导航的进近程序（APV）。APV 定义为一种有垂直引导、但精度不能满足精密进近标准的进近，APV 进近可以基于 SBAS（星基增强系统）提供垂直引导。Baro-VNAV 程序障碍物评估使用类似于 OAS 的障碍物评估面，但此面的建立却是基于特定的水平引导系统，而 Baro-VNAV 本身没有水平引导，只能与水平区域导航程序（LNAV）结合使用。程序中 FAF 和 MAPt 只用于确定保护区，但不作为 Baro-VNAV 程序的一部分。

Baro-VNAV 根据公布的垂直航迹角产生垂直航迹，Baro-VNAV 进近采用气压高度表来判断航空器偏离垂直航迹的情况，但气压高度表会因为大气温度的偏差而出现误差。如果温度过低，航空器实际的高度将会低于气压高度表显示的高度，如果不进行修正就会造成在最后进近阶段的航空器高度过低，从而造成航空器与地面障碍物相撞的危险，如图 14-1 所示，所以 APV 程序应公布一个使用该程序的最低温度。获得最低温度的方法是统计机场近5 年来每年最冷月份中最低温度的平均值。为了公布并使用方便，将此温度按照 5 ℃ 向下取整，并对程序根据最低温度进行低温检查，使得在低温情况下航空器与障碍物间能够具备足够的安全余度。如果航空器飞行管理系统具有最后进近温度补偿功能，则无最低温度限制。

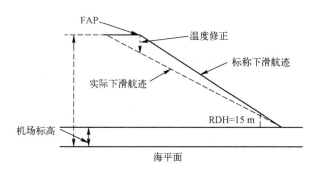

图 14-1　温度影响实际垂直航迹（以低温为例）

14.2 APV 航段及障碍物评估面

14.2.1 APV 航段航迹设置

1. 航迹设置要求

Baro-VNAV 程序包括起始进近航段、中间进近航段和 APV 航段，其中起始进近航段、中间进近航段设计准则与第 13 章相同。APV 航段包括最后进近航段、复飞起始航段和复飞中间航段，航迹应对准跑道中心延长线，允许在 FAF 有最大 5°的转弯。

2. 确定公布的 VPA

最后进近的垂直航迹角（VPA）标准为 3°，但据上所述，由于航空器所处大气环境不同，实际的 VPA 与公布的可能会不同，因此应保证实际的垂直航迹角更接近 3°，公布的 VPA 应充分考虑机场标高和盛行气温，实际的 VPA 在机场最低温度条件下不应低于 2.5°，在机场最高温度条件下不应高于 3.5°（高于 3.5°的程序属于非标准程序，这类程序须经过航行研究且取得局方认可）。

因此公布的 VPA 的确定是根据机场实际温度不断修正的过程。在设计之初，公布的 VPA 可以先估计为 3°，若实际运行大气环境与标准大气环境偏差较大，可以参考表 14-1 来选择初步的 VPA。

表 14-1 有效的 VPA 与公布的 VPA 参照表

温度/℃	公布的 VPA 2.8°			公布的 VPA 3.0°			公布的 VPA 3.2°		
	机场标高			机场标高			机场标高		
	MSL	3 000 ft	6 000 ft	MSL	3 000 ft	6 000 ft	MSL	3 000 ft	6 000 ft
50	3.14	3.21	3.28	3.37	3.44	*3.51*	*3.59*	*3.67*	*3.75*
40	**3.05**	3.11	3.18	3.26	3.33	3.40	3.48	*3.55*	*3.63*
30	**2.95**	**3.01**	3.07	3.16	3.22	3.29	3.37	3.44	*3.51*
20	2.85	2.91	**2.97**	**3.05**	3.12	3.18	3.26	3.32	3.40
10	2.75	2.81	2.87	**2.95**	**3.01**	3.07	3.14	3.21	3.28
0	2.65	2.71	2.77	2.84	2.90	**2.96**	**3.03**	3.10	3.16
−10	2.55	2.61	2.66	2.74	2.79	2.85	2.92	**2.98**	**3.04**
−20	2.46	2.51	2.56	2.63	2.69	2.74	2.81	2.87	2.93
−30	2.36	2.41	2.46	2.53	2.58	2.63	2.70	2.75	2.81
−40	2.26	2.31	2.36	2.42	2.47	2.53	2.58	2.64	2.70
−50	2.16	2.21	2.26	2.32	2.36	2.42	2.47	2.52	2.58

① 表中数值为实际的垂直航迹角；

② 加粗字体表示最优角度，斜体加粗字体表示非标准角度，灰色范围表示不允许角度。

3. 低温检查

根据中间进近航段的超障高，可以确定 FAP 的高，根据 FAP 的高和最后进近航段的长

度，以及低温修正的高度得到实际运行最小的 VPA（minVPA），如图 14-2 所示。表 14-1
也可以作为程序完成后 VPA 的可行性检查参考。

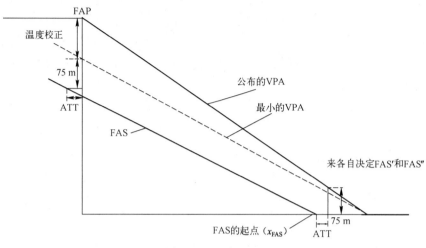

图 14-2　最小 VPA

$$\tan\left(\text{minVPA}\right)=\left(H_{\text{FAP}}-\Delta h-\text{RDH}\right)/D_{\text{FAP-THR}}$$

式中：H_{FAP}——FAP 位置处相对于跑道入口高；

　　　　Δh——低温修正高度（温度校正，如表 14-2、表 14-3 和表 14-4 所示），温度使用
　　　　　　　机场最低温度限制值；

　　　　RDH——参考基准高，为 15 m；

　　　$D_{\text{FAP-THR}}$——FAP 至跑道入口的距离。

非表所列机场标高，可使用低高度机场标高值以取得更保守的低温修正高度。

表 14-2　用于计算 FAS 角度和有效 VPA 的温度校正值（$\Delta h/\text{m}$）

		FAP 相对于跑道入口（海平面高度）的高/m								
		300	450	600	750	900	1 050	1 200	1 350	1 500
机场 温度/ ℃	50	−37	−55	−73	−92	−110	−129	−148	−167	−185
	40	−26	−39	−52	−66	−79	−92	−106	−119	−132
	30	−16	−24	−31	−39	−47	−55	−63	−71	−79
	20	−5	−8	−10	−13	−16	−18	−21	−24	−26
	10	5	8	10	13	16	18	21	24	26
	0	16	24	31	39	47	55	63	71	79
	−10	26	39	52	66	79	92	106	119	132
	−20	37	55	73	92	110	129	148	167	185
	−30	47	71	94	118	142	166	190	214	238
	−40	57	86	115	144	174	203	232	262	291
	−50	68	102	136	171	205	240	274	309	344

表 14-3　用于计算 FAS 角度和有效 VPA 的温度校正（$\Delta h/m$）

		FAP 相对于跑道入口（900 m AMSL）的高/m								
		300	450	600	750	900	1 050	1 200	1 350	1 500
机场温度/℃	50	−44	−65	−87	−109	−132	−154	−176	−198	−221
	40	−33	−49	−66	−83	−99	−116	−133	−150	−167
	30	−22	−33	−45	−56	−67	−79	−90	−101	−113
	20	−12	−17	−23	−29	−35	−41	−47	−53	−59
	10	−1	−1	−2	−2	−3	−3	−4	−4	−5
	0	10	15	20	25	29	34	39	44	49
	−10	20	31	41	51	62	72	83	93	104
	−20	31	47	62	78	94	110	126	142	158
	−30	42	63	84	105	126	147	169	190	212
	−40	52	79	105	132	158	185	212	239	266
	−50	63	95	127	159	191	223	255	287	320

表 14-4　用于计算 FAS 角度和有效 VPA 的温度校正（$\Delta h/m$）

		FAP 相对于跑道入口（1 800 m AMSL）的高/m								
		300	450	600	750	900	1 050	1 200	1 350	1 500
机场温度/℃	50	−51	−76	−102	−128	−154	−180	−206	−232	−258
	40	−40	−60	−80	−100	−121	−141	−162	−182	−203
	30	−29	−44	−58	−73	−88	−103	−118	−132	−147
	20	−18	−27	−37	−46	−55	−64	−74	−83	−92
	10	−7	−11	−15	−18	−22	−26	−30	−33	−37
	0	4	5	7	9	11	13	15	16	18
	−10	14	22	29	36	44	51	59	66	73
	−20	25	38	51	64	77	90	103	116	129
	−30	36	54	73	91	110	128	147	165	184
	−40	47	71	95	119	142	167	191	215	239
	−50	58	87	117	146	175	205	235	265	294

低温修正温度 Δh 也可以使用如下公式计算：

$$\Delta h = -\frac{\Delta T_{STD}}{L_o} \times \ln\left(1 + \frac{L_o h_{FAP}}{T_o + L_o h_{THR}}\right)$$

式中：ΔT_{STD}——相对于标准大气温度的偏差；

L_o——从 ISA 第一层（从海平面至对流层）气压高度升高时温度标准递减率（−0.006 5°/m）；

h_{FAP}——FAP 处程序高（相对于跑道入口）；

T_o——ISA 海平面温度（288.15 K）；

h_{THR}——入口标高（相对于平均海平面）。

如果使用上述公式计算出的 min VPA 低于 2.5°，表明在低温情况下航空器的实际飞行下滑角低于 2.5°，这时应提高公布的 VPA 或提高使用该程序所适用的最低温度。当有任何一个参数改动时，应重新验算最低 VPA 是否满足要求。

14.2.2　APV 航段障碍物评估面

APV 航段障碍物评估面（OAS）包括三部分：最后进近面（FAS）、水平面和复飞面（Z 面），如图 14-3 所示。

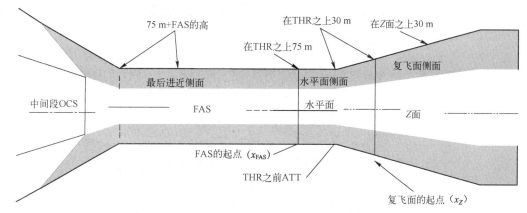

图 14-3　APV 航段的 OAS 平面图（中间段 OCS 低于或等于 5 000 ft）

1. 最后进近面

最后进近面水平边界与 LNAV 保护区主区边界一致，每个面有相应的侧面，侧面的水平外边界与 LNAV 保护区副区外边界重合。

垂直方向上，最后进近面的结构与中间进近航段障碍物限制面的高度有关。当中间进近航段障碍物限制面（OCS）高度在 5 000 ft 以下，最后进近面为 FAS，当中间进近航段障碍物限制面高度介于 5 000~10 000 ft 之间时，最后进近面在 5 000~10 000 ft 之间的部分替换为 FAS′ 面，当中间进近航段障碍物限制面高度高于 10 000 ft 时，最后进近面在 10 000 ft 以上的部分替换为图中的 FAS″，见图 14-4 和图 14-5。最后进近面的侧面水平范围为 LNAV 水平保护区的副区范围，侧面内边界与最后进近面相连，高度与最后进近面一致，然后线性向外侧升高，在侧面外边界高为最后进近面以上 H_i。

最后进近面起始于公布的垂直航迹高度为一特定高度 H_i（基于跑道入口的高）的那一点之前 444 m（ATT）的位置，起始高度为跑道入口高（如图 14-4 和图 14-5 所示）。最后进近面在 FAP 方向延伸并与中间进近航段水平超障面相交，交点可能在 FAP 之前或之后。如果交点在 FAP 之后（进近方向），中间进近航段超障面延伸至最后进近航段，并作为最后进近航段障碍物限制面直到与最后进近面相交。H_i 根据 FAS 面高度而定：

① 当 FAS 面高度低于 5 000 ft AMSL，$H_i = H_0 = 75$ m（见图 14-4）；

② 当 FAS 面高度在 5 000~10 000 ft AMSL，$H_i = H_{5\,000} = 105$ m；

③ 当 FAS 面高度高于 10 000 ft AMSL，$H_i = H_{10\,000} = 120$ m。

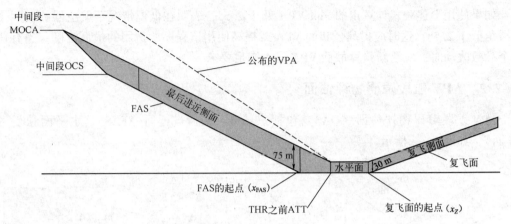

图 14-4 APV 航段的 OAS 剖面图（机场和中间段 OCS 处于或低于 5 000 ft）

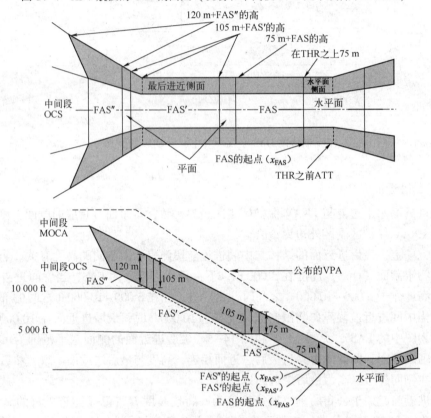

图 14-5 5 000 ft 以上的最后进近面

最后进近面的角度可以使用以下公式计算：

$$\tan \alpha_{\text{FAS}} = (\text{FAP 的高} - \Delta h - H_i) \times \tan \frac{\text{VPA}}{\text{FAP 的高} - H_i}$$

Δh 参见 14.2.1 节中的相关公式。

最后进近面开始的位置 x_{FAS} 使用以下公式计算：

$$x_{FAS} = \frac{H_i - RDH}{\tan VPA} + ATT$$

最后进近面的高度方程为：

$$h_{FAS} = \min\{(x - x_{FAS}) \times \tan \alpha_{FAS}, 5\,000\,ft, 中间进近航段 OCS 高\}$$

2. 水平面

水平面定义为跑道入口高度的面，以 FAS 起点和复飞面起点（x_Z）之间为水平范围。

水平面的水平边界与 LNAV 保护区主区边界一致，每个面外有相应的侧面，侧面的水平外边界与 LNAV 保护区副区外边界重合。

垂直方向上，水平面定义为入口高度，侧面外边界的高度在 FAS 起点处为 H_i，随后沿进近方向线性递减至跑道入口前 ATT 位置处为 30 m，之后保持 30 m 高度直到 x_Z。

3. 复飞面

复飞面的起始位置 x_Z（标准值）根据航空器类型不同而不同。

① A/B 类航空器：$x_Z = -900\,m$；

② C 类航空器：$x_Z = -1\,100\,m$；

③ D 类航空器：$x_Z = -1\,400\,m$。

当机场标高高于 900 m（2 953 ft）或公布的 VPA 高于 3.2°，Z 面的起始位置 x_Z 使用以下公式进行修正：

$$x_Z = \min\left\{标准值, \frac{HL - RDH}{\tan VPA} - \left[ATT + \frac{2 \times TAS \times \sin VPA \times (TAS + V_w)}{\gamma}\right]\right\}$$

式中：HL——高度损失；

　　VPA——公布的 VPA 值；

　　TAS——最后进近最大真空速（机场标高，IAS+15 ℃）；

　　　γ——垂直减速度 $[0.08g\,(2.56\,ft/s^2)]$；

　　V_w——10 kt 的风速。

复飞面的高度方程为：

$$h_Z = (x - x_Z) \cdot \tan Z$$

$\tan Z$ 为复飞面梯度。

复飞面标称梯度为 2.5%，如果为了运行需要而提高复梯度，复飞面梯度也相应提高。如果公布一个复飞大于 2.5% 爬升梯度的 OCA/H，基于标准 2.5% 爬升梯度的 OCA/H 也应同时公布。

复飞面侧面靠下/靠内的边规定为 LNAV 复飞程序保护区的主区，外边界为 LNAV 复飞程序保护区副区边界，外边界高度高于主区复飞面 30 m。

APV 航段终止于以下情况的最早者：若在 MAPt 处规定了转弯，则 APV 航段终止于 MAPt 最早点；或者为复飞转弯的最早点（或指定高度转弯的 K-K 线）；或为复飞等待点。在任何情况下转弯最早点都不能早于 SOC。

14.3　APV 航段 OCH 的计算

APV 航段设计中，当使用 OAS 面评估完障碍物后，计算 OCH 的过程与 ILS 精密进近程序类似，先将穿透OAS面的障碍物区分为进近障碍物和复飞障碍物，对不同的障碍物使用不同的方法计算OCH，区别在于APV航段的OAS面要考虑侧面。

14.3.1 区分复飞和进近障碍物

进近障碍物为位于最后进近航段起始位置至 Z 面开始位置之间的障碍物，复飞障碍物为位于复飞航段以后的障碍物，如图 14-6 和图 14-7 所示。

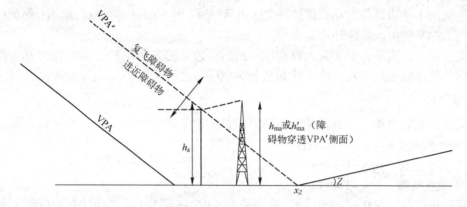

图 14-6　复飞障碍物及当量高（障碍物在 x_Z 之前）

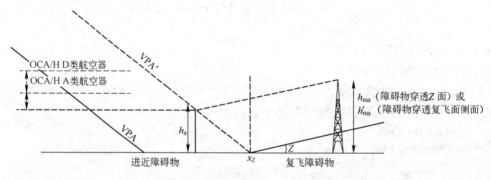

图 14-7　复飞障碍物及当量高（障碍物在 x_Z 之后）

有些障碍物穿透FAS或水平面，位于 Z 面（复飞面）之前，也可能作为复飞障碍物进行考虑，这些障碍物穿透了VPA′面。VPA′面与公布的 VPA 面平行，并起始于 x_Z 位置，如果障碍物穿透了VPA′面则可以当作复飞障碍物进行考虑。

$$h_{\mathrm{VPA'}} = [(x - x_Z) \cdot \tan \mathrm{VPA}]$$

位于 Z 面起始处之前穿透FAS侧面，或水平面侧面的障碍物可以被考虑为复飞障碍物，条件是它们穿透了根据障碍物沿航迹距离而定义的VPA′侧面。

① 内侧边界：LNAV 的主区边界，VPA′高。
② 外侧边界：LNAV 的副区外侧边界，高于VPA′ 30 m。

14.3.2 进近障碍物 OCH 的计算方法

进近障碍物中穿透最后进近面和水平面的障碍物计算 OCH：

$$OCH = h_o + HL$$

式中：HL——高度损失，如表 14-5 所示，为障碍物原高。

表 14-5　高度损失余度

飞机类型及 V_{at}	用无线电高度表余度/m（ft）	用气压高度表余度/m（ft）
A：169 km/h（90 kt）	13（42）	40（130）
B：223 km/h（120 kt）	18（59）	43（142）
C：260 km/h（140 kt）	22（71）	46（150）
D：306 km/h（165 kt）	26（85）	49（161）

此处气压高度表余度 HL 适用于所有障碍物，无线电高度表余度只用于在陡峭下滑角或高海拔高度机场的高度损失修正值的计算，不用于计算 OCH。

进近障碍物中穿透最后进近或水平面侧面的障碍物计算 OCH：

$$OCH = h_o + HL'$$

式中：HL′——在障碍物位置处的高度损失，从侧面内边界开始，高度损失从 HL 向外至外边界方向线性递减至 0。

14.3.3　复飞障碍物 OCH 的计算方法

穿透最后进近面或复飞面或水平面的复飞障碍物当量高为：

$$h_a = \frac{h_{ma} \times \cot Z + (x - x_Z)}{\cot Z + \cot \theta}$$

式中：h_a——当量进近障碍物高；

h_{ma}——复飞障碍物高；

$\cot Z$——Z 面角度的余切；

$\cot \theta$——VPA 的余切；

x_Z——Z 面的起始位置 X 坐标；

x——障碍物距入口的距离（之前为正，之后为负）。

对于穿透侧面的复飞障碍物，其当量高使用下式计算：

$$h_a = \frac{h'_{ma} \times \cot Z + (x - x_Z)}{\cot Z + \cot \theta}$$

h'_{ma} 为穿透量加上所在位置内侧边界高（见图 14-8）。

复飞障碍物的 OCH 为最高当量高障碍物的当量高，加上相应的高度损失：

$$OCH = h_a + HL$$

VPA 航段的 OCH 为进近障碍物和复飞障碍物确定的 OCH 中最高的。在 MAPt 转弯情况下，最低可能的 OCH 为 MAPt 最早位置处 VPA′面高度之上再加 HL 高，见图 14-8。

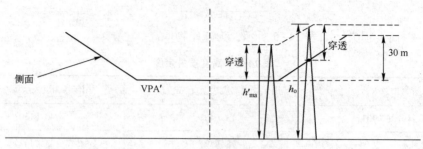

图 14-8　穿透 Z 面侧面的障碍物

14.3.4　HL 对机场标高和非标准垂直航迹角的修正

1. 对机场标高修正

计算 OCH 时，当机场标高高于 900 m（2 953 ft）时，表 14-5 中数值应予以修正，每 300 m 应增加无线电高度表余度的 2%。

2. 对非标准垂直航迹角修正

当垂直航迹角大于 3.2°时，每大出 0.1°应增加无线电高度表余度的 5%。

当具备足够的实际飞行数据和理论数据时，表 14-5 中数值可以根据特定数值修订。

3. 特定入口速度对应的高度损失（HL）/高度表余度

如果要求与特定的 V_{at} 对应的高度损失/高度表余度，可使用以下公式进行计算：

$$HL = (0.068 V_{at} + 28.3)\ m,V_{at} 的单位用 km/h$$
$$HL = (0.125 V_{at} + 28.3)\ m,V_{at} 的单位用 kt$$

式中：V_{at}——入口速度，根据航空器在最大允许着陆重量和着陆形态下失速速度的 1.3 倍计算得出。

注：方程假定航空器的空气动力学和动态特性与速度类型直接相关。因此，计算得出的高度损失/高度表余度实际上可能不适于最大着陆重量下 V_{at} 超过 165 kt 的小型航空器。

14.4　最后进近偏置的 Baro-VNAV 进近

在某些情况下，由于障碍物的原因，最后进近航段无法对正跑道中心线。最后进近航迹偏置不能当作消减噪声的手段。

14.4.1　航迹要求

最后进近航迹应该与跑道中心延长线相交。

角度不超过 15°，并且航迹与跑道中心延长线的交点与跑道入口之间的距离 D，大于等于公布的 VPA 到达入口标高之上 75 m（246 ft）的位置与跑道入口之间的距离+需要的稳定距离（MSD）（见图 14-9）。

最小稳定距离（MSD）是 L_1 与 L_2 的和。

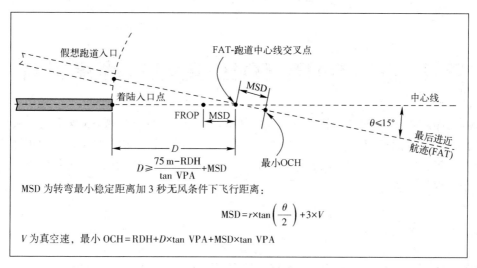

图 14-9　最后进近航迹偏置的 Baro-VNAV

其中：L_1——转弯提前量的距离，$L_1 = r \times \tan(\theta/2)$；

L_2——考虑 3 s 延迟对应的改出距离，$L_2 = 3 \times V / 3\,600$；

r 为计算按照 15° 坡度和最后进近 TAS（机场标高）IAS+19 km/h（10 kt）所对应的转弯半径；

θ 为转弯角度。

上面公式中，如果距离和转弯半径单位为 NM，则 V 单位为 kt；或如果距离和转弯半径单位为 km，则 V 单位为 km/h。

14.4.2　超障准则

除需要遵照第 14.2 节中的设计要求，还应考虑如下准则：

① 所有的超障面和计算都是基于一个与最后进近航迹对正的假想跑道。

② 该程序的 OCA/H 应该大于等于公布的 VPA 在交点处的高度/高加上 MSD×tan VPA（见图 14-9）。

第 15 章　DME/DME RNAV 程序设计

DME/DME 可以用于终端区内除最后进近航段的定位。无论是 GNSS 支持的区域导航还是 DME/DME 支持的区域导航，除了航路点精度不同，保护区半宽不同以外，保护区绘制方法、障碍物评估方法都与 GNSS 的相同，因此本书只对 DME/DME 导航的设备要求、航路点精度、保护区宽度进行介绍。

15.1　设备要求

DME/DME 定位可以支持 RNAV 类规范的应用，包括 RNAV 1、RNAV 2、RNAV 5 规范。

地面设备要求遵从国际民航组织《附件 10》的准则。95% 的时间内，误差分布不超过 185m/0.1 NM。DME 台站坐标参照 WGS-84 和 AMSL 标高（如果 DME 与 VOR 设置不在同一位置，则该 DME 的位置和标高应该在 AIP 中分别公布）。

由于不可能知道机载系统要使用哪个 DME 台作位置更新，应至少选择两个可用台进行检查（DME 台覆盖范围见图 15-1），以保证要使用的路线上始终有适当的 DME 覆盖。DME 覆盖检查内容应包括：

① 公布的 DME 台最大作用范围，考虑理论上导航台的最大无线电作用范围 ［最大 300 km（160 NM）］；

② DME 台的最大和最小交角（30°～150°）；

③ 设计航迹 5.6 km（3 NM）之内的 DME 设施不能用于导航；

④ DME 信号受到地形影响时的作用范围（如果有）。

另外，可使用模拟机载系统的计算机模型来评估航路上 DME 信号的覆盖情况，所选择的导航台应予以公布。通常机载系统通常把在最大作用范围 ［通常为 370 km（200 NM）］ 内所有 DME 台都存放到一个更新文件内，然后使用不同的算法确定其中最适合的导航台，用以确定最可能的位置。

15.2　DME/DME 导航离场航路点精度及半宽计算

DME/DME 支持的 PBN 运行误差由导航系统使用精度（DTT）、飞行技术误差（FTE）和计算误差（ST）构成。

飞行技术误差如表 11-1 所示，系统计算误差是由于 WGS-84 坐标系应用时产生的误差（ST=0.25 NM），DTT 是导航系统误差，包括地面和空间部分误差，可通过以下公式计算（注意，此公式只限于 RNAV 1 和 RNAV 2）。

$$2\sigma = 2\frac{\sqrt{(\sigma_{1,\text{air}}^2 + \sigma_{1,\text{sis}}^2) + (\sigma_{2,\text{air}}^2 + \sigma_{2,\text{sis}}^2)}}{\sin\alpha}$$

式中：2σ——95% 概率的可信度；

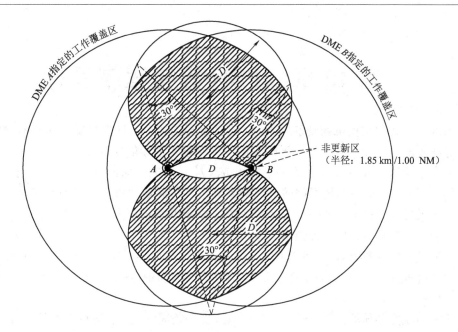

　　　图例：适用 30°～150° 规则的更新区

第 1 步　以每个 DME 台为中心，半径等于规定的可供使用覆盖（DOC），最大 370 km（200 NM）画图。

第 2 步　以 D 为半径，在两个 DME 台两侧画 30°～150° 相交的圆。

第 3 步　以两个 DME 台为中心画出半径 1.85 km（1.00 NM）的圆为非更新区。

双 DME 台更新区包括在存在以下两个条件的区域内：

① 在指定工作覆盖区 370 km（200 NM）内；

② 交角在 30°～150° 之间的区域。

从 DME/DME 覆盖区内除去以下区域：

① 非更新区圆；

② 两个 DME 台之间的区域。

图 15-1　两个 DME 台相隔距离 D 的 DME/DME 更新区

σ_{sis}——0.05 NM；

σ_{air}——$\max\{0.085\ \text{NM}, 0.125\%D\}$；

　　D——理论最大无线电水平距离，与航路点高度有关：$D(\text{km}) = 4.11\sqrt{h}$（$h$ 单位为 m）或 $D(\text{NM}) = 1.23\sqrt{h}$（$h$ 单位为 ft）；

　　α——航空器与所使用两个 DME 台连线的夹角，取值范围为 30°～150°。

RNAV 1 或 RNAV 2 的 XTT、ATT 和保护区半宽计算如下：

$$XTT = \sqrt{DTT^2 + FTE^2 + ST^2}$$

$$ATT = \sqrt{DTT^2 + ST^2}$$

$$\frac{1}{2}AW = 1.5 \times XTT + BV$$

BV 取表 12-2 中数值，取值方法与 GNSS 导航所用方法一致。

第 16 章 PBN 等待程序设计

PBN 等待程序根据机载设备的能力，有两类导航规范，即要求航空器具有 RNP 等待能力的导航规范，以及不要求航空器具备 RNP 等待能力的导航规范。

要求系统具备 RNP 等待能力的导航规范。对于 RNP 空域内使用 HF、HA 和 HM 航迹终止码的等待程序，导航系统根据航电标准来确定等待区域的边界。该边界定义了 RNP 等待程序的最大尺寸。目前，唯一要求区域系统具备 RNP 等待能力的导航规范为 A-RNP。本章对该类型的等待程序不做详细说明。

不要求系统具备 RNP 等待能力的导航规范。对于此类系统，应基于某一航路点来确定等待程序（航路点等待），这类等待要人工飞行。应使用传统程序的等待程序模板来绘制该类等待的保护区。

为避免航空器拥堵，每个进近程序应只设置一条等待航线，等待点通常设置在某一个起始进近定位点。根据 RTCA DO236C 的要求，除 RNP 等待的等待航路点必须设置为旁切航路点之外，等待航路点通常被视为飞越航路点。

16.1 航路点等待

16.1.1 基本要求

不要求系统具备 RNP 等待能力的运行：

① 这类等待要求人工飞行，且 PBN 航迹引导仅为入航航迹提供；

② 等待航线出航边的末端，由计时或 PBN 系统确定距等待航路点的距离（waypoint distance，WD）来定义。

16.1.2 加入程序

RNAV 航路点等待的加入程序应该与常规等待所用的加入程序相同。

16.1.3 参数

RNAV 航路点等待与传统等待使用相同的参数和计算方法。

16.2 航路点等待保护区绘制

16.2.1 等待航路点及定位容差

RNAV 系统等待允许 DME/DME、VOR/DME 定位点及 GNSS 航路点作为等待点。对于 GNSS 等待航路点定位容差（ATT 和 XTT）根据等待点的位置使用不同的值，参见表 13-1。

DME/DME 航路点定位容差参见第 15 章。在 PBN 框架下，由于 VOR/DME 定位方式通常作为传统和 PBN 过渡，在 PBN 运行下使用较少，因此本书不涉及。

RNAV 航路点等待保护区的绘制方法与传统等待的绘制流程类似，包含模板构建、基本保护区构建以及进入保护区构建三个步骤。

16. 2. 2　模板构建

不要求系统具备 RNP 等待能力的航路点等待模板使用传统等待模板绘制方法。

16. 2. 3　基本保护区构建

对于人工等待飞行模式，出航边由计时或由距等待航路点的距离确定。

1. 以计时确定的等待出航边（见图 16-1）

将 RNAV 模板 A 点置于 $A1$、$A2$、$A3$ 和 $A4$ 之上，绘制曲线 1、2、3 和 4；并且绘制"1、2""2、4""3、4""3、1"的公切线。

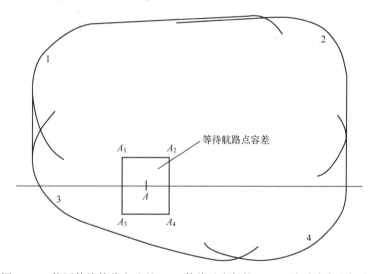

图 16-1　使用传统等待方法的 PBN 等待基本保护区（以计时确定出航边）

2. 以距离确定的等待出航边

（1）出航转弯的保护和出航航段

① 将常规模板 A 点置于 $A1$ 之上，轴线与入航航迹平行，绘制曲线"1"（模板轮廓的一部分），并且以"g"为圆心和 W_g 为半径绘制圆；

② 将常规模板的 A 点置于 $A3$ 上，轴线与入航航迹平行，绘制曲线"2"（模板轮廓的一部分），并且绘制线条"3"（非机动边方向（D 轴）出航边的保护，为由 g、$i3$、$i4$ 为圆心的风螺旋线圆弧的公切线）；

③ 绘制曲线"1"和曲线"2"的公切线，并将曲线"1"的直线部分和线条"3"向出航末端方向延伸。

（2）计算出航限制距离（WD）

WD 是等待航路点与出航航迹末端在 WGS-84 椭球面上的垂直投影之间的距离。

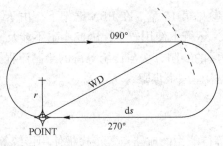

图 16-2 WD 示意图

WD 按以下顺序选择距离参数并进行计算：

① 选择出航长度 ds。ds 是出航边的水平长度，应该符合 ds>TAS×t，式中，t 为出航时间，参见传统等待出航时间的规定；

② 计算出航距离限制。WD 是等待点与出航航迹末端垂直投影之间的水平距离。

$$WD = \sqrt{ds^2 + 4r^2}$$

为保证入航转弯与出航转弯的时机不受误差的影响而混淆，即 WD 不跨越包含出航转弯的末端，出航距离限制为该距离不跨越包含出航转弯末端的区域。即以"等待点"为中心，以 WD 为半径的圆不能妨碍以"g"为中心，以 Wg 为半径的圆，见图 16-3。

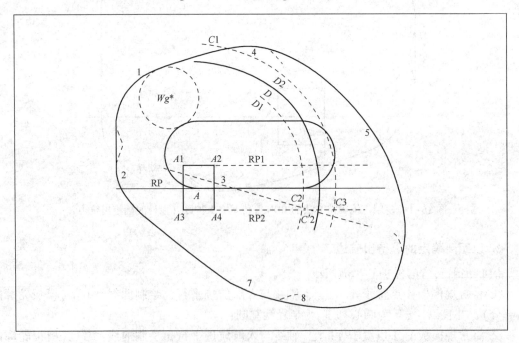

图 16-3 使用传统等待方法的 PBN 等待基本保护区（以距离确定出航边）

如果计算的距离 WD 跨越了 Wg 为半径的圆，则 WD 应该增加至符合此准则的值。符合此准则的 WD 最小值也可以由下面的公式求得：

$$WD = \sqrt{(ATT + 11 \times TAS)^2 + (2r + XTT)^2} + Wg$$

WD 取整至下一个更高的十分之一千米（或海里）。

（3）包含出航边末端的保护区

① 从 *A* 绘制入航航迹 "RP"，并且在其各侧等于 XTT 的距离绘制两条线 "RP1" 和 "RP2"：此处 XTT 是等待点的侧向容差；

② 以 *A* 为中心，以 WD 为半径绘制弧线 "*D*"，以 WD-ATT 为半径绘制 "*D1*"，以 WD+ATT 为半径绘制 "*D2*"，ATT 为等待点的沿航迹容差；

③ 将 *C1* 点置于曲线 "1" 的延伸部分与弧线 *D2* 的交点；

④ 将 *C2* 和 *C3* 点置于线条 "3" 的延伸部分与弧线 *D1* 和 *D2* 的交点；

⑤ 如果航空器在到达出航限制距离 WD 之前切入 RNAV 等待入航航迹，且假设飞行员跟随出航 RNAV 航迹而不进一步偏离程序轴线：如果 *C2* 和 *C3* 距程序轴超过 RP2（见图 16-4），用 RP2 与弧线 *D1* 和 *D2* 的交叉点分别替代 *C2* 和 *C3*；如果仅 *C3* 距程序轴超过 RP2（见图 16-4），用 RP2 与 *D2* 的交叉点替代 *C3*，在线条 "3" 与 RP2 的交叉点上增加 *C'2* 点。

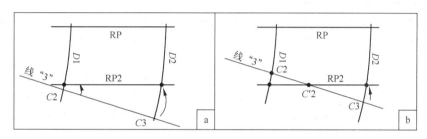

图 16-4　包含外部航段末端的区域

（4）入航转弯保护

旋转模板 180°，然后：

① 将模板 "*A*" 点置于 *C1* 上，轴与入航航迹平行，绘制弧线 "4"（大于 180° 的转弯保护线的一部分）；

② 将模板 "*A*" 点沿弧线 *D2* 从 *C1* 移至 *C3*（轴线与入航航迹平行并相对），绘制弧线 "5"；

③ 将模板 "*A*" 点置于 *C2*、*C3* 和最后的 *C'2* 之上，绘制弧线 "6" "7" 和最后的 "8"，以及它们的公切线；

④ 绘制弧线 "7" 和 "2" 的切线。

16.2.4　进入保护区构建

（1）以计时确定的等待出航边

以 *A* 为圆心作圆（外切 A_1 和 A_3），利用传统等待模板确定进入保护区，模板使用的方法与常规程序相同。

（2）以距离确定的等待出航边

全方向加入保护区的确定采用与 VOR/DME（向台）等待相同的原则。

16.3　最低等待高度的计算

与传统程序的最低等待高度计算方法相同。

参 考 文 献

［1］ ICAO. Aircraft operations：volume II construction of visual and Instrument flight procedures ［S］. 7th ed. 2020.

［2］ 中国民用航空局. 航空器运行目视和仪表飞行程序设计规范：AC-97-FS-005—2021 ［S］. 北京：中国民用航空总局，2021.

［3］ 戴福青. 飞行程序设计 ［M］. 天津：天津科学技术出版社，2000.

［4］ ICAO. Performance based navigation (PBN) ［S］. 4th ed. 2013.

［5］ ICAO. Instrument procedure design manual ［S］. 2nd ed. 2002.

［6］ ICAO. Required navigation performance authorization required procedure design manual ［S］. 2016.

［7］ ICAO. Quality assurance manual for flight procedure design：volume I flight procedure design quality assurance system ［S］. 2009.

［8］ ICAO. Quality assurance manual for flight procedure design：volume II flight procedure designer training (development of a flight procedure designer training programme) ［S］. Montreal Canada. 2009.

［9］ ICAO. Quality assurance manual for flight procedure design：volume III flight procedure design software validation ［S］. 2010.

［10］ ICAO. Manual on the use of performance-based navigation in airspace design ［S］. 2013.

［11］ ICAO. Manual on the use of collision risk model for ILS operation ［S］. 1983.

［12］ ICAO. Template manual for holding：reversal and racetrack procedures ［S］. 1993.

［13］ JAMES L, ALBERICO P, RICCARDO R. Flight procedure design and airspace management ［EB/OL］. ［2016-07-15］. http：//idsaustralasia. com/aeronavigation/Products/FPDAM.

［14］ 王超，孙岩. 仪表飞行程序运行安全性评价模型与仿真分析 ［J］. 中国民航大学学报，2011，29 (2)：5-8.

［15］ GREENHAW R, BARNES S, PATE D, et al. The new FAA flight systems laboratory's impact on flight procedure design ［C］. San Francisco：AIAA Modeling and Simulation Technologies Conference and Exhibit，2005：1-19.

［16］ ECKSTEIN A. Automated flight track taxonomy for measuring benefits from performance based navigation ［C］. Integrated Communications, Navigation and Surveillance Conference，2009：1-12.

［17］ BECHER T. Development of a FMS flyability model for terminal RNAV procedure design ［C］. AIAA's Aircraft Technology, Integration and Operations Conference，2002.